이론 식품미생물학

Theory of Food Microbiology

고하영 이준우

碩学堂

머리말

현대 생활에서 미생물은 날로 널리 이용되고 그 중요성이 높아가고 있다. 우리가 먹는 식생활에서 모든 발효식품, 유전자조작식품(GMO)과 식품의 부패나 식중독 등 식품과 관련된 분야뿐만 아니라 의약, 생명공학, 유전자공학, 발효공학 등 그 응용범위는 매우 넓다.

이 책은 미생물을 잘 모르거나 전공으로 하지 않고도 주로 식품분야에서 일하는 사람을 중심으로 쉽게 미생물에 관한 지식을 습득할 수 있게 구성하였다. 즉, 미생물의 탄생과 역사, 식품 등에서의 이용, 식중독이나 전염병과의 관계 등을 중점적으로 다루었으며, 최근에 사회적으로 문제되는 탄저, 에이즈 전염병 등에 대해서도 살펴보았고, 미생물의 구조, 대사, 영양 등과 미생물과 유전자 조작에 대해서도 이해하기 쉽게 기술하였다. 그리고 미생물을 분리, 관찰, 계측할 수 있는 실험 방법에 대해서도 기본적인 조작 기술에 대해 서술하였다.

이 책을 통해서 미생물에 관한 상식이나 과학적 사고의 깊이를 더하여 관련 업무에 수행하는데 도움이 되고, 미생물에 관한 세부적이고 더 깊이 있는 지식에 대해서는 다른 문헌을 참고하는 데 도움이 되었으면 한다.

끝으로 이 책을 출판해 주신 석학당 사장님을 비롯한 직원님들께 감사드립니다.

서 자

목 차

Chapter 1 총 론 / 9

1. 생명의 탄생과 미생물 ········· 9
2. 발효와 부패 ········· 11
3. 미생물학의 발전사 ········· 11
   1) L. Pasteur(1822~1895) / 11
   2) R. Koch(1843~1910) / 14
   3) 기 타 / 16

Chapter 2 미생물의 분류 및 종류 / 17

1. 미생물의 분류 ········· 17
   1) 진핵세포와 원핵세포 / 18
   2) 분류와 명명법 / 20
2. 세균(bacteria) ········· 21
   1) 형 태 / 21
   2) 분 류 / 21
   3) 번 식 / 26
   4) Gram 염색성 / 28
   5) 주요 세균 / 28
3. 효모(yeast) ········· 43
   1) 특 성 / 43
   2) 생리 작용 / 45
   3) 주요 효모 / 46
   4) 효모와 식품, 생체 방어계 / 50
4. 방선균(放線菌, Actinomycetes) ········· 51
   1) 특 성 / 51
   2) 종 류 / 52
5. 곰팡이 ········· 53

1) 특성 및 분류 / 53
2) 증 식 / 54
3) 주요 곰팡이 / 57
6. 조 류 ······ 66
1) 분 류 / 66
2) 이 용 / 67
3) Chlorella / 68
7. 바이러스(virus)와 phage ······ 69
1) 일반 성상 / 69
2) 바이러스에 의한 질병 / 74

Chapter 3 미생물의 미세구조, 생리 및 대사 / 91

1. 미생물 균체의 미세 구조 ······ 91
1) 세포벽과 세포질막 / 91
2) 세균의 편모 / 94
3) 점질층과 협막 / 94
4) 포 자 / 94
2. 미생물의 영양 ······ 95
1) 영양소 / 95
2) 독립영양균과 종속영양균 / 96
3) 발육소(미량 인자, growth factor) / 97
4) 탄소원과 질소원 / 98
5) 미생물 생육에 필요한 무기질 / 98
3. 증식과 사멸 ······ 99
1) 증식과 사멸의 측정 / 99
2) 미생물의 증식 / 100
4. 증식에 대한 환경인자의 영향 ······ 103
1) 온 도 / 103
2) 수 분 / 103
3) pH / 104
4) 산 소 / 104
5) 식염(소금) / 106
6) 당농도 / 107

7) 화학약제 / 107

5. 미생물의 효소 ········ 109

1) 효소의 개념 / 109

2) 효소 분류 / 110

3) 효소 반응 속도 / 113

4) 효소 각론 / 118

5) 효소작용에 영향을 미치는 요인 / 123

6. 미생물의 대사 ········ 125

1) 생물의 호흡 / 125

2) 발효(醱酵, fermentation) / 128

3) 알코올 발효 / 131

4) 질소의 대사 / 132

Chapter 4 식품과 미생물 / 137

1. 미생물의 이용 ········ 137

1) 식품가공 / 137

2) 효 소 / 138

3) 미생물의 대사산물 / 140

4) 미생물 균체 / 142

5) 농 업 / 143

6) 특수 이용 / 143

2. 식품의 부패와 미생물 ········ 144

1) 곡류 가공품 / 145

2) 과채류 및 그 가공품 / 145

3) 육류 및 그 가공품 / 146

4) 기 타 / 146

3. 발효 식품 ········ 149

1) 개 요 / 149

2) 김 치 / 150

3) 술 / 151

4) 유발효 식품 / 155

5) 장 류 / 157

6) 핵산 발효 / 162

4. 미생물 균체의 이용 ········ 165
1) 균체의 성분 / 165
2) 식·사료용 미생물 / 167

Chapter 5 미생물과 신기술 / 169

1. 미생물의 유전자 조작 ········ 169
1) 유전자(gene) / 169
2) 돌연 변이 / 177
3) 재조합(recombination) / 179
4) 세포 융합 / 185
5) 핵치환 / 187
2. 바이오테크놀로지 ········ 188
1) 연구사 / 188
2) 이 용 / 189
3. 미생물과 건강 ········ 192
1) 젖산균과 건강 / 192
2) 식품 · 생체 방어계 젖산균 / 193
3) 젖산균의 항균 활성 / 195
4) 락토오스의 생리 작용과 젖산균 / 196
5) 젖산균의 혈중 콜레스테롤 저하작용 / 197
6) 젖산균, 효모의 항종양 · 감염방지 활성 / 198
7) 암세포 증식 억제 효과와 면역 기능 / 199
8) 미생물을 이용한 건강식품 / 202

Chapter 6 미생물 실험법 / 205

1. 실험 기구 ········ 205
1) 유리 기구 / 205
2) 주요 기구와 기기 / 205
2. 검체의 채취 및 취급 ········ 206

1) 채취방법 / 206
2) 시험용액의 조제 / 208
3. 살균 및 소독 ······ 209
1) 물리적 살균 / 214
2) 화학적 소독 / 219
3) 식품의 가열살균 / 220
4. 배 지 ······ 220
1) 배지의 종류 / 220
2) 배지의 조제 / 222
5. 순수 분리 및 배양법 ······ 223
1) 순수 분리 / 223
2) 통성 및 혐기성 세균의 순수분리법 / 226
3) 순수 배양법 / 227
6. 대장균군의 동정 ······ 229
1) 정성시험 / 229
2) 정량시험 / 229
7. 균체의 관찰 ······ 238
1) 현미경과 그 종류 / 238
2) 광학 현미경의 검경법 / 239
3) 염색법 / 240
4) 균체의 크기 측정 / 241
8. 균수의 측정법 ······ 241
1) 세균수(일반세균수) : 표준 평판법 / 241
2) 혈구 계수반(Haematometer) 이용법 / 242
9. 균주의 보존 ······ 243
1) 사면 배양(slant culture) / 243
2) 천자 배양(stab culture) / 244
3) 모래 배양법 / 244
4) 당액 보존법 / 244
5) 토양 보존법 / 244
6) 유중 보존법 / 245
7) 동결 건조법 / 245

◈ 참고문헌 / 246
◈ 찾아보기 / 248

Chapter 1

총 론

1. 생명의 탄생과 미생물

미생물은 영어로 microorganism 또는 microbe로 표시하는데 micro는 μ로 표현하며 이는 1/1,000mm 단위로 눈으로는 보이지 않는 아주 작은 것을 나타낸다. 우리가 미생물을 보기 위해서는 현미경(microscope)이 필요하다. 현미경으로 보면 미생물은 우리 주위의 어디에나 존재하며 거의 없는 곳이 없을 정도이다. 실로 우리는 미생물의 바다를 헤엄을 치고 있는 것이나 다름이 없다. 그럼에도 불구하고 우리의 주의를 별로 끌지 않는 것은 그것이 너무 작아서 눈에 보이지 않기 때문이다.

우주는 지금으로부터 150억 년 전 대폭발(big bang) 이후 48억 년 전 지구가 탄생하였고, 지구 탄생 이후 10~15억 년이 지나서 뇌우와 화산 활동이 잠잠해지고 지각이 냉각되었다. 원시대기에는 수소, 수증기, 암모니아, 메탄 등이 환원 상태의 가스로 존재하였으며, 유리산소는 존재하지 않았다. 이 때에 원핵세균의 생명체가 탄생한 것으로 본다. 우주계의 원소 분포와 지구상의 원소 분포가 같은 점은 지구만이 생명체의 발생 조건을 갖춘 곳이 아니라는 것을 시사한다. 10^{22}개의 행성 가운데 적어도 10^{8}개 정도는 생명체를 발생시킬 수 있다고 통계학적으로 추산하고 있다.

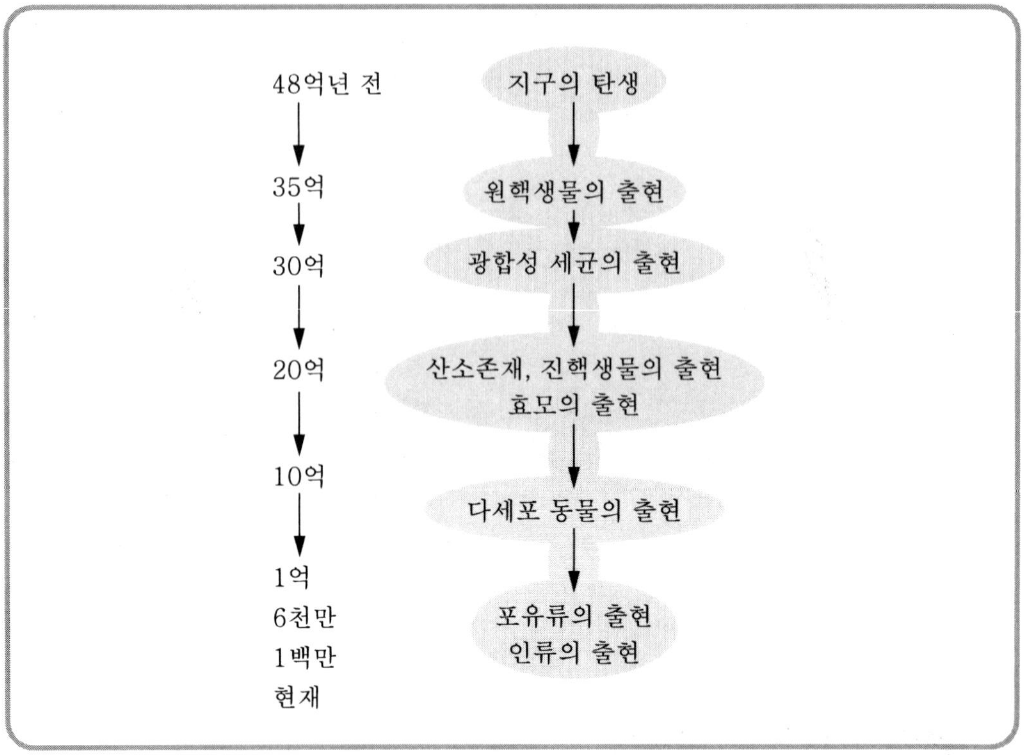

그림 1-1. 생물의 진화단계

대폭발 → 원자 → 분자(저분자 → 고분자) → 세포(원핵 → 진핵) → 조직 분화
150억 년 전 35억 년 전

미생물은 세포를 기본으로 하는 원시생물로 조직 분화를 하지 못하기 때문에 고등생물과 구분된다. 식물처럼 세포벽이 있으며 운동성이 있는 것과 없는 것이 있다.

미생물에는 조류(Algae), Protozoa, 진균류(Fungi), 세균 및 virus 등이 있으며 이들 중 식품에 관여하는 미생물은 곰팡이와 효모로 분류되는 진균류, 세균, 조류이다. 세균, 방선균, 남조류(Blue-green algae)는 원시핵 세포이고 나머지는 동식물과 같은 진핵 세포이다.

원시핵 세포는 핵막, 인, mitochondria가 없으며, 염색체 수가 1개이므로 유사분열을 하지 않고 주로 분열에 의해 번식한다.

2. 발효와 부패

(1) 발 효

① 곡물이나 과일 발효-술
② 유발효 - 치즈, 요구르트, 버터
③ 콩발효 - 된장, 간장, 청국장, 고추장
④ 채소 발효 - 김치, 쯔케모노
⑤ 기타 - 의약품, 조미료, 효소, 용매류, 유기산, 사료, 질소고정, 폐수처리, 광석 정제, 분석에의 이용

(2) 부 패

식중독, 경구전염병, 인축공통전염병, 질소순환

3. 미생물학의 발전사

1) L. Pasteur(1822~1895)

생물속생설(biogenesis), 저온살균(Pasteurization), 파스퇴르 효과(Pasteur effect), 혐기성균 최초 발견, 병원균 발견

파스퇴르는 동부 프랑스 쥐라현 출생. 파리의 에콜 노르말에서 물리와 화학을 공부하고, 모교의 조수로 활동하였다. 최초의 연구는 1848년 타르타르산[酒石酸]에 관한 것으로 타르타르산염과 파라타르트타르산염의 구조상의 차이를 광회전성[旋光性]의 차이로부터 밝혀냈다. 디종중학교 물리교사를 거쳐, 1849년 스트라스부르대학 화학교수가 되었으며, 화학조성·결정구조·광학활성의 관계를 연구하여 입체화학의 기초를 구축하였다. 이때 생물이 입체이성질체의 한쪽만을 이용하여 합성한다는 것을 발견하고 우주의 '비대칭성'을 논함과 동시에, 생명의 화학적 연구에 흥미를 가졌다. 1854년 신설된 릴대학 화학교수 겸 이학부장, 1857년 에콜 노르말 부주사에 취임하였다.

릴의 양조가 비고의 의뢰를 받고 발효와 부패에 관한 연구를 시작한 후 젖산발효

는 젖산균의, 알코올발효는 효모균의 생활에 관련해서 일어난다는 것을 발견하였다. 이어 1862년 알코올에서 아세트산으로 변하는 것과 아세트산발효에 대해 연구하여 식초의 새로운 공업적 제법을 확립하였다. 또 포도주가 산패하는 것을 방지하기 위한 저온살균법을 고안하여, 프랑스의 포도주 제조에 크게 공헌하였다. 한편 부패가 공기 중의 미생물 때문에 일어난다는 것을 실험적으로 확인하고, 자연발생설을 부인하였다.

1865년부터 J.A.뒤마의 의뢰를 받고 누에의 미립자병(微粒子病)과 연화병(軟化病)에 대한 연구를 계속한 끝에 양잠업의 어려움을 해결하는 데 공헌하였다. 1867년 소르본대학의 화학교수가 되었으나 에콜 노르말에서 연구를 계속, 탄저병·패혈병·산욕열(産褥熱) 등의 병원체를 밝혀냈다.

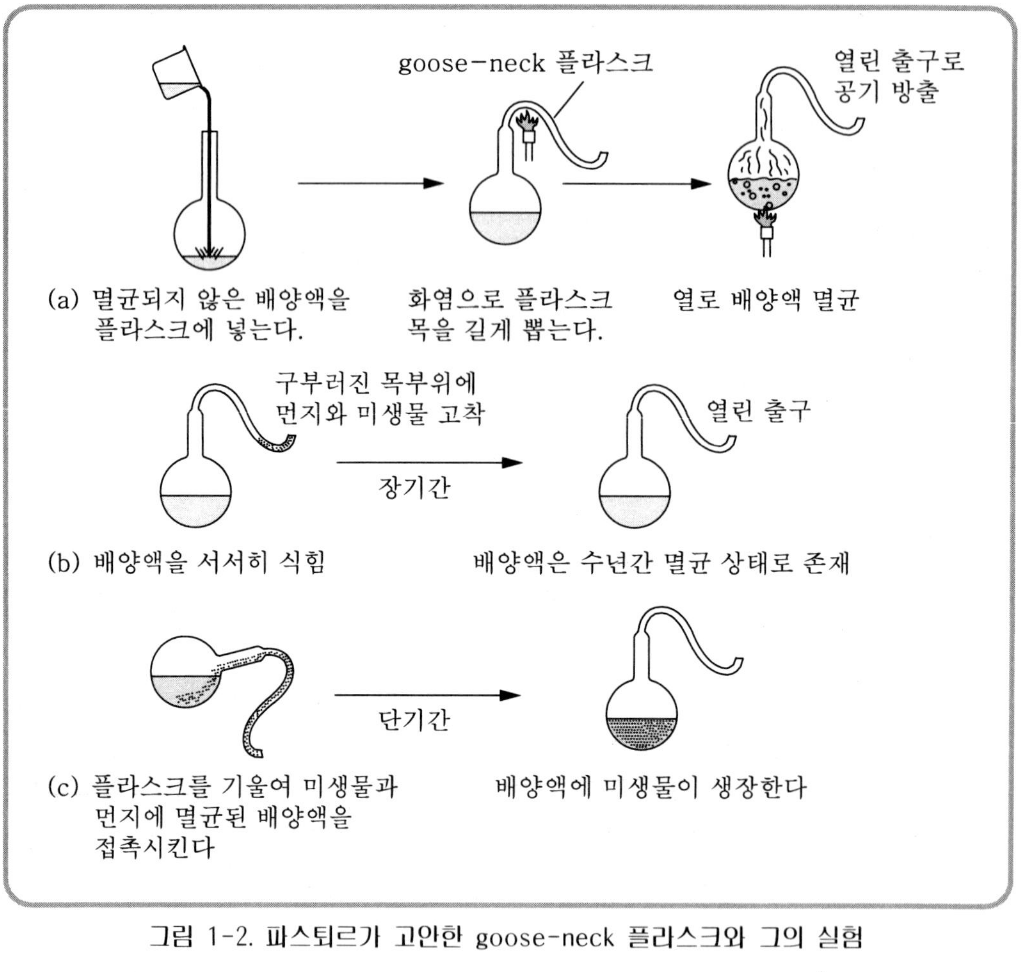

그림 1-2. 파스퇴르가 고안한 goose-neck 플라스크와 그의 실험

1879년 닭콜레라의 독력을 약화한 배양균을 닭에 주사하고 면역이 된다는 것을 발견, E.제너 이래 과제로 남았던 백신 접종에 의한 전염병 예방법의 일반화에 성공하였다. 1881년 푸이 르포르에서의 야외실험으로 가축에 탄저병 백신을 접종하여 그 유효성을 증명하였다. 1881년 프랑스 학사회 회원, 1886년 파스퇴르연구소 초대 소장에 취임하였다.

(1) 자연발생설과 생물속생설

자연발생설은 생물이 자연적으로 우연히 무기물로부터 발생한 것이라는 주장이며 이 주장에 의하면 생물은 어버이가 없이도 생길 수 있다는 것이다. 자연발생에 관한 최초의 관념은 개구리·쥐 등이 돌연히 나타나는 것처럼 보이는 것에 근거하고 있다. 지금부터 2000년 전 아리스토텔레스도 무척추동물뿐만 아니라 고등척추동물도 자연발생 한다고 주장하였다. 특히 사회에 절대적인 영향을 미치고 있던 영국의 John Needham(1713~1781)은 1749년 자연발생설을 증명해주는 실험 결과를 발표하였다. 그는 끓인 양고기국이 든 플라스크를 밀봉하고 며칠간 그대로 두었더니 양고기국은 결국 썩었으며 국에서 많은 미생물을 관찰하였다고 보고하였다. 이 실험은 당시의 유명한 과학자인 Buffon 등의 강력한 지지를 받았기 때문에 자연발생설에 대한 믿음을 보다 강화시켜주었다. 자연발생설 논쟁은 종지부를 찍게 되었는데 이 논쟁은 19세기 후반 프랑스의 미생물학자인 L.파스퇴르의 실험에서 완전히 끝을 맺었다. 그는 끓인 고기즙에 공기는 통하면서 미생물이 들어가는 것을 막을 수 있는 S자형 플라스크를 만들어서 세균의 자연발생이라는 것은 공기 속의 포자(胞子)가 침입하여 번식한 것에 지나지 않는다는 것을 실험으로 증명하여 자연발생설을 붕괴시켰다. 파스퇴르의 이 실험으로 미생물의 발생은 반드시 미생물의 포자가 들어가서 번식하는 것이고 생물은 결코 자연발생하지 않는다는 생물속생설을 확립시켰다.

미생물학의 거장인 루이 파스퇴르와 로버트 코흐는 미생물학의 황금시대를 열었는데 지금도 파스퇴르의 이름을 딴 P업체에서 이용하고 있는 '저온살균법'을 개발하였으며 탄저병·광견병의 예방약을 만들어 면역학의 발전을 도왔다.

(2) 파스퇴르연구소

1886년 프랑스의 미생물학자 Louis Pasteur가 프랑스정부와 유럽제국의 지원을 얻어 자신의 이름을 붙여 설립하였다.

인류를 질병의 위협에서 구하려는 목적으로, 각종 질병의 원인이 되는 바이러스 ·

박테리아·곰팡이·원생동물 등을 이용해 질병퇴치에 온 힘을 기울인 결과, 1886년 세계 최초의 백신인 광견병백신을 개발하였고, 최근에는 B형 간염백신을 세계 최초로 내놓았다.

설립 이래 백신 개발뿐만 아니라 항생제 등 의약품 개발, 생화학·분자생물학·유전학 등 생명과학 전반에 걸친 폭넓은 연구를 계속해 왔으며, 효과적인 연구를 위해 연구실을 8부 72실로 나누어 작업과정을 세분화하고 2천여 명의 연구원이 활발한 연구활동을 전개하고 있다.

유전공학 연구에 박차를 가해 1980년 정부의 자금 지원으로 파리 근교에 'G3(Group of Gene Genetics)센터'를 설립, 미국과 일본의 수준을 앞지르려는 의욕을 보였는데, 이미 인터페론·B형간염백신·단일클론항체 등에 대한 기초연구를 끝내고 대량생산에 들어갔다.

기초연구는 세계적 수준이므로, 국제적 협조와 교류가 매우 활발하지만 산업화는 아직 미국에 뒤떨어진다. 이를 극복하기 위해 1970년 생산연구기관을 설립, 생산성을 높이기 위한 '매트릭스 시스템'을 도입하고 800여 명의 연구원을 투입했다.

1990년대에도 세계 최초로 후천성면역결핍증(AIDS) 바이러스를 찾아내는 등 세계 과학 발전에 크게 이바지해 왔다. 1907년 샤를 루이 라브랑(Charles Louis Alphonse Laveran)을 비롯하여 1965년 프랑수아 자코브(Franois Jacob)에 이르기까지 모두 8명의 노벨상 수상자를 배출했다.

2) R. Koch(1843~1910)

- 각종 세균의 순수분리(탄저[炭疽]균1876, 결핵균1882, 콜레라균1883)
  젤라틴(후에 한천)을 사용한 평판배양법 이용.
  도말법, 주입평판법, 사면배양

코흐는 클라우스탈 출생. 1862년 괴팅겐대학에서 의학을 전공하였다. 1866년 졸업 후 수년 동안 각지에서 임상의학을 연수한 다음 라크비츠에서 개업하였다. 1872년에는 볼슈타인지방의 의무관이 되기도 했다. 그는 현미경을 사용한 연구에도 몰두하였는데, 이러한 연구결과로 이 지방에서 유행하고 있던 비탈저병(脾脫疽病)의 원인과 전염경로를 밝혀냈다. 이 시기의 연구로 코흐는 세균학의 기초적 문제를 몇 가지 해결하였고, 고정배양기·세균고정법·염색법·현미경 사진촬영법 등을 창시하였다.

그는 세균학의 근본 원칙을 확립하였고, 각종 전염병에는 각기 특정한 병원균이 있음은 물론 각종 병원균은 제각기 서로 식별할 수 있다고 주장하였다. 또한, 창상감염증(創傷感染症)·재귀열(再歸熱)에 관한 연구도 하였다. 1882년 결핵균을, 1885년 콜레라균을 발견하였다. 같은 해 베를린대학 위생학 교수로 임명되어 결핵의 치료약 연구에 몰두하여 1890년에는 투베르쿨린을 창제하였다. 이것은 당초에 그가 기대했던 효과는 거두지 못하였으나, 결핵치료약이 발견되었다는 뉴스는 당시 세계 의학계를 몹시 흥분시켰다. 1891년 그를 위해 설립된 베를린의 전염병 연구소의 초대 소장으로 추대되었다. 1904년 독일령 동아프리카로 가서 아프리카 재귀열의 병원체와 전염경로를 밝혀냈다.

체체파리(tsetse flies/Glossiniidae)에 의해 매개되는 병의 새로운 연구를 시작하여, 1906~1907년에 수면병(睡眠病)에 관한 뛰어난 연구를 발표하고 동시에 이의 치료법도 밝혔다. 1908년에는 세계 여행으로 동양에 체류하기도 했다. 1905년 결핵균을 발견한 공로로 노벨생리·의학상을 수상하였다.

질병발생설

미생물학의 발전에 있어 큰 자극이 된 것은 미생물이 질명을 일으킨다는 것이었다. 질병과 미생물의 연계성은 Robert Koch이었다. 16세기에 전 세계를 휩쓴 질병은 환자에게서 건강한 사람에게로 무엇인가가 옮아간다고 생각하였으나 그것이 무엇인지 알지 못했다. 단지 옮기는 것을 전염이라 하고 그러한 질병을 전염병이라 칭했다. 1876년에 코흐는 양의 질병인 탄저병에 대한 연구를 하였다. 이 병은 사람에게도 발생하는 질병으로 포자형성균에 의해 유발되는 질병이며 이 병에 걸린 양의 혈액에는 많은 포자균이 존재하며 이 혈액이 건강한 양에게도 묻을 경우에 전염됨을 보고 하였다.

Robert Koch는 세균이 외부에서도 배양될 수 있다는 것을 알게 되었고, 재접종을 통하여 증식이 가능해진다는 사실도 알게 되었다. 이와 같은 실험을 근거로 하여 코흐는 특정 미생물의 특정 질병을 일으킨다는 '코흐의 가설'을 발표하였다.

① 미생물은 병에 걸린 모든 동물체내에 항상 존재하는 반면 건강한 동물 내에는 나타나지 않는다.

② 미생물은 병에 걸린 동물의 체외에서도 순수 배양할 수 있다.

③ 배양된 미생물을 건강한 숙주 동물에 이식을 하면 이 동물로 미생물에 병에 걸린다.

④ 전염된 동물에서 다시 분리가 되며, 어떤 경우에는 원종과 차이를 보이는 변종이 나타나기도 한다.

3) 기 타

① J. Lister(1867) - 부패의 원인이 미생물임을 발견
외과 수술에서 최초로 석탄산을 사용하여 상처 소독하여 큰 효과 얻음.

② E.C. Hansen(1878) - 맥주효모 순수분리, 초산균 단세포 분리

③ J. Tyndall(1820-1893) - 간헐멸균(tyndalization)

④ C. Chamberland(1884) - virus 확인

⑤ Buchner brothers(1897) - zymase발견

⑥ Frederick W. Twort and Felix d'Herele(1915) - bacteriophage 발견

⑦ A. Fleming(1929) - 페니실린 발견

Chapter

2 미생물의 분류 및 종류

1. 미생물의 분류

미생물(micro-organism, microbe)은 그 이름이 나타내는 바와 같이 미소한 현미경적 생물이지만 그 형태나 성상은 각양각색이다. 예전에는 미생물 중에서 원생동물(protozoa)만을 동물계에 포함시키고 그 외는 모두 식물계에 속하는 것으로 취급해 왔었다.

식물은 현화 식물(Phanerogamae)과 은화 식물(Cryptogamae)로 대별되고 은화 식물은 다시 엽상 식물(Thallophyta), 선태 식물(Bryophyta) 및 양치 식물(Pteridophyta)이 중에서 뿌리·줄기·잎 등의 구별이 없는 엽상 식물은 그림 2-1과 같이 균류·조류·지의류로 분류된다. 조류 중에서 미세한 것으로는 클로렐라(Chlorella)가 주목되며 지의류에 속하는 미생물은 중요하게 인정되는 것이 거의 없다.

생물은 다세포로 되어 있고 그 조직 분화가 대단히 발달되어 있는 동식물과 단세포이거나 다세포일지라도 균사 정도로밖에 그 조직이 거의 분화가 거의 없고 단순한 구조로 되어 있는 미생물(원생생물, protista)로 나누어야 한다고 Haeckel(1866)은 주장 한 바 있고 현재 추세도 그러한 경향이다.

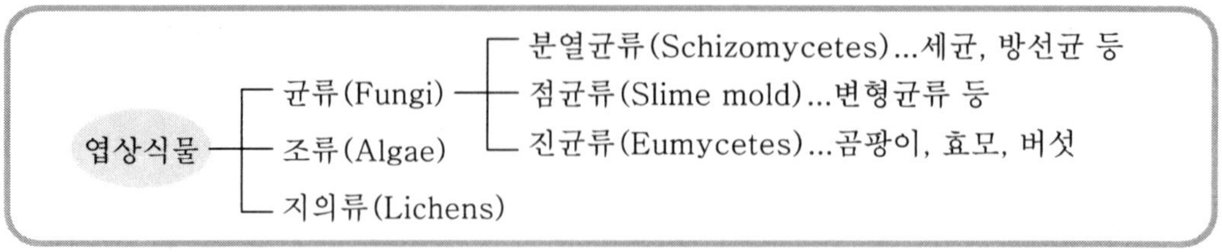

그림 2-1. 미생물의 분류

1) 진핵세포와 원핵세포

미생물은 그림 2-2와 같이 동식물과 마찬가지로 핵막이 있는 진핵세포(眞核 細胞, eucaryotic cell)를 가지는 고등 미생물(higher protista)과 핵막이 없는 원핵세포(原核 細胞, procaryotic cell)를 가지는 하등 미생물(lower protista)로 분류된다. 원핵 세포에 속하는 것은 세균, 방선균, 남조류 등이며 이들 세포는 다른 생물의 세포와는 달리 핵이 핵막에 둘러싸여 있지 않고 핵 물질이 흩어져 있다. 원핵 세포는 핵막뿐만 아니라 다른 막성 세포 기관도 아주 결여되어 있거나 원시적인 미분화 상태로 가진다는 점이 특징적이다. 또 바이러스는 원생 생물에 포함시키고 있기는 하지만 생물과 무생물의 중간적 존재라고 볼 수 있다.

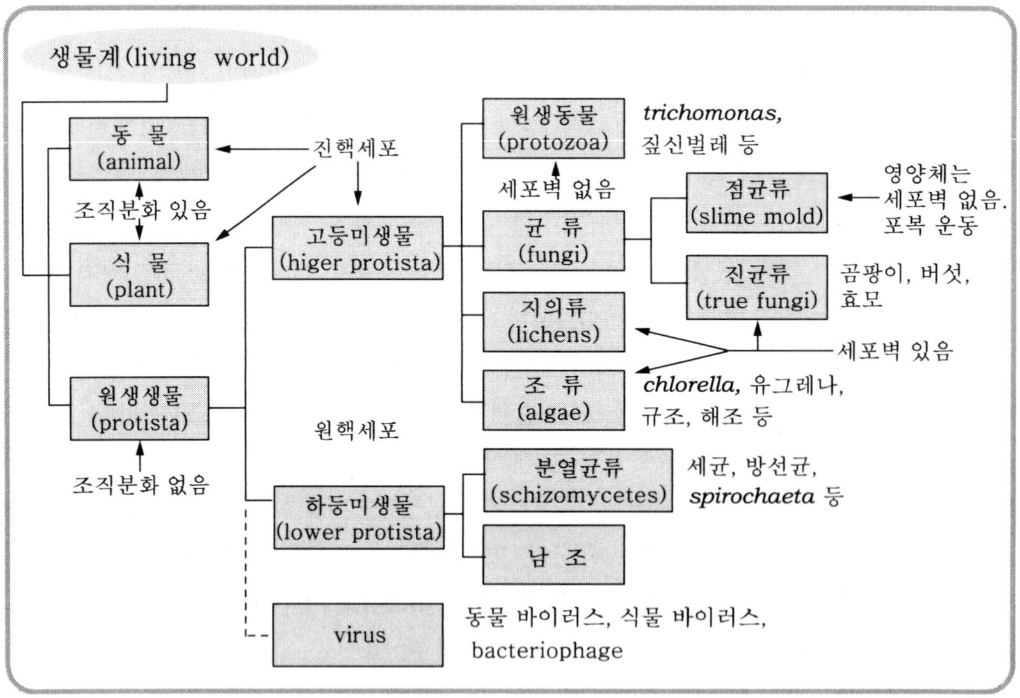

그림 2-2. 생물계에 있어서의 미생물 분류학상의 위치

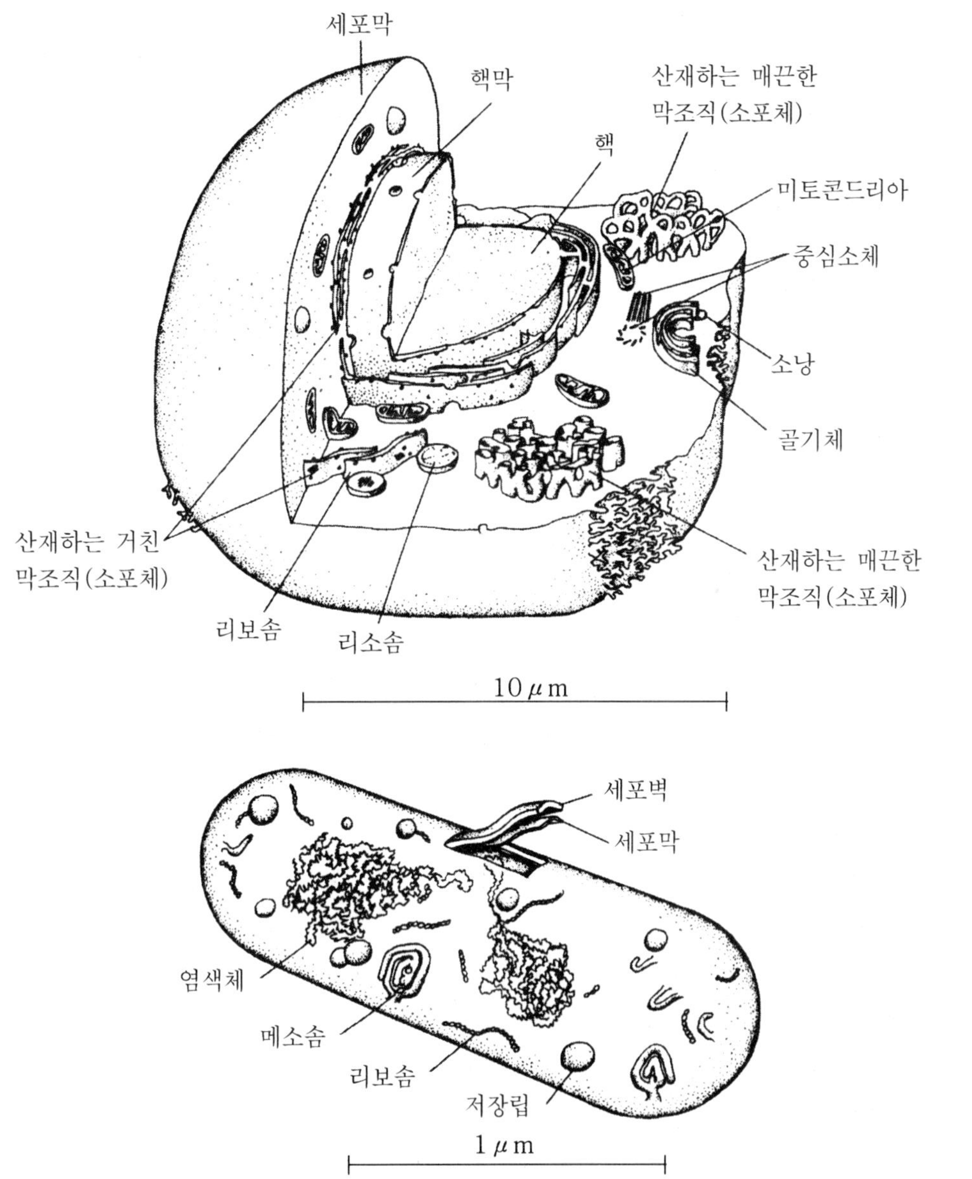

그림 2-3. 진핵 세포(상)와 원핵 세포(하)의 모형도

2) 분류와 명명법

세균 및 방사선균의 명명은 국제세균 명명규약(International Bacteriological Code of Nomenclature)에 따르고, 효모와 곰팡이류는 국제식물 명명규약(International Rule of Botanical Nomenclature)데 따라 명명한다. 국제식물 명명규약에 따르면 균류식물문(Mycota)은 다음에 아문·강·목·과·속·종의 순으로 분류하여 이 경우에 다음과 같이 어미를 붙이게 된다.

Division(문)

Subdivision(아문) …… mycotina
Class (강) ………. mycetes
Subclass(아강) …….. mycetidae
Order (목) ………. ales
Family (과) ………. aceae
Genus (속) ………. 규칙이 없다
Species (종) ………. 규칙이 없다

미생물의 학명은 원칙적으로 라틴어를 사용하고 앞에 대문자로 시작되는 속(genus)명과 뒤에 소문자로 시작되는 종(species)명의 두 단어로 표시하게 되어 있다(이명법 ; binominal nomenclature). 미생물명은 이탤릭체로 하거나 밑줄을 그어 표시한다. 정식 표현은 균명 뒤에 명명자의 이름을 부기하고 만일 후에 학명이 변경되면 최초 명명자의 이름을 ( )안에 넣고 그 뒤에 개명자의 이름을 쓴다. 예를 들면, 황국(koji)균의 정식 이름은 *Aspergillus oryzae* (Ahlburg) *Cohn* 인데 보통은 명명자의 이름을 빼고 단순히 *Aspergillus oryzae* 로 표현하기도 하고 또 경우에 따라서는 속명을 약해서 *Asp. oryzae* 로 표현하기도 한다. *Asp. niger* 는 흑국곰팡이이다. *oryzae* 는 쌀의 의미를 *niger* 는 흑색의 의미를 가지고 있다. *Aspergillus* 속은 외생포자의 외관이 성수(聖水)를 뿌리는(라틴어로 aspergere란 세례를 준다는 뜻) 살수기와 닮았기에 이러한 이름을 붙인 것이다.

균명(속명과 종명)이 같은 것이라도 분리한 곳이 다르고 세세한 부분적 성질이 차이나는 균의 순수 배양을 균주(strain)라 부르고 종명 뒤에 기호(균주 보존 기관명 등)나 숫자(보존 균주 번호 등)를 달아서 각각을 구별한다. 예를 들면 *Aspergillus oryzae* HCC 11489 등이 있는데 여기에서 HCC는 보존 기관명이고 11489는 보존 번호이다.

학명은 만국 공통인데 흔히는 *Bacillus subtilis*를 고초균(枯草菌), *Escherichia coli*를 대장균, *Saccharomyces cerevisiae*를 빵효모 또는 맥주효모 등의 속명(common name)으로 부르기도 한다. 또 성질이나 용도가 공통적인 한 무리를 젖산균(류), 식초산균(류) 등으로 집단 호칭을 붙이는 경우도 있다.

표 2-1. **세균의 분류 및 명명법**(예 : *salmonella*)

계 Kingdom	Procaryotae
문 Division	Protophyta
강 Class	schizomycetes
목 Order	Eubacteriales
과 Family	Enterobacteraceae
속 Genus	Salmonella
종 Species	salmonella cholerae
아종 Subspecies	S. cholerae-suis
형 Type strain	ATCC 13313

2. 세균(bacteria)

1) 형 태

세균은 구균(coccus), 간균(rods), 나선균(spirillum)의 3가지 형태로 크게 나누는데 구균은 단구균(monococcus), 쌍구균(diplococcus), 4연구균(tetracoccus, pediococcus), 8연구균(sarcina), 연쇄상구균(streptococcus), 포도상구균(staphylococcus) 등이 있다. 간균은 단간균과 장간균이 있고, 편모가 있는 것도 있는데 세균 중 포자를 갖는 균은 간균이다. 나선균은 호균(vibrio)과 나선균(spirillum)이 있으며 편모를 갖는다.(그림 2-4)

2) 분 류

세균 분류는 Bergey's Manual에 준 하는데 1957년 7판에서는 균을 중심으로 10개의 목(Order)으로 분류하였으나, 1974년 8판에서는 이용 측면을 감안하여 균의 산소요구성, 형태 및 Gram 염색성 등을 위주로 하여 19개의 부(Parts)로 분류하였다. 그러나 세균은 일반적으로 인위적 분류법(예; 초산균, 젖산균 등)이 이용되고 있다.

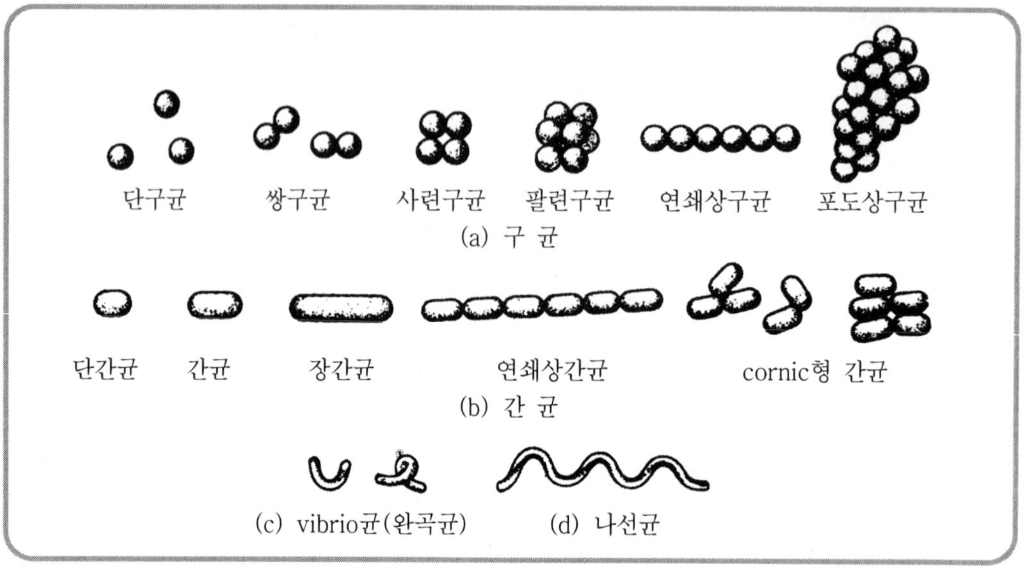

그림 2-4. 세균 세포의 여러 가지 모양

표 2-2. Bergey의 분류기준에 의한 세균의 분류

- 그람음성
  - 세포내 절대 기생성 — (18) 리케차
  - 절대 기생하지 않고
    - 만곡형의 간균
    - 만곡형이 아니고 — (6) 나선형 및 만곡형 세균
    - 간균
      - 호기성 — (7) 그람음성, 호기성의 간균, 구균
      - 조건 혐기성 — (8) 그람음성, 조건 혐기성 간균
      - 혐기성 — (9) 그람음성 혐기성균
    - 구균이면서 구간균
      - 호기성 — (10) 그람음성, 호기성 규균, 구간균
      - 수역학 — (7) 그람음성, 호기성 간균, 구균
      - 혐기성 — (11) 그람음성, 혐기성 구균
- 그람양성
  - 구균
    - 내생포자를 형성함 — (15) 내성포자형성간균, 구균
    - 내생포자를 형성하지 않음 — (14) 그람양성 간균
  - 간상 및 사상
    - 내생포자를 형성함 — (15) 내성포자형성간균, 구균
    - 내생포자를 형성하지 않고
      - 나머지 간균 — (16) 그람음성 무포자 간균
      - 불규칙 간균으로 균사와 사상의 경향이 있음 — (17) 방선균과 관련균

* ( ) 숫자는 Bergey 제8판의 번호

그람양성세균

부		과		주요 속
구균	호기성과 통성혐기성세균	호기성과 통성혐기성세균	(3)	*Micrococcus* *Staphylococcus*
		Sreptococcaceae	(5)	*Streptococcus* *Leuconostoc* *Pediococcus*
	(혐기성세균)	Peptococcaceae	(4)	*Ruminococcus* *Sarcina*
내성포자를 만드는 간균, 구균		Bacillaceae	(5)	*Bacillus* *Sporolactobacillus* *Clostridium* *Sporosarcina*
		유연관계가 불명료하지 않은 속	(1)	
무포자간균		Lactobacillaceae	(1)	*Lactobacillus*
		유연관계가 불명료하지 않은 속	(3)	

* ( ) 숫자는 Bergey 제8판의 번호

그람음성세균

부	과		주요 속
호기성 간균, 구균	Pseudomonadaceae	(4)	*Pseudomonas* *Xanthomonas* *Zoogloea* *Gluconobacter*
	Azotobacteraceae	(4)	*Azotobacter*
	Rhizobiaceae	(4)	*Rhizobium*
	Methylomonadaceae	(2)	*Methylomonas*
	Halobacteriaceae	(2)	*Halobacterium* *Halococcus*
	유연관계가 불명료하지 않은 속	(2)	*Alcaligenes* *Acetobacter*
통성혐기성 간균	Enterobacteriaceae	(12)	*Escherichia* *Salmonela* *Shigella* *Enterobacter* *Serratia* *Proteus* *Erwinia*
	Halobacteriaceae	(5)	*Vibrio* *Photobacterium*
	유연관계가 불명료하지 않은 속	(10)	*Flavobacterium*
통성혐기성 간균	Bacteroidaceae	(3)	*Bacteroides*
	유연관계가 불명료하지 않은 속	(6)	*Desulfovbrio*
혐기성 구균, 구간균	Neisseriaceae	(6)	*Neisseria* *Acinetobacter*
	유연관계가 불명료하지 않은 속	(2)	*Desulfovbrio*
혐기성 구균	Veillobacteraceae	(2)	
독립영양생물	Nitrobactereataces	(7)	*Nitrosomonas* *Nitrosococcus* *Nitrobacter*
		(6)	*Thibacillys*
	유연관계가 불명료하지 않은 속	(4)	

* ( ) 숫자는 Bergey 제8판의 번호

(1) 자연분류법

계통적 분류법이라고도 하며, 계통발생학적인 유연관계에 종을 속, 과, 목, 강, 문의 순으로 공통의 기원에 따라 분류하는 방법이다. 속이 모여 과가 되고, 과가 모여 목으로, 목이 모여 강으로 되는 등의 단계를 거쳐 가장 높은 상위 분류군인 문이 된다. 그러나 원핵생물의 분류학적 연구에서 일반적으로 쓰이는 가장 높은 분류군은 과(family)이다.

미생물이 지니고 있는 특정한 성질이 진화 과정에서 시간의 경과에 따라 자연적으로 어떻게 진화되어 왔는지 유연관계를 조사하여 분류하는 방법이며 미생물에서도 유성생식법을 가장 중요한 지표로 자연분류를 하게 된다.

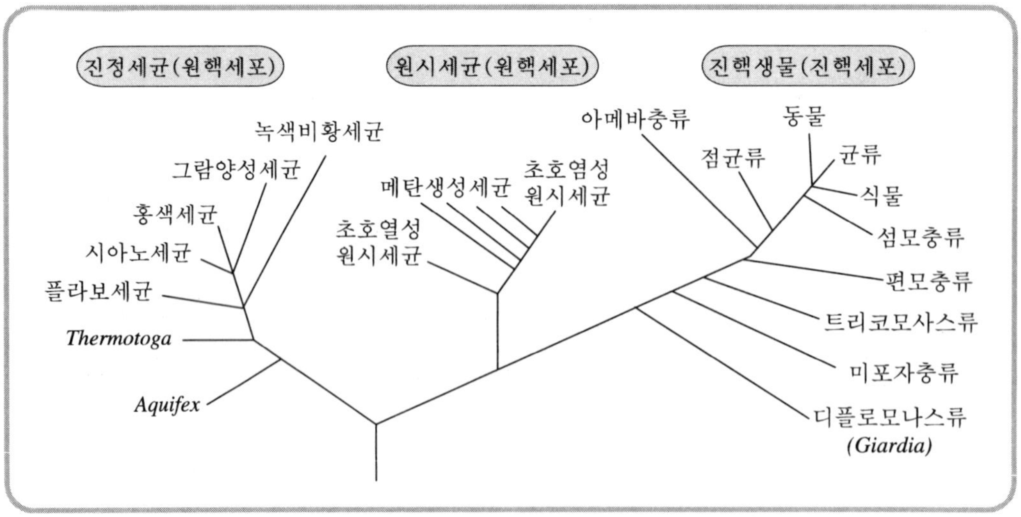

그림 2-5. 자연분류법

(2) 수치 분류법

미생물이 나타내는 여러 가지 성질을 모두 공평하게 평가하고, 통계적인 비교를 하여 유연성이 높은 균주를 순차배열시키는 방법이다.

이 방법은 각 표현형의 성질이 각각 같은 정도로 중요시 될 때 조사한 성질들의 전체수 중에서 공통되는 성질의 수에 의하여 생물들 사이의 분류학상의 거리를 숫자로 표시할 수 있다. 주의 할 점은 비교적 형질의 개수가 분류에 큰 영향을 미치므로 서로 연관성이 없는 형질을 약 150여개 사용하여야 신빙성이 높다.

수치분류법에서는 미생물이 나타내는 여러 가지 성질을 모두 평등하게 평가하고, 그

것을 통계적으로 비교하여 유연성이 높은 균주를 순차배열시키는 것이다. 이 방법은 우선 분류의 대상이 되는 생물의 개체 또는 분류군을 OTU(operational taxonomic unit)라 하여 그 표현형의 성질을 검사한다.

또 각각의 성질의 상태를 기호화 또는 수량화하여 데이터 일람표를 만든다. 다음에 모든 OTU 상호간의 상이도를 계산하여 표 2-3과 같이 상이도 일람표를 만든다. 이것을 집락분석에 의해 상이도가 높은 OTU별로 차례로 옆에 위치하도록 배열하여 얻어진 결과를 도시하여 판정한다. 2개의 OTU 상이도를 계산하는 방법이 여러 가지 방법이 알려져 있다.

표 2-3. 미생물 분류의 유사성 도시

OTU	A	B	C	D	E	F
A	100					
B	50	100				
C	70	49	100			
D	48	88	49	100		
E	70	42	83	40	100	
F	50	77	53	84	48	100

(3) 분자적 분류법

미생물의 균주가 가지고 있는 유전자의 차이로 분류하는 방법이다. 생화학적 특성을 중요시하여 DNA의 염기배열 즉 GC(구아닌, 시토신) 함량이나 DNA 잡종형성에 의한 DNA 염기배열의 상동성의 비교에 의한 분자생물학적 분류방법이다.

한 생물의 DNA의 구아닌과 시토신 염기조성의 측정은 새로운 분류군으로 명명하는데 필요하다. DNA 염기비율은 GC 몰 % 나타낸다.

$$\frac{G+C}{A+T+G+C} \times 100$$

세균의 GC비율의 범위는 표 2-4에서와 같이 28~80%에 걸쳐 있고, 또 그 범위는 진핵생물계보다 넓다.

DNA의 염기조성과 분류에서의 상응관계는 다음과 같이 정리된다.

① 일반적으로 형태적으로 아주 유사한 생물은 비슷한 염기비율을 가지고 있다.

② 형태적으로 근연한 두 생물이라 하더라도 다른 염기비율을 가지면 이들간의 유연관계는 밀접하지 않다.

표 2-4. 세균 균종간의 DNA 상동성

균 종	잡종형성률
A.	(*E. coli*에 대하여)
Escherichia coli	100
Shigella dysenteriae	71
Salmonell typhimurium	71
Klebsiella pneumoniae	25
Proteus nulgaris	14
Serratia marcescens	7
Pseudomonas aeruginosa	1
Bacillus subtilis	1
B.	(*N. meningitidis*에 대하여)
Neisseria meningitidis	100
Neisseria gonorhoeae	80
Neisseria catarrhoeae	15
Escherichia coli	3

③ 두 생물간의 DNA 염기비율이 동일하더라도 전혀 다른 종이 될 수도 있다.

④ DNA의 상동성

(4) 혈청학적 분류법

혈청학적 분류란 미생물의 소기관 및 효소단백질 등의 화학적 성질을 항원항체반응에 의하여 분석하여 항원형의 변수에 따라 분류하는 것이다. 장내세균과의 균종의 분류에서 가장 널리 쓰이고 있다. 항원물질로는 세포벽 표층의 다당류와 편모가 있는 균군에서의 편모 단백질 항원이 있다. 미생물의 혈청학적 성상이라는 것은 주로 세포 표층물질 및 부속기관의 생체화학적 특징을 혈청반응에 의하여 항원이라는 변수로 나타낸 것이다. 최근 세포 표층물질 이외의 미생물의 각종 소시관이나 효소단백질의 항원성상도 종의 특이성을 나타내는 것으로 밝혀지고 있다.

3) 번 식

(1) 분열법

세균의 증식법 중 가장 대표적인 것은 세포분열법이다. 즉, 간균과 나선균은 먼저 세포가 신장하여 2배로 되고 중앙부에 세포의 장축으로 격벽이 생겨 드디어 중벽으로 되고 최후 2개의 개체로 된다. 구균은 분열 전에 타원으로 되고 격벽 형성 상태는 간균의 경우와 같다. 분열의 방향은 1방향, 2방향, 3방향, 부정방향 등 여러 방향으로 진행된다.

세균은 외적인 조건이 적당하면 끊임없이 분열을 계속한다. 새 세포가 성장하여 다시 분열할 때까지의 필요한 시간을 세대(世代; generation)라 하는데 보통 20~40분이다. 적정 조건에서 세대기간은 *Vibrio cholerae*가 20분이고, *Bacillus subtilis*가 30분이다.

(2) 포자형성

포자형성균은 주로 간균으로 호기성균의 *Bacillus*속과 혐기성균의 *Clostridium*속과 드물게는 *Sporosarcina*속이다. 이들 균은 세포 내에 포자를 내생하는데 이를 내생포자라 한다. 보통의 균체, 즉 포자를 가지지 않고 생장대사를 하는 세포를 영양세포(vegetative cell)라 하며, 영양세포 안에 포자가 형성될 때를 포자낭(sporangium)이라 한다.

포자형성균의 생활환을 보면 다른 세균과 마찬가지로 아포균(포자형성균)도 분열에 의하여 증식하나 건조나 가열 등 악조건 하에서는 증식을 정지하여 세포 안에 포자를 형성한다. 포자가 형성된 유리포자는 대사활성이 극히 낮고 건조나 가열 등의 악조건에서도 아주 강하여 장기간 생존되며 조건이 바뀌어 적당한 조건이 되면 급속히 발아한다.

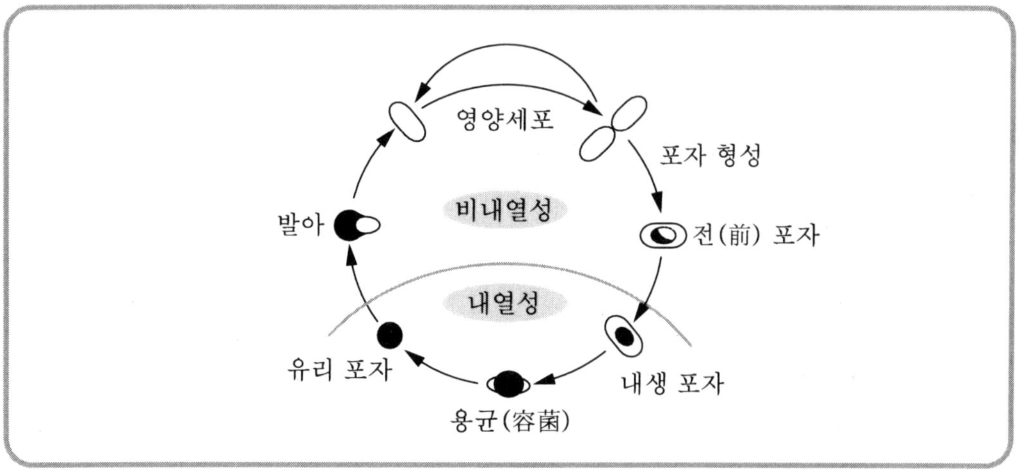

그림 2-6. 유포자 세균의 생활환

4) Gram 염색성

그람 염색(Gram"s stain)은 세균의 분류학상 아주 중요한 지표가 된다. 방법은 균체를 slide glass 위에 도말, 고정한 후 농자색의 carbol gentian violet 색소 용액으로 염색시킨 다음 Lugol 용액에 담가두었다가 알코올로 처리한다. 이 때 균체가 탈색되지 않고 자색으로 염색된 상태로 있는 균을 그람양성균이라 하고, 탈색된 균을 그람음성균이라 한다. 염색성이 다른 이러한 균에서는 세포벽의 화학 조성, 항생물질에 대한 감수성 등 많은 성질에 현저한 차이가 있다.

표 2-5. **그람양성균, 음성균의 예**

그람양성균	*Streptococcus pneumoniae* (폐렴쌍구균) *Streptococcus lactis* (젖산연구균) *Staphylococcus aureus* (황색포도상구균) *Lactobacillus bulgaricus* (불가리아 젖산간균) *Bacillus subtilis* (고초균) *Clostridium tetani* (파상풍균)
그람음성균	*Escherichia coli* (대장균) *Salmonella typhi* (티프스균) *Pseudomonas aeruginosa* (녹농균) *Vibrio cholerae* (콜레라균)

5) 주요 세균

(1) 젖산균(유산균, lactic acid bacteria)

당류를 발효하여 50% 이상의 젖산을 생성하는 세균을 젖산균이라 한다. 치즈, 버터, 요구르트, 젖산균음료, ensilage, 젖산 제조, 청주 및 간장의 양조 등에 중요한 역할을 하며, 젖산균 제제(정장제, 整腸劑), dextran의 제조, 아미노산 및 비타민 정량에도 이용되는 중요한 균군이다.

젖산균은 그 형태가 구균인 Streptococcaceae과와 간균인 Lactobacillaceae과에 대부분 속한다. Streptococcaceae과에는 Streptococcus속, Leuconostoc속 등이, Lactobacillaceae과에는 *Lactobacillus* 속 등이 포함된다.

젖산균은 그람양성, 비운동성이고 색소를 생성치 않는 간균 또는 구균으로 당을 발효하여 산이나 산 이외의 gas를 생성한다. 대부분은 catalase 음성인 미호기성이며, 산소의 분압이 낮은 환경에서 잘 증식한다. 또 복잡한 영양요구성을 가져 여러 가지 비타민, amino acid, peptide 등을 요구한다. 젖산균을 생성하는 온도는 대개 35~40℃가 적온이다.

젖산균에는 glucose로부터 젖산만을 생성하고 다른 부산물을 거의 생성하지 않는 정상발효젖산균(homo lactic acid bacteria)과 젖산 이외에 에탄올, 초산, H_2, CO_2 등을 생성하는 이상발효젖산균(hetero lactic acid bacteria)이 있다. *Streptococcus* 속, *Pediococcus* 속은 homo형이며, *Leuconostoc* 속은 hetero형이고, *Lactobacillus* 속에는 종류에 따라 homo형과 hetero형이 있다.

Homo형 $C_6H_{12}O_6 \rightarrow 2CH_3 \cdot CHOH \cdot COOH$

Sc. lactis, Sc. cremoris, L. bulgaricus
L. delbrueckii, L. plantarum, Pc. cerevisiae

Hetero형 $C_6H_{12}O_6 \rightarrow CH_3 \cdot CHOH \cdot COOH + C_2H_5OH + CO_2$

$$2C_6H_{12}O_6 + H_2O \rightarrow 2CH_3 \cdot CHOH \cdot COOH + C_2H_5OH + CH_3COOH + CO_2 + 2H_2$$

L. brevis, L. pentoaceticus, Leuc. mesenteroides
L. fermenti,

① 젖산의 제조

원료로서 전분질의 당화액 또는 당밀을 사용할 때는 *L. delbrueckii*를 이용한다. 우유나 유청을 원료로 할 때는 *Sc. cremoris, Sc. lactis*와 같은 homo형 발효를 하는 구균 또는 같은 homo형의 *L. bulgaricus, L. acidophilus, L. casei* 등의 간균 중에서 적당한 균주가 이용된다.

② 젖산균 제제

Sc. faecalis, L. bifidus, L. acidophilus.

동물의 장내에 존재하며 이상발효를 억제하고 정장작용을 한다.

③ 청주 또는 기타 주류 양조

Leuc. mesenteroides, L. sake.

일본 청주의 양조에서 술밑(주모 ; 酒母)으로 이용되며, 잡균의 번식을 억제하고 효모의 배양에 적합한 조건을 만들어 준다. 또 포도주와 맥주 제조에도 관여하며 특유한 향미를 생성한다.

④ 유제품에 이용

치즈나 버터를 제조할 때 자연적으로 착생되는 젖산균이 번식하는 것을 기다리지 않고 젖산균을 순수 배양한 stater를 첨가하는데 치즈의 stater로는 *Sc. lactis*, 버터의 stater로는 *L. bulgaricus*가 이용된다.

*L. casei*는 치즈의 숙성에 중요하다. 요구르트의 제조에는 *L. bulgaricus*와 *Sc. thermophilus*가 이용되며, *L. caucasicus*(*L. delbrueckii*)는 Kefir 제조에 관여한다.

⑤ 김치 발효

김치류의 산미는 젖산균에 의한 것이며 *L. plantarum*, *L. brevis*가 관여한다.

⑥ 장류 및 ensilage

간장, 된장 등의 발효 식품에도 젖산균이 존재하며 젖산의 적당한 산미 이외에 향기 성분을 생성하며 제품의 향미에 중요한 역할을 하고 있다. 간장에는 *Pc. soyae* (*Pc. holophillus*)가, ensilage에는 *L. plantarum*이 주로 관여한다.

⑦ Dextran 제조

*Leuc. mesenteroides*는 sucrose로부터 대량의 dextran을 생성하며 대용혈장으로 사용된다. 한편 설탕 공장에서는 파이프를 막을 수 있는 유해균이다.

⑧ 미량 분석

*L. casei*는 아미노산, *L. leichmannii*는 비타민 B_{12}, *L. fermenti*는 맥주중의 비타민 B_1을 분석하는데 이용된다.

⑨ 식품의 부패

저장 중 청주의 백탁이 생기고 악취를 발생하는 Hiochi균(火落菌)도 젖산균의 일종인데 이들은 *L. homohiochi*, *L. heterohiochi*가 있다. *Pc. cerevisiae*는 맥주를 흐리게 하고, pH 하강 및 이취를 발생하며, 예로부터 beer sarcina라 불려온 유해균이다. *L. thermophilus*는 생육적온이 50~60℃이므로 내열성이 커서 장기간의 저온 살균으로도 죽지 않아 우유를 산패시킬 수 있다.

(2) 초산균(acetic acid bacteria)

에탄올을 산화하여 초산을 생성하는 세균을 초산균이라고 하며 그람음성의 호기성 간균으로서 운동이 있는 것과 없는 것이 있다. 액체 배지에서 피막을 만들어 생육하고 에탄올을 산화해서 초산을 만드는 것과 glucose로부터 글루콘산을 만드는 것이 있다. 초산 생성력이 강하고 주모(周毛)를 갖고 있는 것을 Acetobacter라 하며, 극모(極毛)를 갖고 초산 생성력이 약하며 glucose를 산화해서 글루콘산을 만드는 작용이 강한 것은 gluconobacter로 분류된다.

식초 제조에는 *Acetobacter aceti, A. schotzenbachii* 등이 이용된다.

(3) 포자 형성균

Bacillaceae과에 속하는 그람양성의 간균으로 호기성의 *Bacillus*, 혐기성의 *Clostridium*의 2속이 들어 있다. 포자의 내열성이 대단히 강하고 기타 불리한 환경 조건에서도 저항성이 있다. 또 포자는 물과 토양 중에 비산하며 자연계에 널리 분포되어 있고, 식품에의 혼입 기회가 많기 때문에 식품 저장상(쉰밥-*B. subtilis*) 또는 통조림에 문제가 되는 균(*Cl. botulinum*)이다.

① *Bacillus* 속

그람양성의 호기성 내지 통성혐기성의 중온·고온성의 유포자간균 catalase 양성이다.

㉠ *B. natto*

청국장 제조에 관여하는 끈기 있는 균으로서 일종의 고초균(枯草菌)이다. 이 균은 마른풀 등에 존재하여 생육하는데 biotin을 필요로 한다. 삶은 콩에 잘 번식하고 백색의 끈끈한 물질을 만드는 균으로 독특한 향기를 내며, 실을 길에 내는 것도 있다. 이때 콩단백질의 일부는 분해되어 가용성 질소화합물이 생겨 잘 소화되므로 식품의 가치를 향상시킨다. 이 균은 강력한 amylase와 protease를 분비하며 발육적온은 42℃이다.

㉡ *B. subtilis*

고초균으로 고온(85~90℃)액화효소인 *B. natto*와 형태가 같으나 biotin을 요구하지 않는 것이 다르다. α-amylase와 protease 생산균으로 유명하며 subtilin이라는 항생물질을 생산하는 균주도 있다. 청국장을 만드는데 이용되기도 하며, 밥에 서식하면 밥을 쉬게 한다.

㉢ *B. megaterium*

vitamin B_{12} 생산 균주이다.

㉣ *B. coagulans, B. stearothermophilus, B. circulans*

고온에서 증식하며 내열성이 높은 포자를 형성한다. 병조림이나 포장가열식품의 부패균으로 중요시된다. 특히 *B. coagulans*는 어육소시지에서 반점 모양으로 번식하면서 부패를 일으키며, 통조림의 flat sour 변패의 원인 균이다. 한편 이 균의 젖산 생성능력을 이용하여 젖산의 제조에도 이용된다.

㉤ *B. cereus*

세레우스균은 호기성이며 아포를 형성하는 대형 간균으로, 자연계에 널리 분포하며 식물에 오염되어 부패·변패, 때로는 식중독을 일으킨다. 더욱이 동물에 대하여 기회적 감염증을 나타내는 것도 알려져 있다. 식중독 증상은 포도상구균과 비슷한 구토형과 *Cl. welchii*균과 비슷한 설사형이 있다.

탄저 - 원인, 증상, 전파경로, 치료

레이어(1850), 폴렌더(1855)가 탄저병 동물의 체내에서 발견하였으며, 1876년 Koch에 의해 최초로 배양에 성공하였으며, 이어서 Pasteur(1881)가 약독생균으로 가축용 탄저백신의 실용화에 성공하였다. 소에서 급성패혈증을 일으키며 인수공통전염병이다. 급성질환이기 때문에 생전에 발견되는 경우가 적고 역학적으로 추정 진단되는 경우가 많다. 콧구멍, 항문 등의 천연공에서 응고불량의 암적색 혈액이 나오는 것이 특징이다.

가. 원인체

병원체는 *Bacillus anthracis*이며 크기가 1.0~1.2 × 3~10㎛이며, 양쪽 끝은 대나무 마디처럼 직각으로 절단된 형태이다. 생체 내에서는 단독 또는 짧은 사슬이지만, 배양균은 긴 사슬을 형성하며, 균체 중앙에 난원형의 아포를 형성한다.
이 균의 아포는 저항성이 매우 강하며 건조상태에서 수년 내지 수 십 년간 생존하며 흙속에서 더욱 오래 살 수 있다. 120~140℃의 건열에서 3시간, 5% 석탄산수에서 2시간동안 살 수 있다. 그러나 설파제와 항생물질 등의 약제에 대해서는 감수성이 높다.

나. 발생상황

현재에도 세계 각국에서 발생되고 있으나 유행적인 발생은 거의 없다. 국내에서는 1980년 이후에 발생이 없다가 1994년 2월 경주소재 농장 1두, 1995년 9월 충남 홍성군 소재 농장에서 한우 1두의 감염보고가 있었다. 2000년 창녕에서 발생하였다.

다. 전파경로

① 탄저 이환동물의 병소, 분비물, 배설물 및 사체의 혈액을 비롯한 전신 각 장기에 존재하고, 또한 사체유래의 수모, 수피, 골제품 및 배설물이나 해체에 의하여 오염된 사료, 음수, 토양, 기구, 축산물 등에도 아포의 상태로 존재한다. 토양에서 장시간 생존한다.
② 자연감염 : 창상면으로의 경피감염 및 경구감염이며 호흡기감염도 있다.

라. 주요증상

① 질병의 경과가 급성(1~2시간 또는 24시간 이내)이므로 살아있을 때 진단 어렵다.

② 갑자기 고열(41~42℃)이 나고, 호흡곤란, 심계항진, 침울, 천연공에서 출혈이 난다.

③ 부검시 비장이 정상보다 2~5배 커져 있다.

마. 검사 진단

병변부에서 균을 검출, 분리한다. 동물 및 그 재료에서 균검출, 분리, 동정은 전문기관에 의뢰하는 것이 바람직하다. 시체재료에서 검색할 경우에는 아스콜리의 열침강반응(Ascoli's thermoprecipitin test)에 의해 결정한다. 이 반응시험은 장기유제를 10배 되도록 생리식염수로 희석하고 100℃에서 5분간 끓여 그 여과액을 항원으로 사용하여 면역혈청과 침강반응을 보는 방법으로 피검재료가 어느 정도 오래된 것이라도 검정할 수 있다.

바. 예방 및 치료

1) 예 방

① 기종저 균과의 혼합백신(탄·기혼백)이 관납으로 공급되고 있다. 백신을 6개월령 이상 전두수에 접종하고 1년마다 보강접종을 실시한다.

② 법정전염병이자 인수공통전염병이므로 의심되는 환축은 사체의 이동, 접촉 금지, 가축위생시험소에 신고한다.

2) 탄저의 예방 및 치료

생전진단의 가능성이 낮고 치료효과도 낮다. 백신탄저·기종저 혼합백신

사. 소독제

부롬·셉트(축체소독, 음수소독)

브롬가드(출입구, 발판, 우분야적장, 우사주변 소독)

아. 식품과의 관련성

오염균 등의 조리 시에 감염한다. 우리나라에서도 죽은 소의 불법해체육에서 다수의 감염자를 낸 적이 있다.

자. 뉴스 검색

① 워싱턴 일대 극도의 공포감 (중앙일보 10월 13일 17시27분)

...10명으로 늘어나면서 워싱턴 일대가 극도의 공포감에 빠졌다 일회성이었던 테러나 우편물에 한정됐던 탄저균 테러에 비해 미국인들이 느끼는 공포의 강도는 훨씬 높다 이미 일대 모든 학교의 오후 옥외 방과...

② 워싱턴 연쇄살인 목적은 "공포유발" (연합뉴스 10월 13일 06시12분)

... 9월11일 워싱턴 근교에 있는 국방부 건물에 여객기를 추락시킨 테러와 아직도 범인이 밝혀지지 않은 탄저균 테러로 이미 공포를 경험한 이 지역 주민들이 제2 테러 가능성을 두려워하고 있는 시점에서 발생했다는...

> ③ 美, 생화학무기 실험했다 (YTN 10월 10일 16시25분)
> ... 미국이 생화학 무기실험을 20여 차례나 했던 것으로 밝혀졌습니다. 더군다나 실험 과정에서 수천명이 탄저균 같은 생물학무기에 노출됐을 가능성이 대두되고 있습니다. 리포트 국방부는...

② *Clostridium* 속

그람양성의 편성혐기성의 유포자간균으로 catalase 음성이다. 포자는 세포의 중앙이나 말단에 만들고 통상 포자낭은 그 부분에서 부풀어 오른다. 단백질 분해성(부패성)의 것과 당류 분해성(탄수화물을 발효하여 butteris acid, 초산, CO_2, H_2, alcohol 류와 acetone을 생산한다)의 것으로 크게 나눈다.

㉠ *Cl. botulinum*

혐기성균으로 내열성이 강하여 일반적 통조림 살균으로 살아남는 수가 있다. 따라서 통조림을 만들 때는 이 균을 반드시 죽일 수 있는 조건을 갖추도록 법에 규정되어 있다. 이 균은 독성이 강한 독소인 botulin을 생성하여 악취를 낸다.

Botulinus균 식중독

그람양성균인 보툴리누스균(*Clostridium botulinum*, 일명 소시지균)의 균체에서 발생되는 독소로 말미암아 일어나는 식중독이다.

이 균은 1896년 에르멘겜(Van Ermengem)에 의해 햄중독에서 분리되었다. 생산된 독소의 항원성(抗原性)에 따라 A~G까지 7형으로 나누는데 사람에게 중독을 일으키는 균은 A, B, E, F의 4형이며, 서양·중국 등지에서는 A형·B형 중독이 일반적이다.

아포의 내열성 : A, B형의 열 저항성은 100℃에서 6시간, 120℃에서 4분이며, E형은 90~100℃에서 5분이다.

A~G형중 E형은 어패류와 관계가 깊다. A, B, E, F형이 주로 식중독을 일으킨다.

중추신경계에 강한 친화성을 가지며, 끓이면 쉽게 파괴되지만 아포는 더욱 고온이 되어야 사멸된다. 그러므로 식품을 끓이지 않고 먹을 경우, 또는 처리 불완전한 보존식품 등을 먹을 때 중독에 걸린다. 잠복기는 보통 18시간 이내이다. 독소는 독성이 매우 강하며 치사율은 30~80%이다. 독소는 neurotoxin으로 acetyl choline이 말초부교감신경 끝과 운동신경의 근접합부에서 유리되는 것을 저해한다. 치사율이 높은 이 독소는 처리가 불완전한 식품 중에서 생성되는데, 소시지 ·통조림 ·염장식품 속에서 균이 번식하여 독소를 낸다.

주요 증세는 다양한 안증세·약시·복시·사시·조절마비·산동(散瞳)·안검하수 등 연하곤란(嚥下困難)·발어장애(發語障碍) 호흡곤란·이명(耳鳴)·난청 등의 마비증상이 나타나고, 수액(髓液)·침·눈물·땀의 분비가 현저히 줄어드는 분비장애가 특징이다. 체온이 정상상이며 의식이 명료한 채 중증일 때는 호흡곤란으로 사망한다. 항독소혈청의 투여가 유일한 특이요법이다.

피부에 이것의 독소(botox)를 소량 주사하여 피부의 주름을 제거하는데 이용하기도 한다.

편성혐기성 세균이다 : 통, 병조림, 진공포장식품과 같은 밀봉식품의 부패로 인하여 발생되기 쉽다. pH 4.5 이상의 산성에서는 발육하지 못하나 중성내지 알칼리성에서만 발육한다. Aw 0.95 이상의 수분이 많은 식품에서만 자란다.

ⓛ *Cl. sporogenes*

혐기적 조건하에서 육류를 부패시키며 포자는 내열성이 강하여 통조림을 부패시킨다.

ⓒ 낙산균(butyric acid bacteria)

*Cl. butyricum*은 당분을 발효하여 주로 butyric acid를 만든다. cheese, 단무지 등에서 분리되며 발육적온은 35℃이다. 비슷한 것으로 *Cl. saccharobutyricum*이 있다.

ⓔ *Cl. perfringens* (*welchii*균)

그람양성이며, 운동성이 없는 혐기성 아포형성 간균이며 증식온도는 43~47℃이다. 아포는 난원형이고 끝에 가까운 곳에 생긴다. 성장은 14종의 아미노산을 필요로 하며, 우라실과 아데닌을 첨가하면 잘 자란다. 따라서 이 균은 쇠고기와 닭고기에서 잘 자란다. 발육최적온도는 43~45℃이며, 발육 가능한 최고온도는 50~51℃이며, 최저온도는 14~18.5℃이다. 최소수분활성 범위는 0.97~0.93이다. 발육최적 pH는 6.0~7.0이며, 5.5 이하에서는 발육이 억제된다. pH 5 이하에서는 수 일 안에 균이 사멸된다. 아질산나트륨과 소금은 *Cl. perfringens*의 발육을 억제한다. 포도당이 풍부한 배지에서는 단간균이 되며, 전분이 많은 배지에서는 장간균이 된다. 협막이 있으며, 특히 조직 가검물에서 분리한 균에 많다. *C. perfringens*의 집락은 일반적으로 백색이며, 혈액배지나 난황배지에 배양할 때, 집락주변에 용혈대나 유백색 띠가 생긴다. 아황산염이 들어있는 배지에서는 아황산 환원 때문에 집락이 검게 된다.

장염의 원인물질은 가스괴저균 장독소로 불리는 이열성 단백독소이다. 이 균은 독소의 종류와 양에 따라 A~E의 다섯 가지 독소형이 존재한다. 그 중, 사람의 장염 원인이 되는 것은 주로 A형 균이다. 장염 식중독의 대표적인 원인식품으로는 한 번에 대량의 식품을 조리한 후의 온도관리에 실패한 육류나 기름에 튀

긴 식품이다. 예를 들면 돼지를 통째로 구워먹지만 바비큐에서 불충분하게 가열되어 클로스트리디움의 이상 증식으로 식중독 원인이 된다. 그 밖에도 면류나 동·식물성 단백질 성분도 해당된다.

(4) 부패 세균(putrefactive bacteria)

부패 세균이라는 특별한 세균은 따로 없으며 주로 단백질을 분해하는 세균, 즉 부패에 관여하는 세균을 말한다.

(5) 대장균군(형) 세균(coliform bacteria, coli-aerogenes bacteria)

Escherichia 와 *Enterobacter* 가 여기에 속하며 다같이 무포자 그람음성 통성혐기성 간균이다. *Escherichia coli* (대장균)는 사람이나 포유동물의 장내에 존재하며 분변으로 계속 배출된다. 보통의 경우 균 자체는 병리성이 없으나 식품이나 음료수에서 검출되었을 경우는 사람이나 동물의 배설물에 의해서 간접적으로 오염되었다고 볼 수 있다. 따라서 장내에 번식하는 다른 병원균에 의한 오염도 의심할 수 있게 된다(오염지표균). lactose를 분해하여 CO_2, H_2 등의 gas를 발생하는 호기성 또는 통성혐기성 균종이다. 변종은 병원성이 있는 것이 있는데 주증상은 급성 위장염이다. 주모성 편모를 갖으나 협막을 만들지 않는다.

식품위생상 대장균 검사는 장내에 서식하는 장티푸스균, *Salmonella*, 이질 균 등의 병원균에 의해서 오염되었을 위험성에 대한 지표로서 음식물, 식수 등의 세균학적 검시에 이용된다. 우유, 아이스크림, 빙과류, 어개류 등에 대장균 검사가 실시된다.

대장균 검사는 3단계로 1. 추정시험에 LB배지 2. 확정시험에 BGLB, EMB 배지 3. 완전한 시험에 LB 배지 또는 표준한천 배지를 사용한다.

식품의 오염도 검사시 최적확수법은 검체 100ml중 이론상 있을 수 있는 대장균수이다. 자세한 시험방법은 6장의 6항의 대장균 동정법에 있다.

한편 대장균은 근래에 유전자 공학이나 박테리오파지의 연구재료로서도 흔히 이용되고 있다. 장구균도 대장균과 비슷한데 이것은 인축의 분변이 오염되지 않은 환경에서는 검출되지 않아서 분변오염의 지표성이 높은 것으로 생각되고 있으며, 특히 식품의 가공과정에서 생존률이 커서 냉동식품, 건조식품, 가열식품 등의 검사에서는 대장균군보다도 유용하다.

Enterobacter aerogenes 도 균학적 성질이 대장균과 유사하지만 이 균은 인축(人畜)이 없는 자연계에도 흔히 존재하는 점이 대장균과 다르다.

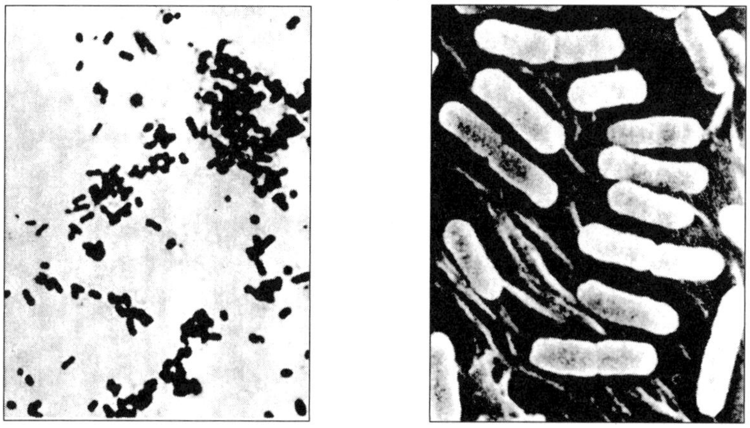

그림 2-7. *Escherichia coli*　　그림 2-8. *Escherichia coli* O-157:H7

① *Proteus* 속

Salmonella, Shigella 속과 더불어 병원성 장내세균이라 불린다. 고기나 해산물, 달걀 등에 증식해서 식중독의 원인이 된다. 이 속의 대표균이라 할 수 있는 *Proteus vulgaris*는 단백질을 분해해서 강한 부패취를 내며 설탕을 분해해서 산과 가스를 내기도 한다. *Proteus morganii*는 알레르기성 식중독의 원인균으로 지목되고 있다.

② *Serratia* 속

적색색소 prodigiosin을 생성하는 주모 간균이며 *Serratia marcescens*는 빵이나 고기, 우유 등에 증식해서 혈색과 같이 변색시키므로 영균(靈菌)이라 부르기도 한다. 이 균은 토양, 하수 및 수산물 등에 널리 분포되어 있으며 부패력이 강하다.

③ *Salmonella* 속

대장균과 흡사한 간균이며 장티푸스균(*Sal. typhi*) 등의 전염병균과 더불어 소위 살모넬라 식중독의 원인균인 *Sal. enteritidis, Sal. tyhimurium* 등이 여기에 속한다. 이 속의 근연균(近緣菌)으로는 적리균인 *Shigella* 속이 있다.

*Salmonella*는 Salmon과 Smith에 의해 1885년 처음 분리되었으며 Gärtner에 의해 식중독의 원인균으로 가장 먼저 발견되었다. *Salmonella*는 장내세균과에 속하는 그람음성간균으로 통성 혐기성, 운동성(주모성 편모)이며 최적온도는 37℃정도이다. 살모넬라균 속에서는 이외에도 장티푸스균, 파라티푸스균 등 70여 종 이상의 균이 검출되고 있다. 살모넬라균은 자연계에 넓게 분포되어 있으며 하수나 하천, 인가 부

근에서 쉽게 검출되며 동물에서는 정상 장내균의 하나라고 생각된다. 약 2,000종이 혈청학적으로 분류되며 아속 I가 주로 병원성을 나타내며, 가장 많이 발생하는 혈청형은 *Sal. enteritidis*, *Sal. heidelberg*로, 인체 살모넬라증의 대부분을 차지한다. *Sal. enteritidis* 출현은 완전한 계란의 내용물에 오염되는 산란용 닭의 난소에 침입하는 병원균의 병원성과 관계가 있다. *Sal. enteritidis*는 번식용에서 산란용 닭에 수직적으로 전파될 수 있다. 오염된 계란이 생산되면 설치류, 사료, 다른 닭들을 포함한 환경원을 통해 전파되므로 제거하기 어렵다.

④ *Vibrio*속

일반적으로 호상균이며 이 속에는 콜레라균인 *Vibrio cholerae*와 어패류에 생육해서 식중독의 원인이 되는 호염성의 *Vibrio parahaemolyticus*(장염 비브리오) 등이 있다.

*Vivrio parahaemolyticus*는 한 개 또는 여러 개의 극성 편모를 가지고 운동하며 균체가 곧거나 굽은 그람음성 통성 혐기성 간균이다. 혈청형은 현재 12개의 O(somatic)항원과 60여개의 K(capsule) 항원형으로 분류되어 있으며 역학조사 시 이용된다.

최적 발육온도는 30~37℃, 최적 pH는 7.5~8.0으로 발육 속도가 빨라서 10~20분에 한 번씩 분열하므로 신선한 식품 중에서도 적당한 농도의 염분이 있으면 2~3시간 만에 발병균량에 도달할 수 있다. 해수세균으로 35%의 식염농도에서 잘 발육하고 10%이상의 식염농도에서는 성장하지 못한다.

이 균에 의한 식중독은 여름철에 집중적으로 나타나며, 근해산의 어패류가 원인식품이다. 장염비브리오 식중독의 원인식품은 꼬막, 생선, 미역 같은 날 해산물이고 생선을 조리할 때 사용하는 도마, 칼, 행주를 매개로 하여 감염되며 환자의 분변, 구토물로부터 2차 감염된다.

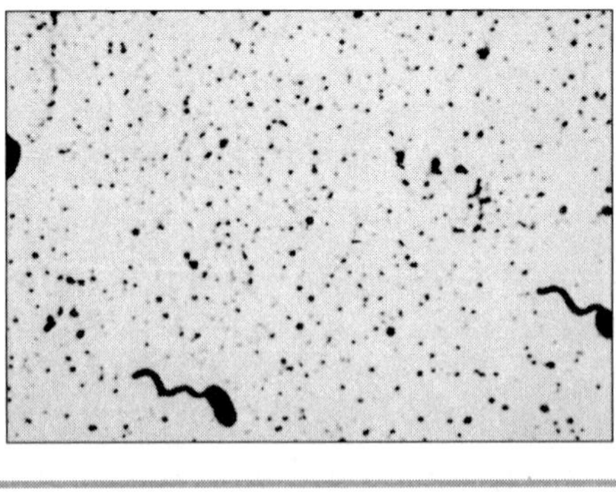

그림 2-9. *Vibrio cholerae*

⑤ 병원성 대장균

대장균은 사람이나 동물의 장내에 항상 존재하며, 토양과 하수등에 널리 분포하지만, 대부분 병원성이 없다. 그래서 건강한 사람이 감염되면 별 증상 없이 지나가기도 한다. 일반대장균은 건강한 사람의 장관 내에서 발견되는 매우 흔한 미생물이다. 이 균종에 속하는 대부분의 수천 종류의 세균은 사람에 해를 주지 않으나 일부의 병원성 대장균이 식중독을 일으키는 것으로 알려져 있다. 유아의 설사의 원인이 되는 대장균이 알려져 일반 대장균과 구별하기 위해 병원성 대장균이라 명명되었다.

병원성 대장균은 그람음성 간균으로 운동성(주모성 편모)이나 비운성동성(무편모)도 있다. 최적 생육온도는 37℃이나 7~10℃에서 50℃에 이르는 폭넓은 온도에서 성장할 수 있으며 내 산성이 강해 pH 4.4의 산성식품에서도 자랄 수 있다. 최소 수분활성도(AW) 0.95에서도 자랄 수 있으며 70℃ 혹은 그 이상의 온도로 가열시 사멸된다. 이 세균은 냉장과 냉동 저장에서 살아남을 수 있다. 전 세계적으로 이 균으로 인한 많은 환자와 사망자가 발생하였다.

병원성 대장균은 독소, 부착인자의 생산능력, 임상증상 등을 기초로 하여 장관병원성 대장균(Enteropathogenic *E. coli*; EPEC), 장관독소원성 대장균(Enterotoxigenic *E. coli*; ETEC), 장관침입성 대장균(Enteroinvasive *E. coli*; EIEC), 장관출혈성 대장균(Enterohaemorrhagic *E. coli*; EHEC)등 4가지 주요 군으로 분류된다.

E. coli O-157:H7는 이중 장관출혈성 대장균(EHEC)에 속하며, 베로독소를 생성한다 하여 베로독소 생성 대장균(VTEC)이라고 불리기도 한다. 혈청형 O-157:H7은 장관출혈성 대장균 중 가장 널리 퍼져 있으며 전세계적으로 아주 흔하게 사람의 감염과 관련있는 병원균이다. 보통 장관에 존재하는 대장균은 균체항원(O항원)과 편모항원(H항원)으로 분류되고 있으며 O항원에는 160종류 이상, H항원에는 60종류 이상이 있다. 독소생성 O157의 2/3~3/4이 H7형이고 나머지는 운동성을 가지지 않은 H-라는 형이 독성을 가진다. 원인식품으로는 E. coli O-157:H7은 일반적으로 젖소와 관련된 제품 즉 우유와 쇠고기와 관련되어 발생된다. H7이 아닌 운동성이 있는 O157은 반대로 거의 베로독소를 생성하지 않는다.

(6) Gram 음성 호기성균

① *Pseudomonas* 속

식품의 표면 등에서 극히 신속하게 증식하고 특유의 냄새나 색소를 생산하여 식품의 향이나 색택을 손상시킨다. 저온에 강하여(고온에는 약) 냉장고 안에서 증식하는 것도 있으므로 주의해야 한다. 산소가 적은 곳에서는 증식이 억제된다.

(7) Gram 양성 구균

① *Micrococcus* 속

자연계에 광범위하게 분포하며, 황색 내지 적색색소를 생성하는 수가 있다. 내염 내열성이 강하고 많은 균종이 당을 발효해서 산을 생성하며 점질물(slime)을 형성한다.

육제품의 curing에서 질산염 환원 능력에 의한 아질산을 생성하고, 고기를 발색시킨다. 발색은 pH의 영향을 받으며 산성 조건하에서 진행이 쉽기 때문에 glucose로부터 산을 생성하고 고기 색깔에 큰 영향을 미친다. 또한 식품 표면에 생육하여 표면을 변색시킨다. *Micrococcus roseus*는 식빵에 생육하여 분홍빛으로 변색시킨다.

② *Staphylococcus* (포도상 구균)속

포도송이 모양으로 뭉쳐서 자라기 때문에 포도상 구균이라 한다. 색소를 균체 내에서 생성하는 것이 있다. 특히 황색 포도상 구균으로 알려진 *Staphylococcus aureus*는 대표적인 화농균이며 내독소(장관독, enterotoxin)를 가지는 식중독 원인균이다.

세계 각국에서 포도상구균에 의한 식중독 발생 빈도는 높고, 많은 나라에서 제1위 또는 살모넬라 및 가스괴저 식중독에 이어 제2위 또는 제3위를 차지하고 있다. 우리나라에서도 살모넬라, 장염비브리오에 이어 제 3위를 차지하고 있다.

*Staphylococcus aureus*균은 포도송이와 같이 연속된 균괴를 형성하는 Gram양성, 통성혐기성, 구균직경 0.8~1.0㎛으로 발육 최적 온도는 35~38℃이며 glucose, lactose 및 그 외 많은 당류를 분해하며 우유를 응고시키고 젤라틴을 액화한다. 이 균은 식중독을 포함하여 여러 가지 감염증을 일으키는 가장 중요한 균종이며, 온혈동물의 피부, 점막 및 장관 등에 정착하고 있다. 자연계에 널리 분포하는 포도상구균은 병원성이 없는 것과 병원성이 있는 것으로 구별된다.

그림 2-10. *Staphylococcus sp.* 세포의 주사형 전자현미경 사진

포도상 구균은 최근 phage 분류법에 의하여 4그룹으로 분류되는데 Ⅲ 그룹이 주로 장독소를 생성하는 균이며 면역성은 아직 밝혀져 있지 않다. 이 균은 화농성 질환을 일으키며, 용혈독소, 괴사성독소, 장독소를 생성한다. 장독소는 A, B, C, D, E 등 5형이 알려졌으며, 내열성이 강해서 120℃에서 20분간 처리해도 파괴되지 않으므로 보통의 조리법으로는 독소를 파괴시킬 수 없다.

(8) 방선균과 관련 있는 세균

① *Corynebacterium*속

세포는 간상이나 분기형 등의 다형성을 나타내고 호기성 또는 통성혐기성이다. 포자를 형성하지 않는 그람양성균과 관련이 있는 것으로 볼 수 있는 간균을 코리네형 세균(coryne form bacteria)이라 총칭한다.

그람양성이며 운동성이 있고 토양이나 하천, 해수, 생성, 얼음, 달걀, 육류, 식물 표피 등 그 분포가 넓다. 식품 저장의 초기에 많이 나타났다가 저장이 진행되면 타균에 의해서 대치되어 저장 후기에는 별로 발견되지 않는다.

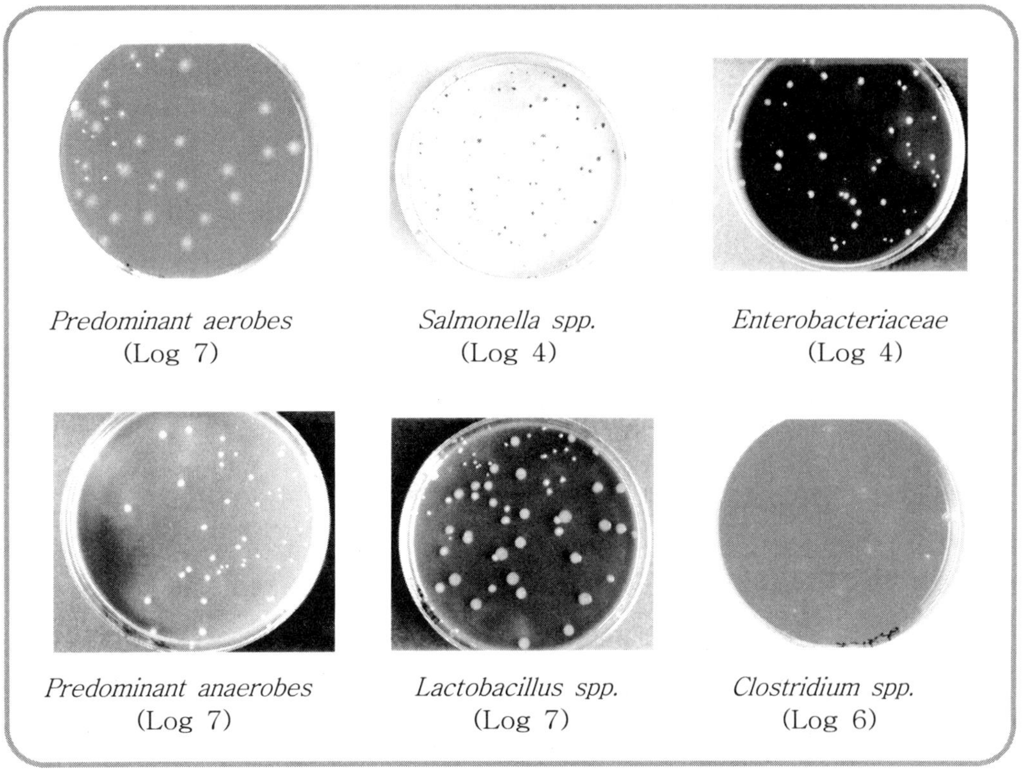

그림 2-11. 선택 배지에서 자란 콜로니 모양

여기에 속하는 것들 중에는 동식물 병원균이 많고 디프테리아균(*Corynebacterium diphtheria*)도 여기에 속한다.

한편 병원성이 없고 당류나 식초산을 기질로 해서 다량의 글루탐산(glutamic acid)을 생산하는 *Corynebacterium glutamicum*(Micrococcus glutamicus)은 산업에 이용되고 있으며, 그 외에도 탄화수소를 자화해서 글루탐산이나 기타의 아미노산을 생산하는 균들이 많이 발견되고 있다.

② *Bifidobacterium*속

당을 발효해서 젖산·식초산을 생성하며 모유 영양아의 장내에 특히 많고 이유 후에는 곧 소실된다. 대표균으로는 *Bifidobacterium bifidum*(*Lactobacillus bifidus*)이 있다. 이 균속 세균도 조건에 따라서는 이론치 50%의 젖산을 생성할 수 있고, 유제품에 사용되고 있기 때문에 편의상 젖산균에 분류되기도 한다. 그러나 유전자 발현의 관점에서 본다면 genome DNA의 GC 함량이 높아 오히려 방선균에 가깝다.

(9) 기타 식중독 관련균

① Campylobacter균

*Campylobacter*의 존재가 처음으로 인식되기 시작한 것은 80여 년 전의 일로 그 후 40여 년간은 주로 수의학자들에 의해 동물의 병원균으로만 연구되어 왔으며 1975년에 이르러 인간의 질병과 밀접한 관련성 즉, 사람의 세균성 설사증을 유발시키는 원인 중의 하나라는 것이 입증되어 현재 전세계적으로 중요한 식중독 원인균의 하나로 인식되고 있다. 원인식품으로는 닭, 칠면조 및 원유 등이며, 소, 개, 고양이 및 야생조류, 소독이 불완전한 식수도 원인이 된다.

캄필로박터 식중독의 대표적인 균은 *C. jejuni*로 밝혀졌으며 그람음성 비포자형성 세균으로서 특징적인 형태는 만곡형의 S자 혹은 나선형을 나타내고 있다. 세균의 운동성은 만곡형의 원형 세포로부터 나온 polar flagella를 통해 이루어지며 세포의 독특한 모양과 편모로 인해 그램 염색으로 쉽게 판별되며, 최적성장을 위해서는 특수한 환경을 필요로 한다. 또한, 세포의 크기는 길이 0.5~8㎛, 넓이 0.2~0.5㎛으로 다양하며 캄필로박터속의 모든 균들은 산소에 민감하여 종에 따라 산소 5~10%를 포함한 공기 중에서 가장 잘 자라기 때문에 미호기성으로 간주되며, 모든 캄필로박터속의 균들은 37℃에서 자라지만, *C. jejuni*는 42~45℃에서 가장 잘 자란다. *Salmonella*와 달리 상온에서는 다른 세균들과 경쟁하여 잘 자라지 못한다. 성장을 위해서는 고온이 요구되며, 냉장 온도에서는 성장은 못하나 생존할 수 있다. *C. jejuni*는 4℃의 습도가 적절한 미호기 조건에서 2~4주, −20℃에서는 2~5개월 생존 가능하나, 상온에서는 수일밖에 살 수 없다. 공기 중 노출, 건조, 낮은 pH, 열처리, 냉동 등의 환경적 조건들은 세포를 파괴시켜 회복을 어렵게 한다. 오래되고 스트레스를 받은 균들은 점차 구형으로 변형이 되어 배양이 어려워진다. Horse blood, hemin 및 charcoal 등의 산소 억제 물질, 미호기 조건 그리고 증균배양 등은 균의 재생을 매우 증가시킨다.

② Listeria균

농·축·수산식품 등 다양한 경로를 통해 식중독을 일으키는 *L. monocytogenes*는 1980년대 중반 이후 발생빈도가 높아진 신세대 식중독균으로 식품산업과 공중위생분야에서 중요하게 인식되고 있다. 특히 이 균은 열에 비교적 저항력이 강하며 또한 냉장고의 온도에서도 성장할 수 있어 안전하다고 생각되는 냉장 저장식품을 통해 식중독을 발생시킨다. 건강한 사람에게는 치사율이 30%, 노약자와 면역력이 약해진 사람에게는 70%로 상당히 독성이 강한 균주로서 알려져 왔다. 이 균은 인수공통질병균으로 주로 동물성 식품과 토양에서 생산되는 식품에 오염된다.

세계보건기구(WHO)와 FDA(Food and Administration)와 USDA(United States Department of Agriculture)를 비롯한 여러 선진국들이 육제품을 포함하여 더 이상 열처리를 하지 않고 먹을 수 있는 식품 속에 한 마리의 *L. monocytogenes*도 허용하지 않겠다는 무균수준)의 강제조항을 설정하고 있다.

*Listeria monocytogenes*는 그람양성, 통성혐기성, 다발성 편모를 가지며 포자를 형성하지 않는 세균이지만 저온, 고온, 건조 등에 강하여 저온(−4.4℃)에서도 생존능력 증식이 가능하며, 45~50℃에서도 생육이 가능하다. 이 균은 우유, 유제품 정육, 가금육 및 그 가공품 야채 그리고 해산물 등 광범위한 신선 및 가공식품에 존재하며 살균 공정이 잘못된 경우보다는 가공 후 재오염 될 가능성이 크다.

3. 효모(yeast)

1) 특 성

효모의 기본적 형태는 단세포 형태로 환경에 따라 변하며, 구형(Torula type), 난형(Cerevisiae type), 타원형(Ellipsoideus type), 레몬형(Apliculatus type), 원통

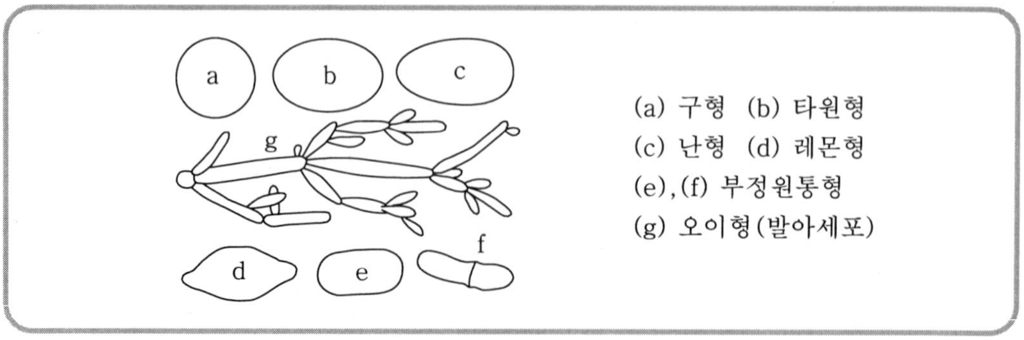

그림 2-12. 효모의 기본 형태

형(Pastorianus type), 삼각형(Trigonopsis type), 균사 모양의 위균사(僞菌絲, pseudomycelium) 등이 있다.(그림 2-12)

효모의 특수형태로는 출아한 세포가 길게 신장하여 분리되지 않고 마치 균사상 모양을 한 위균사형에는 *Candida*속이 있으며, 곰팡이와 같이 격벽이 있는 균사형(truemycellium 형)도 있는데 여기에는 *Endomycopsys*속과 *Trichosporon*속에서 볼 수 있다.

출아법 외에 특이하게 세균처럼 분열하는 것이 있는데 이를 분열 효모(fission yeast)라 하며 여기에는 *Schizosaccharomyces*속이 해당된다.

효모의 분류 기준은 Lodder와 Kreger van Rij(1952)에 의한 "The Yeasts, A Taxonomic Study"에 의존하였으나 그후 1970년 제2판에 39속 349종이 새로운 분류 체계를 갖추어 소개되었고 1984년에는 제3판이 출판되었다. 여기에서 보면 효모는 자낭균류(유포자 효모 22속), 담자균류(5속 ; 담자균류 효모 2속, 사출포자 효모 3속), 불완전균류(무포자 효모 12속)에 걸쳐 있어서 복잡하다.

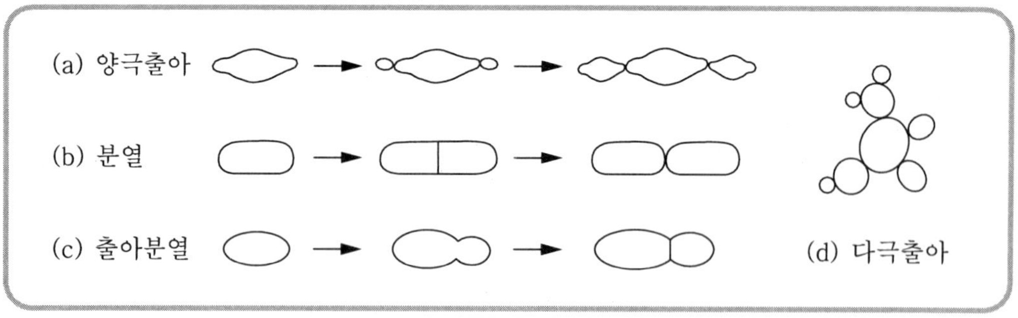

그림 2-13. 효모의 영양증식법

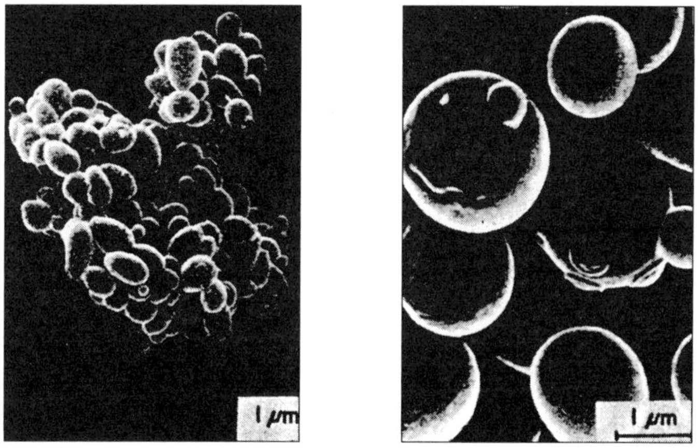

그림 2-14. 효모의 주사형 전자현미경 사진

2) 생리 작용

효모는 호기성 및 통성혐기성균으로 혐기·호기적인 조건하에서 생육할 수 있으며 발효형식은 달라진다. 혐기적인 조건하에서는 생활의 자유에너지를 당류의 산화환원 반응(발효작용)에 의해서 획득하여 알코올과 CO_2를 생성하며, 이것을 알코올발효 또는 Neuberg발효 제1형식이라 한다. Neuberg발효 제1형식은 효모의 독특한 생리현상으로 인간에게 유용한 물질을 생산하므로 주요한 발효공업상의 위치를 차지하고 있으며 그 형식에는 3가지가 있다.

(1) 혐기적 발효(alcohol 발효)

효모를 이용한 주류 발효에는 혐기적 발효가 요구되므로 반드시 밀폐시켜 산소의 유입을 막아야 한다. 완전한 혐기적 발효시 아래의 반응식대로 발효가 일어나게 된다.

$$C_6H_{12}O_6 \xrightarrow[\text{혐기상태}]{\text{효모}} 2C_2H_5OH + 2CO_2 + 58Cal(2ATP)$$

(2) 호기적 발효(호흡작용, 산화작용)

효모를 호기적 조건하에서 번식시키는 경우에는 당류를 완전히 산화분해(호흡작용)하기 때문에 전자와 비교해서 10배 이상의 자유에너지를 획득할 수 있다. 그 반응식은 다음과 같다.

$$C_6H_{12}O_6 + 6O_2 \rightarrow 6CO_2 + 6H_2O + 686cal\ (38ATP)$$

위 반응식에서 알 수 있듯이 한 분자의 포도당이 여섯 분자의 산소에 의하여 안전히 산화되어 CO_2와 H_2O가 각각 6분자씩 생성되고 686cal와 38분자의 ATP가 생성된다. 이와 같이 효모는 당액 중에서 혐기적으로 배양하면 알코올을 생성하므로 발효공업에 이용된다. 이러한 양자의 대사기구는 EMP경로를 통해서 이루어치고 있다. 위의 혐기적 발효와 호기적 발효를 Neuberg발효 제1형식이라 한다.

(3) Neuberg발효 제2형식 및 제3형식

효모가 완전한 알코올발효를 행하는 경우에는 보통 3%정도의 glycerol을 부생하는 것이 1872년 Pasteur에 의해 밝혀진 후 glycerol의 수량을 10배 이상 높게 하는데 성공하여 이후에 glycerol발효라 부르게 되었다.

Glycerol 발효에는 2가지 형식이 있는데 중탄산나트륨($NaHCO_3$), 제2인산나트륨(Na_2HPO_4) 등의 알카리를 첨가하는 경우는 Neuberg발효 제2형식이라 하며, 제3형식에는 아황산소다를 첨가하는 방법이다.

$$C_6H_{12}O_6 \xrightarrow[Na_2SO_3]{H_2O} C_3H_5(OH) + CH_3CHO + CO_2$$

$$2C_6H_{12}O_6 \xrightarrow[\text{알카리}]{} 2C_3H_5(OH)_3 + CH_3COOH + C_2H_5OH + 2CO_2$$

한 효모는 당류를 분해하여 알코올과 glycerol을 만드는 이외에도 아미노산을 발효하여 fusel oil이라 하는 고급 알코올과 지방산을 만든다. 이 발효과정에서 생기는 NH_3는 효모의 영양원으로서 이용된다.

3) 주요 효모

(1) 유포자 효모(ascosporogenous yeasts)

효모 중에는 환경이 부적당할 때 또는 생활환의 일부로서 자낭포자를 형성하는 것이 있다. 이러한 효모를 유포자 효모(sporagenous yeasts) 또는 자낭포자 효모(asporogenous yeasts)라 한다. 효모가 자낭포자를 형성함에 있어서 *Saccharomyces cerevisiae* 등은 무성적으로 수행할 수 있으나 2개의 세포가 접합해서 유성적으로 이루어지는 것도 있다(*Schizosaccharomyces* 속). 자낭내의 포자의 수는 2~4개가 보통인데 효모의 종류에 따라서는 8~16개에 이르는 수도 있다.

또 어떤 효모(Sporobolomyces속)는 사출포자라는 것을 형성하게 된다. 즉, 영양세포에서 돌출한 소병(小柄)상에 포자(사출포자, ballistospore)를 형성하고 이것을 특별한 기작으로 사출한다.

① *Saccharomyces* 속

발효공업에 이용되는 효모는 대부분이 여기에 속하고 효모 중에서 가장 중요한 속이다. 다극 출아에 의하여 영양 증식하며, 세포는 평활한 구형 난형 또는 타원형이고 자낭포자를 비접합적으로 형성한다.

㉠ *Sacch. cerevisiae*

처음 영국의 맥주에서 분리된 상면효모로서 유명하다. 많은 품종이 있어서 맥주효모(상면발효 효모) 포도주효모(*Sacch. Ellipsoideus*), 청주효모(*Sacch. sake*), 주정효모(당밀의 주정발효, *Sacch. formosensis*), 빵효모 등이 여기에 속한다. Glucose, galactose, sucrose, maltose를 발효하며 raffinose를 1/3 정도 발효한다. Thiamin을 합성하여 약용효모로도 이용한다.

㉡ *Sacch. carlsbergenesis*

Carlsberg 맥주공장에서 최초로 순수배양 되었던 균이며 맥주의 하면 효모로 잘 알려져 있다. Glucose, galactose, sucrose, maltose 및 raffinose를 완전히 발효한다.

㉢ *Sacch. coreanus*

우리나라의 약주에서 분리된 효모이다. Glucose, sucrose, galactose, raffinose를 발효하지만 maltose와 lactose는 발효하지 않으며 gelatin을 용해하지 않는다.

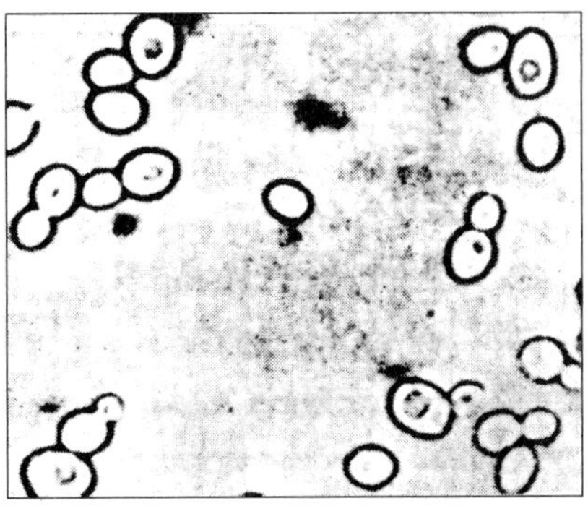

그림 2-15. *Saccharomyces secevisiae*

㉣ *Sacch. mali*

사과주에서 분리한 상면효모로 사과주에 방향을 주기 때문에 cider yeast라고도 한다.

㉤ *Sacch. rouxii*와 *Sacch. mellis*

18% 이상의 소금농도에서 생육할 수 있는 내삼투압성 효모로 간장 덧에 많이 존재하며 간장의 주된 발효효모로서 유용하다.

㉥ *Sacch. pastorianus*

맥주에 불쾌한 냄새와 쓴맛을 주고 그 청징(淸澄)을 나쁘게 하는 유해효모이다.

㉦ *Sacch. diasticus*

Dextrin이나 녹말을 분해, 발효하는 효모로 맥주 양조 중에 혼입되면 엑스분을 저하시켜 맛을 싱거워지게 하는 유해효모이다.

② *Zygosaccharomyces* 속

Saccharomyces 속과 비슷하나 접합 후에 자낭포자를 형성하는 점이 다르다. 소금과 당분에 견디는 힘이 강하다. Lodder의 제2판에서는 이 속을 부정하고 *Sacch. rouxii* 에 포함시키고 있다.

㉠ *Zygosacch. major* 와 *Zygosacch. soyae*

간장제조에 이용되는 하면 효모로 고농도의 소금용액에 잘 견딘다.

㉡ *Zygosacch. japonicus* 와 *Zygosacch. salsus*

간장의 액표면에 까슬까슬한 피막을 형성하는 소위 '간장 곰팡이' 라고 하는 유해효모이다. 간장의 품질을 해치기 때문에 번식하면 저장성을 잃게 된다.

③ *Schizosaccharomyces* 속

무성생식은 출아법이 아닌 분열법으로 이루어진다. 열대지방의 과실, 당밀, 토양, 벌꿀 등에 분포하며 생육적온이 다른 효모보다 높아 37℃이다.

㉠ *Schizosaccharomyces pombe*

아프리카 토인의 pombe술에서 분리된 효모로 알코올 발효력이 강하다. Glucose, sucrose, maltose는 발효하지만 mannose는 발효하지 않는다. Gelatin을 용해하며 상면효모에 속한다.

(2) 무포자 효모(asporogenous yeasts)

① *Candida*속

세포의 모양에는 구형, 난형, 원통형 등이 있고 위균사를 잘 만들며 알코올 발효력이 있는 것이 있다. 자연계에 널리 분포되어 있고 균종에 따라서는 진균사와 후막포자를 형성하기도 한다.

㉠ *Candida utilis*

xylose를 자화하므로 아황산 펄프 폐액 등에 배양해서 균체는 사료 효모용 또는 이노신산(inosinic acid) 제조용으로도 이용된다.

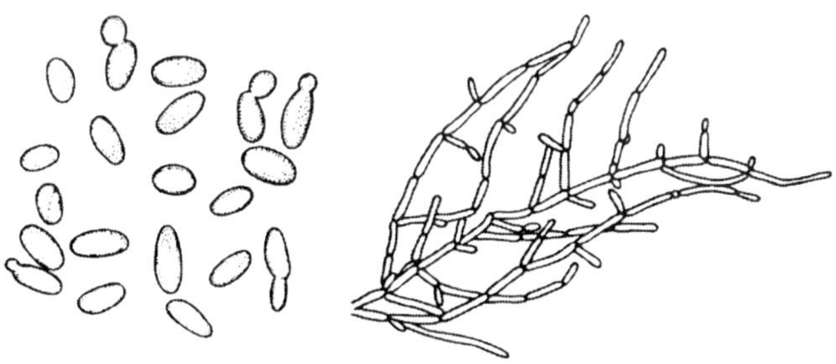

그림 2-16. *Candida utilis* 영양세포와 위균사

㉡ *Candida tropicalis*

xylose 자화력이 강하여 사료 효모 제조용 균주로 이용된다. 또 *Candida lipolytica*(이것에는 *n*-파라핀에서 다량의 α-케토글루타르산이나 구연산을 생성하는 것이 있다)와 더불어 탄화수소 자화력이 강하기 때문에 SCP(single cell protein) 제조용의 석유 효모로서 주목되고 있다.

㉢ *Candida albicans*

사람이나 동물의 피부, 점막에 기생해서 캔디다증을 일으키는 병원균이다.

② *Rhodotorula*속

카르티노이드 색소를 생성하여 적색이나 황색을 띠는 것이 특색이다. 그래서 적색효모라 하기도 한다. 자연계에 널리 분포되어 있으며 발효력은 없으나 육류의 착색된 반점으로 나타나거나 sauerkraut를 핑크색으로 착색케 하는 등 식품의 오염균이 된다.

대표균인 *Rhodotorula glutinis*는 균체 건물량(乾物量)의 60%에 해당하는 지방을 축적하며 *Lipomyces*속과 더불어 유망한 유지 생산균이다.

카르티노이드 색소를 만드는 적색 효모로는 사출포자 효모인 *Sporobolomyces*속, 담자균류 효모인 *Rhodosporidium*속이 있다.

4) 효모와 식품, 생체 방어계

효모는 젖산균과 같은 세균과는 달리, 핵과 미토콘드리아를 가지고 있어 사람에 가까운 생물이다. 효모 세포의 크기는 맥주 효모나 청주 효모와 같은 배양 효모에서는 7~8μm × 5~6μm 정도이고, 세균의 약 10배의 크기를 갖는다. 맥주효모, 청주효모, 알코올 발효효모, 빵효모 등 *Saccharomyces*를 대표로 하는 유용효모의 대부분은 난형 (또는 구형)이고, 포도주 효모인 *Sacch. ellipsoideus*는 타원형이다.

효모 세포의 구조는 만난이나 글루칸 등의 다당류를 주체로 하는 세포벽이 최외층에 있고, 그의 내측에는 세포질막이 있다. 세포의 내부에는 핵과 호흡을 담당하는 미토콘드리아 등이 있으며, 이외에도 액포와 지방립이 존재한다.

효모는 여러 가지 생리적 성질과 균체 특성을 갖고 있으므로 지금까지 다방면에서 이용되어 왔다. 유용 효모가 갖는 가장 큰 특성은 에칠 알코올을 생산하는 것으로, 이 성질을 이용해서 예로부터 주류와 빵이 만들어졌으며, 사람의 생활에 밀착한 가장 친근한 미생물의 하나로 되어 있다. 알코올 발효 이외에 글리세린을 생산하거나 아미노산으로부터 다양한 향기 성분을 생성하기 때문에 이들 성질을 이용한 각종 양조물도 효모의 발효에 의해서 얻어지고 있다.

한편 효모의 균체에는 단백질과 핵산이 풍부하게 함유되어 있어, 사료용 효모, 약용 원료 효모, 조미료 원료 효모 등으로서도 균체 성분이 이용되고 있다. 젖산균과 함께 효모의 작용을 이용한 동유럽계의 알코올 발효유 (케피르, 쿠미스, 라반 등)에 있어서 효모의 생리 활성에 대해서도 관심이 모아지고 있다. 락토오스 발효성 효모로서 *Candida kefyr, Saccharomyces lactis, C. pseudotropicalis* 등, 락토오스 비발효성 효모로서 *S. carlsbergenesis, C. tenuis, S. delbrueckii, S. cerevisiae, S. italicus, S. cerevisiae var. ellipsoideus* 등을 들 수 있다.

4. 방선균(放線菌, Actinomycetes)

1) 특 성

방선균은 곰팡이와 세균의 중간적인 성상을 지니는 미생물로 분기된 긴 균사를 가지는 것이 많다. 이 점은 곰팡이와 유사하나 핵이 원핵이며 균사의 폭이 가늘어서 직경이 0.3~1 μ 내외로 세균과 비슷하다. 또 세포벽의 조성이 그람 양성균과 유사한 점 등을 볼 때 세균에 가까운 균이라 할 수 있다.

방선균의 균사는 크게 두 가지 형태로 나눌 수 있다. 즉, 배양 후기에 균사가 파쇄되어 구균이나 간균과 같은 세포로 변하는 *Nocardia*형과 *Streptyomyces*형이 있다.

방선균은 식품과의 관계는 비교적 적은 편이나 스트렙토마이신 등의 항생물질을 생산하는 것이 많다.

토양 중 방선균은 각종 유기물의 분해, 특히 난분해성 유기물 분해에 중요한 역할을 한다. 또 스트렙토마이신이나 테트라시클린 등과 같은 항생물질을 생산해 다른 미생물을 지배하는 것으로 생각되고 있지만, 확실하게 규명되지는 않았다. 농업적인 측면에서는 토양 속 동식물의 사체를 분해하여 무기물로 변환시켜 토양을 비옥하게 만드는가 하면, 반대로 감자 더댕이병이나 고구마 잘록병 등의 원인이 되기도 한다. 또 소의 입 속에 서식하는 방선균이 사료 중의 이물에 의해 생긴 잇몸의 상처를 통해 몸 안으로 침입해 골조직을 파괴하고, 신생물의 형성을 촉진시켜 안면의 변형을 일으키기도 하는데, 이를 방선균병이라고 한다.

표 2-6. 방선균 주요군의 특성

군	G+C 함량	기질 균사체 형성	기균사체 형성	균핵 형성	포자 형성	포자의 운동성	무레인 디아미노산	다른 세포벽 구성분
악티노박테라아	60~77	–	–	–	–	–	V	V
노카르디아형 세균	51~70	V	V	–	–	–	*meso*–DAP	아라비노갈락탄과 미콜산
Dermatopphilus 군	52~72	+	–	V	+	V	*meso*–DAP	V
스트렙토미세스류	66~78	+	+	드물다	+	–	LL–DAP	
악티노플라네스류	71~73	+	–	–	+	V	*meso*–DAP 또는 3–히드록시 DAP	

2) 종 류

(1) *Streptomyces*속

항생물질을 생성하는 균들이 거의 여기에 속한다.(streptomycin은 *Streptomyces griceuse*, aureomycin은 *Streptomyces aureofaciens*, chloramphenicol은 *Streptomyces venezuelae*, teramycin은 *Streptomyces rimosos)*

이 균이 식품에 번식하면 불쾌한 냄새를 내고 외관을 나쁘게 한다. 즉, 흙냄새를 내는 것이 특징인데 달걀을 싸놓은 볏짚에 이 균이 증식하면 달걀에서 흙냄새가 나고, 수중의 흙에 이 균이 많이 증식하면 물고기에서 흙냄새가 나며 우유에서는 흙냄새를 내면서 맛을 쓰게 한다.

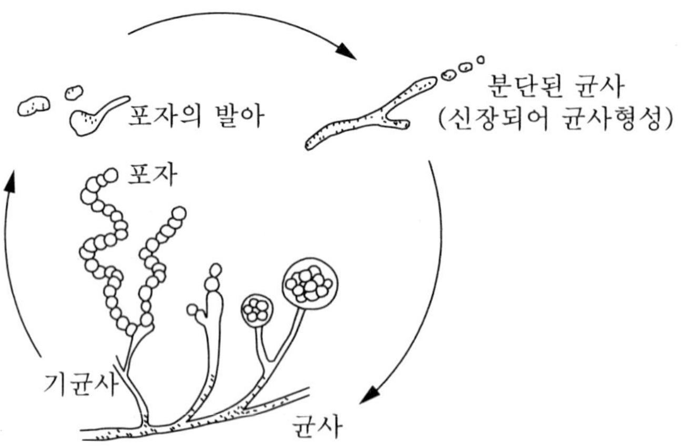

그림 2-17. 방선균의 생활사

표 2-7. 방선균과 항생물질

방 선 균	항 생 물 질
Streptomyces griseus	streptomycin
Streptomyces aureofaciens	chlorteracyclin
Streptomyces venezuelae	chloramphenicol
Streptomyces rimosus	terramycin
Streptomyces kanamyceticus	kanamycin
Streptomyces kasugaenis	kasugamycin
Streptoverticillium hachijoense (*St. hachijoensis*)	trichomycin
Micromonospora 속	+

(2) *Actinomyces*속

포자는 형성하지 않으며 균사체가 분기 되어 쉽게 끊어지며 간상 및 구상으로 변한다. *Actinomyces*속은 방선균병의 원인이 되는데, 방선균은 단독으로는 거의 병변을 보이지 않고 대부분 다른 균과의 혼합감염에 의해 발병한다. 침입부위는 소화관·기관·외상이며, 잠복기간은 수 주일에서 1년여에 이르기도 한다. 가축이 보리의 까락과 같은 것에 찔려 조직이 죽으면 방선균의 침입을 받게 되어 방선균병을 일으키며, 암퇘지 유방의 방선균병은 새끼돼지의 유치(幼齒)에 의하여 유방에 상처가 생기면 이곳으로 방선균이 침입하여 발생된다.

(3) *Nocardia*속

그람양성균이며 간균, 구균 및 사상형으로 색소를 띠고 과립을 함유하며 병원균이다. 감염 증상은 피부진균증, 폐결핵 증상, 복막염, 수막염 및 뇌종양 같은 다양한 증상을 수반한다.

5. 곰팡이

1) 특성 및 분류

곰팡이는 보통 그 본체가 매우 가는 사상의 균사로 되어 있는 사상균을 가리킨다. 일반적으로 균류 중에서도 세균 · 고초균 · 버섯 등이나, 경우에 따라서는 효모와도 구별하지만 엄밀하게 구별하기에는 어려움이 많다.

균류는 보통 다음과 같이 분류한다. 조균류(Phycomycetes) 270속 1,500종, 자낭균류(Ascomycetes) 1,850속 1만 5,000종, 담자균류(Basidiomycetes) 550속 1만 5,000종, 불완전균류(Fungi Imperfecti) 1,450속 1만 5,000종, 그 밖의 것을 포함하면 합계 4,400속 5만 종이 된다.

이 중에서 버섯을 형성하는 것은 자낭균류의 일부와 담자균류가 대부분이므로 나머지는 모두 곰팡이류로 다루게 된다. 그러므로 곰팡이류의 종류는 아무리 적게 보아도 3만 종 이상이다.

효모를 제외한 진균류를 곰팡이(mold)라는 관용명으로 부르기도 하며 실 모양의 균사(菌絲 ; hypae)가 집합한 균사체(mycelium)와 포자를 착생하는 자실체(字實體 ;

fruiting body)로 구성되며, 균사체와 자실체를 합해서 균총(菌叢) 또는 집락(集落; colony)이라 한다. 균사에는 각 세포를 구별하게 하는 격벽(septum)이 있는 것과 없는 것이 있다. 곰팡이 분류의 중요한 기준이 되고 있다(그림 2-18).

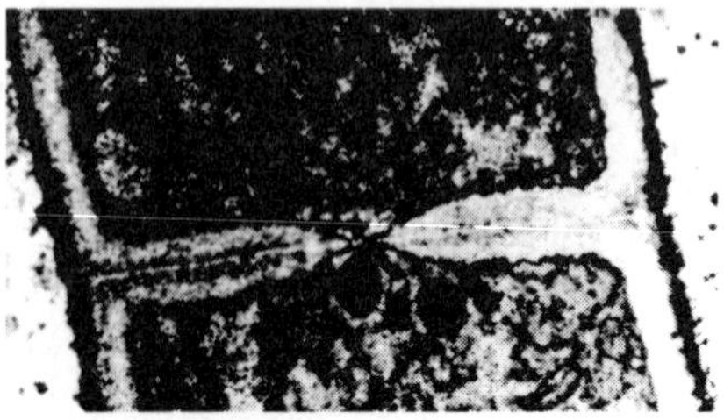

그림 2-18. 균사 격벽 부분의 단면도

2) 증 식

곰팡이는 포자(홀씨)를 형성하고 무성 혹은 유성생식한다. 무성적으로 번식하는 포자에는 여러 종류가 있는데, 수생(水生)의 것은 유주자낭 속에서 형성되며 성숙되면 편모로 헤엄칠 수 있는 유주자가 된다. 또, 포자낭 안에 생기고 나중에 분산하는 포자낭포자, 균사의 끝이나 분지에 생기는 분생자(分生子), 균사의 일부가 그대로 나뉘어서 생기는 체포자(體胞子), 세포에서 눈이 나오면서 생기는 출아포자 등 여러 가지가 있다.

유성생식에도 여러 가지 형이 있다. 조균류에서는 헤엄치는 세포와 세포가 합착하는 배우자접합, 한쪽은 낭 속에 머물러 있고 다른 운동성을 가진 세포와 합착하는 난자접합, 알을 가지는 장란기와 정자를 가진 장정기가 직접 결합하든가, 균사의 일부에 생긴 배우자낭이 서로 붙어서 접합자를 만드는 배우자낭접합 등의 단계를 볼 수 있다.

자낭균류에서는 성이 다른 균사와 균사가 합착하여 자낭을 만들어 유성생식을 완결시킨다. 또, 담자균류에서는 상대하는 성을 가진 균사가 만나면 2핵의 세포가 생기고 그것이 생장하여 마지막으로 담자기가 생기면서 유성생식이 끝난다.

자낭균류 중에는 자낭이 생길 경우에, 특히 발달한 자실체를 형성하는 것이 많고 붉은곰팡이의 자실체와 같이 바늘 끝만큼 작은 것에서 주먹만한 크기를 가지는 것(cup fungi : Pezizaceae)까지 여러 단계의 크기를 볼 수 있다. 즉, 붉은곰팡이에 버섯이 생긴다고도 말할 수 있다.

곰팡이의 증식법은 다음과 같이 유성포자와 무성포자를 이용하고 있다.

① 유성 포자(sexualspore)

난포자(卵胞子 ; oospore), 자낭포자(子囊 胞子 ; sporangiospore), 접합포자(接合胞子 ; zygospore), 담자포자(擔子胞子 ; ascospore)의 4 가지가 있다.

② 무성포자(asexualspore)

분생 아포-*Penicillium* 속, *Aspergillus* 속, 포자낭 포자, 분절 포자(분열자), 후막 포자

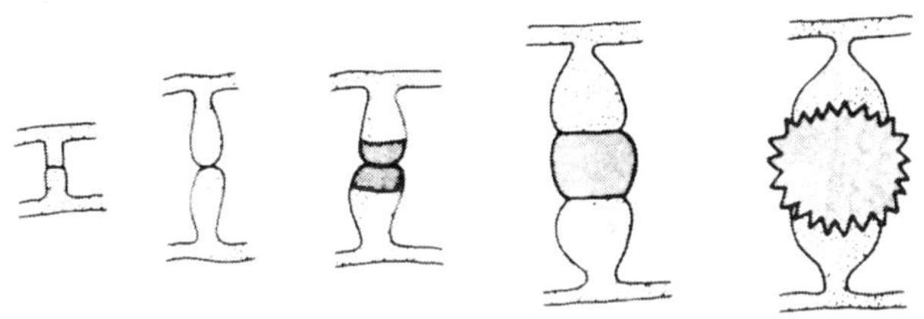

그림 2-19. 접합포자의 형성 과정

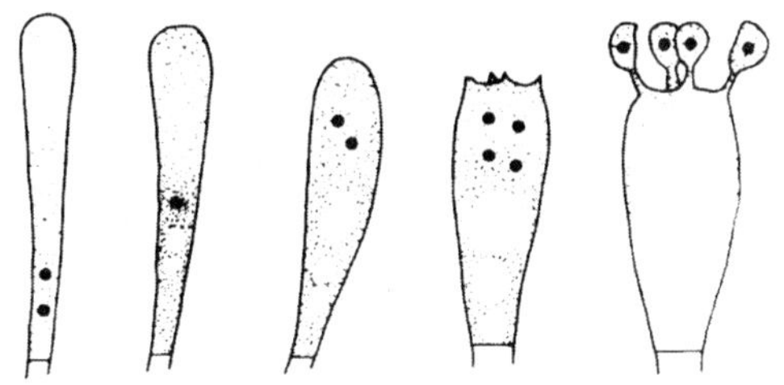

그림 2-20. 담자포자의 형성 과정

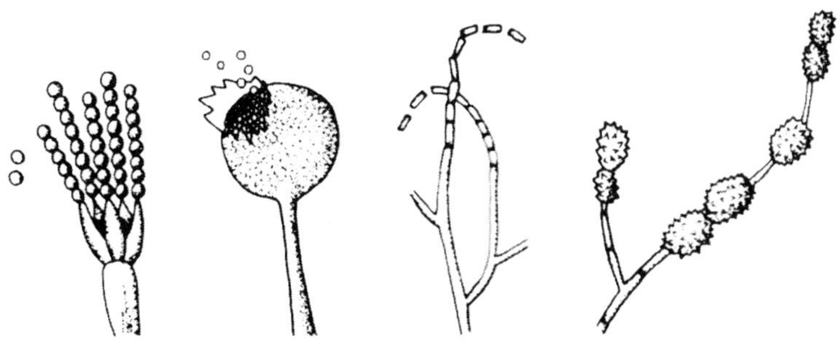

그림 2-21. 무성포자의 여러 가지 모양

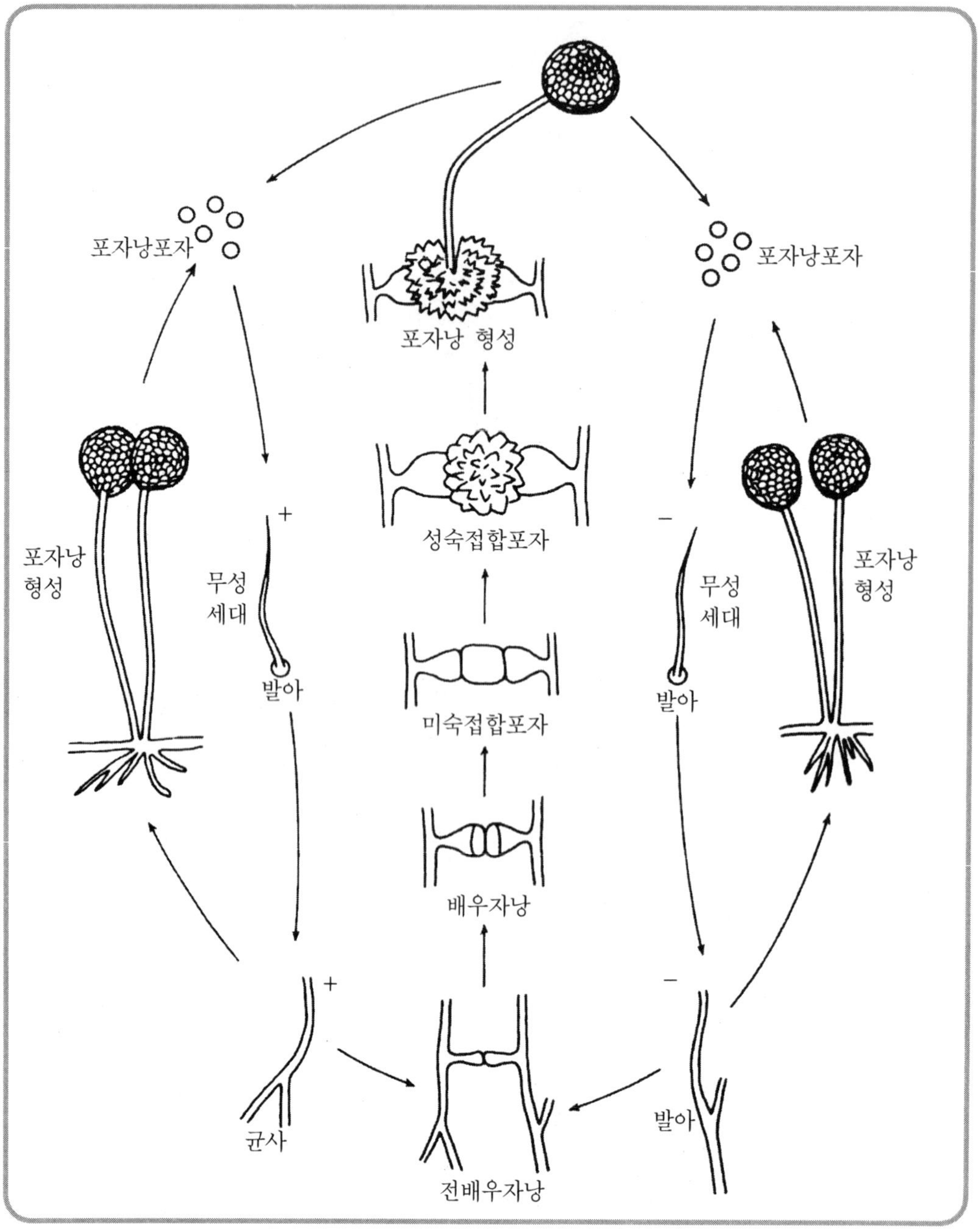

그림 2-22. *Rhizopus*의 유성 포자와 무성 포자

3) 주요 곰팡이

(1) 조상균류(藻狀菌類 ; Phycomycotina)

균사에 격벽이 없다

무성번식으로는 포자낭포자(Sporangiospore)를 형성하는데, 포자낭 세포의 점진적 균열에 의해 생긴다.

유성번식으로는 난포자(Oospore)와 접합포자(Zygospore)를 형성하는데 식품과 관련이 있는 털곰팡이과(Mucoraceae)는 접합포자를 형성한다. 접합포자는 동태배우자낭이 교접에 의해 핵융합하여 접합자(Zygote)가 되고 감수분열하여 생긴다.

① 거미줄 곰팡이(*Rhizopus*) 속

균사에 격벽이 없고 포자낭병은 가근(假根 ; rhizoid)이 있는 곳에서 뻗어나고 분기하지 않는다. 포자낭은 거의 구형이며 흑색이나 갈색이다. 이것은 빵곰팡이라 하기도 하며 과일이나 채소, 빵, 메주 또는 토양 등에 잘 나타나고 솜털이나 거미줄 모양으로 균체를 형성한다. 대부분 펙틴 분해력이 강하고 어떤 것은 전분 분해력이 강하므로 당화 효소 제조용으로 이용되기도 한다.

㉠ *Rhizopus nigricans*

곡물, 과실, 대마 등에 발생하고 전분 당화력과 펙틴 분해력이 강하다. 대마의 발효 정련에 이용되기도 한다.

㉡ *Rhizopus delemar*

아밀로법에 의한 알코올 제조에 이용하는데 알코올 생산력은 4~5%에 이르며, 옥수수 원료를 이용시에 좋다.

㉢ *Rhizopus japonicus*

쌀고지나 간장고지, 당화력 강하여 아밀로법에 이용된다.

② 털곰팡이(*Mucor*) 속

균사에 격벽이 없고 전체적인 모양은 *Rhizopus* 속과 흡사하다.

㉠ *Mucor pusillus*

치즈 제조에 필요한 rennet의 대용으로서 응유(凝乳) 효소용으로 이용된다. 생육적온은 40℃로 높고 자연 발열한 고초(枯草) 등에서 잘 자라며 racemomucor이다.

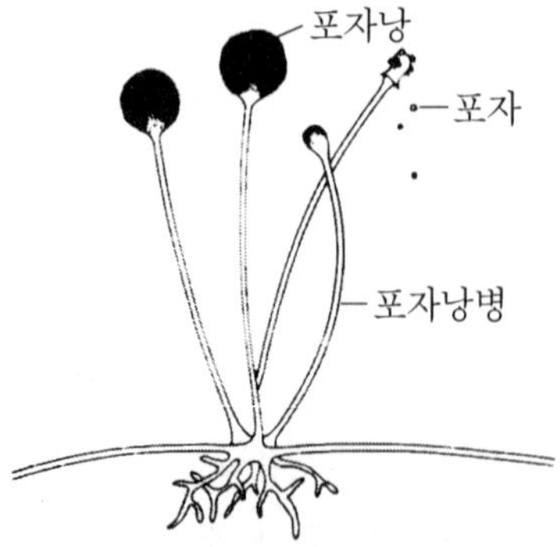

그림 2-23. Rhizopus의 모식도

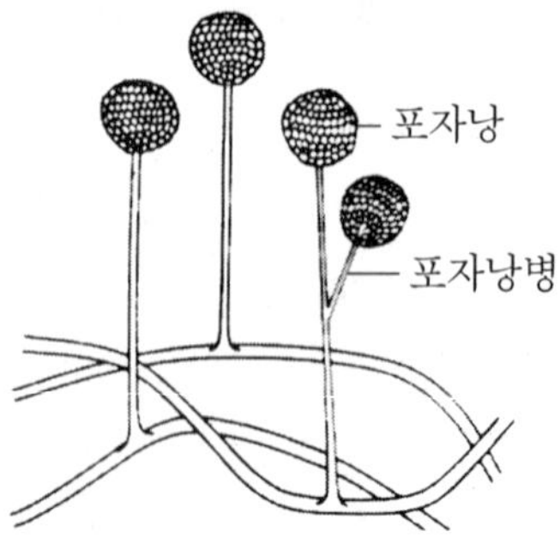

그림 2-24. Mucor의 모식도

㉡ *Mucor roxii*

중국의 곡자에서 분리된 유용한 균이며 cymomucor이다. 전분 당화력이 강하고 알코올 발효력이 있기 때문에 일명 α-amylase라 하기도 한다. 아밀로법에 의한 알코올 제조에 이용되기도 하였다.

(2) 자낭균류

균사에 격벽이 있어 유성번식시 자낭(Ascus)을 형성하며, 자낭 안에 자낭포자(Ascospore)를 형성하는 균류이다.

① *Monascus* 속

홍색의 색소 모나스코루빈(monascorubin)을 생성하기 때문에 집락은 선홍색을 띠며 빨간누룩곰팡이라 부르기도 한다. *Monascus purpureus*는 중국의 남부지방, 말레이반도 등지에서 쌀을 쪄서 이 곰팡이를 번식시켜 홍국(紅麴; Ang-Khak)이라는 누룩을 만드는데 이용되며 이것으로 홍주(紅酒; Anchu)를 담근다. *Monascus anka*도 전자와 유사한 균인데 홍국 외에 홍두부의 제조에도 쓰인다.

② *Neurospora* 속

빵에 잘 번식해서 담홍색으로 변색시키기 때문에 빨강 빵곰팡이라 부르기도 하고 또 옥수숫대의 심이나 볏짚 등에 잘 발생하여 집락은 분생자의 색인 담홍색이다. 포자의 색소에는 많은 β-카로틴이 함유되어 있다. 인도네시아에서는 땅콩에 이 균을 번식시켜서 온쫌(ontjom)이라는 식품을 만든다. *Nurospora crassa*는 미생물 유전학 연구에 흔히 쓰이는 균이다.

(3) 담자균류

유성번식시 담자기(Basidium) 위에 경자가 생기며 경자 위에 담자포자(Basidospore)를 형성하는 균류이다.

담자기가 분지하지 않는 진정담자균류와 분지하는 이담자균류가 있으며, 식용버섯 중 대부분이 동담자균류 중 송이버섯목(*Agaricales*)에 속한다. 목이버섯은 이담자균류에 속한다.

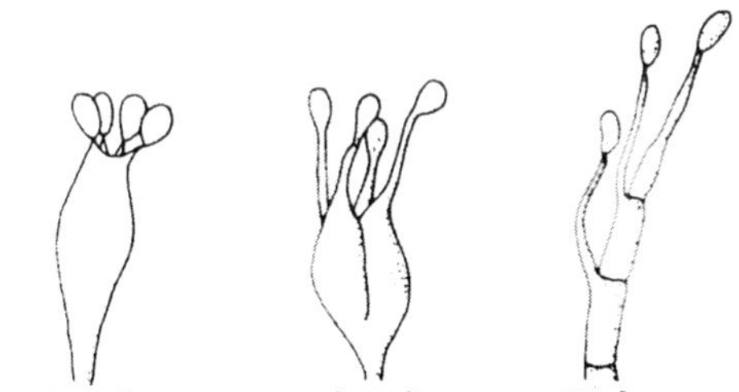

그림 2-25. 담자기와 담자포자의 형태

① 먹는 버섯

송이버섯(*Tricholoma matsutake*), 표고버섯(*Lentinus edodus*), 느타리버섯(*Pleurotus ostreatus*), 양송이버섯(*Agaricus bisporus*), 목이버섯(*Auricularia auriculajudae*)

버섯 재배시 온도는 1차 균사 형성시 25~27℃이며 자실체는 15℃ 내외가 좋다. 습도는 80~90%가 적당하다.

버섯 재배는 종류에 따라 사용하는 재료가 다른데 원목에 균사를 접종하는 것이 가장 많아 여기에는 표고, 느타리, 목이 등이 속한다. 자연환경 조건에서 균사가 접종되는 것은 송이버섯만이 이에 속한다. 양송이는 퇴비에 균사를 접종한다.

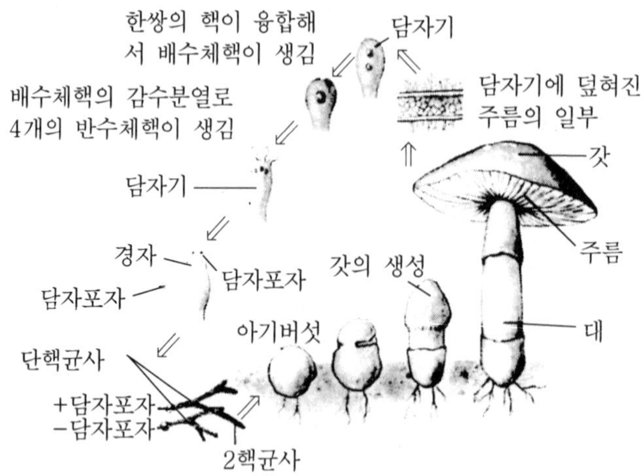

그림 2-26. 송이버섯의 생활환

송이버섯

송이는 버섯이 크고 충실하며 특유한 향기가 있을 뿐 아니라 뛰어난 맛이 있어서 예로부터 우리나라에서 나는 버섯 중 으뜸가는 버섯으로 인정되어 있다.

송이는 주로 살아있는 소나무의 뿌리에 공생하는 활물기생균으로서 외생균근을 만들어 공생하고 있는 버섯이다.

학명은 트리콜로마 마쓰타케라고 하며, 처음에는 일본의 이토와 이마이가 Armillariella matsutake라고 명명하였는데 후에 미국의 싱거가 *Tricholoma*속으로 재분류하여 현재에 이르고 있다.

1. 송이의 특징

송이는 다른 버섯에 비해 몇 가지 특징을 가지고 있다. 송이는 다른 버섯에 비해 생버섯의 저장성이 비교적 좋은 편인데 가을철에는 여름보다 더디게 상하며 냉장하면 2주정도 보관할 수 있다.

송이의 단점이라면 아직 인공재배가 되지 않는다는 것이다. 송이의 가치가 높아지면서 많은 연구자들이 인공재배를 시도했지만 아직도 성공하지 못했다. 하지만, 최근에는 송이균사를 배양하는 등 다양한 연구가 진행중이다.

2. 송이의 성분 및 영양

송이의 일반성분은 전체적으로 수분 87.5%, 조단백 18.8%, 조지방 2.8%, 조회분 83.5%, 조섬유 5.7% 정도의 수준이었다.

주요 향기성분은 마쓰다케올과 계피산메틸의 혼합물로 알려져 있으며, 비타민 B_1, 비타민B_2, 에르고스테롤 등이 많이 함유되어 있다.

버섯의 유리아미노산은 nucleotides와 함께 구수한 맛에 관여하는 풍미성분의 하나로서, 영양학적인 면뿐만 아니라 약리적인 면에서도 의의를 갖는다. 송이의 유리 아미노산의 함량은 등급별로 1등급의 2327.81㎍/g에서 3등급의 생장정지품의 1192.98㎍/g의 범위에 있었으며, 1등급에서 저등급으로 갈수록 총 유리 아미노산의 함량은 감소하는 경향을 나타낸다.

일반적으로 버섯의 주요 유리 아미노산은 glutamic acid, sapartic acid 및 그외의 amides로 알려져 있는데, 송이버섯의 주요 유리 아미노산은 등급에 따라 약간의 차이가 있으나, arginine, alanine, glycine이 등급에 관계없이 가장 많이 함유되어 있으며, glutamic acid, leucine, serine, threonine이 주요 유리 아미노산을 구성하고 있다.

3. 송이의 품질

송이의 품질을 수분 및 식이섬유로 분석해보면 등급별로는 채취 당시 품질이 가장 양호한 1등급이 수분함량이 88.0%로서 가장 높았고, 등급이 낮아질수록 감소되는 경향을 보인다. 또한, 조섬유의 경우에는 1등급이 6.24%로서 가장 높은 반면 2등급이 5.69%, 3등급이 5.73%로서 등급이 낮을수록 그 함량도 낮게 나타나고 있었다. 즉, 저등급 일수록 신선도가 낮은 점을 고려하면, 수분 증산과 더불어 버섯 조직 자체 내에 함유되어 있는 pectinase와 같은 각종 섬유질 분해효소의 작용에 의한 결과로 유추된다.

무엇보다도 송이에서 중요한 품질인자의 하나인 갈변도 생장정지품을 제외할 경우 채취시기가 늦을수록, 버섯의 생장이 진행될수록 변색이 심하게 되는 것을 알 수 있다.

송이를 고를 때는 송이의 크기, 갓의 상태 그리고 자루의 굵기를 보면 된다.

대가 굵고 단단하며 무게감이 있어야 하고 갓이 두껍고 단단하여 향이 진하고 길이가 8cm이상인 것을 최상품으로 치는데, 전혀 펴지지 않고, 자루의 굵기 또한 불균형하게 가는 것을 최상품에서 제외된다. 크기가 같아도 갓이 옆으로 활짝 펴진 송이는 가격이 떨어진다.

① 1등급품
길이가 8cm 이상이고 갓이 전혀 펴지지 않아야 하고 자루 굵기가 균일한 것

② 2등급품
길이가 6~8cm 이내이고 갓이 1/3이내 펴진 것 1등급품에서 제외된 자루 굵기가 불균형하게 가는 것

③ 3등급품
길이가 6cm미만의 생장 정지품 갓이 1/3이상 펴진 개산품

④ 등외품
1~3등 이외의 기형품, 파손품

② 독버섯

㉠ 광대버섯(*Amanita pantherina*)

무스카린(muscarine), 무스카리딘(muscaridine)이 부교감 신경에 작용하여 중독시 침이나 땀을 흘리게 하고 위장 장해, 일시적 정신 이상의 증상을 나타낸다.

㉡ 끈적버섯(*Psilcybe mexicana*)

실로신(psilosine), 실로시빈(psilocybin)이 환각작용을 일으킨다.

(4) 불완전균류

① 누룩곰팡이(*Aspergillus*) 속

밀누룩, 쌀누룩이나 보리누룩을 만드는 데 쓰인다. 누룩곰팡이를 대표하는 누룩곰팡이속에는 50여 종이 알려져 있다. 그 중에서도 쌀의 녹말을 당화하는 좁은 뜻의 누룩곰팡이(*A. oryzae*), 강력한 효소를 지니는 것으로 유명한 검은곰팡이(*A. niger*) 등은 유용한 균이지만, 아스페르길루스 푸미가투스(*A. fumigatus*) 등은 널리 토양 속에서 분리되는 사상균(絲狀菌)으로 종종 새에게, 드물게는 인체의 내장에 들어가서 아스페르길루스증(症)을 일으키기도 한다.

무성생식을 하는데 꼿꼿이 선 균사의 잔가지 끝에 둥근 정낭(頂囊)이 생기고 여기에 가늘고 긴 병 모양의 잔가지가 빽빽이 나며 그 끝에 포자가 생기면서 이루어진다. 개개의 포자는 대략 구형이지만 포자가 차례차례로 자라기 때문에 긴 사슬이 되어 그 끝에서 분산한다.

발육 적온은 37℃, 생성되는 유기산(有機酸)은 코지산 · 글루콘산 등이고, 효소는 아밀라아제 · 말타아제 · 인베르타아제 · 셀룰라아제 · 이눌리나아제, 그 밖의 단백질분해효소 등이다. 이 중 아밀라아제의 작용, 즉 녹말을 설탕으로 분해하는 힘을 이용하여 청주 · 감주 · 간장 · 된장 등의 누룩제조에 사용한다. 각각 용도에 따라 특수한 품종이 만들어지고 있다.

누 룩

술을 만드는 효소를 갖는 곰팡이를 곡류에 번식시킨 것이다. 누룩곰팡이는 빛깔에 따라 황국균(黃麴菌) · 흑국균(黑麴菌) · 홍국균(紅麴菌) · 백국균(白麴菌) 등이 있는데 막걸리나 약주에 쓰이는 것은 주로 황국균이다.

누룩이 처음에 만들어진 것은 중국 춘추전국시대로 알려져 있다. 한국에서는 삼국시대 이전으로 본다. 일본의 《고사기(古事記)》에는 오진천황[應神天皇 : 재위 270~312] 때 백제에서 인번(仁番) 수수보리(須須保利)라는 사람이 와서 누룩을 써서 술을 빚은 신법(新法)을 가르치고 그는 일본의 주신(酒神)이 되었다는 기록이 있다. 《삼국사기》와 《삼국유사》에 미온지주(美醞旨酒), 요례(醪醴) 등의 말이 나오나 재료나 제법에 관해서는 기록되어 있지 않아 알 수 없다.

누룩은 크게 떡누룩(병국)과 흩임누룩(신국)으로 나눌 수 있으며, 병국은 다시 곡물을 가루 내어 덩어리로 만든 분국과 곡물을 거칠게 갈아 만든 조국, 그리고 약초를 넣어 만든 초국으로 나눈다. 한편 곡물의 낱알이 흩어져 있는 누룩을 흩임누룩이라 한다. 병국에 번식하는 곰팡이는 내부까지 기어드는 발효형이고 거미줄곰팡이(*Rhizopus nigricans*), 효모, 털곰팡이도 많다. 신국에 번식하는 곰팡이는 표면에만 번식하는 호흡형이고, 누룩곰팡이(*Aspergillus oryzae*)가 많다. 분국은 약주용, 조국은 탁주용·소주용으로 쓰인다. 누룩은 떡누룩이 98%로 대부분이고, 흩임누룩은 10% 정도이다. 떡누룩은 가루로 하여 밟는 경우가 80%로 많고 물이나 즙액에 우려내는 물누룩의 경우는 20%이다. 또, 누룩에 맥아(麥芽)를 섞는 경우도 있다.

㉠ 황국균(Yellow Asp.)

ⓐ *Aspergillus oryzae*

누룩곰팡이의 대표균으로 청주, 일본식 된장, 간장류 제조에 이용되고 있다. 집락은 처음에는 백색인데 분생자가 생기면 황에서 황록색으로 되고 오래되면 갈색으로 된다. 전분 당화력, 단백 분해력이 강하고 한때는 소화제 제조에도 이용되었다. 생육 적온은 37℃이다.

ⓑ *Asp. sojae*

Oryzae와 비슷하나 포자의 표면에 작은 돌기가 있는 것이 다르고 Protease 활성이 보다 강하여 개량식 간장 제조에 이용된다.

ⓒ *Asp. amari*

일본 간장 제조균

ⓓ *Asp. flavus*

주로 곡물에 서식하여 aflatoxin이라는 간암 등을 일으키는 독소 생성균이다. 유사균으로는 *Asp. parasiticus*가 있다.

㉡ 흑국균(Black Asp.)

㉠ *Asp. niger*

포자가 흑색으로 착생하기 때문에 흑국균이라고도 한다. 전분 당화력이 강하고 당에서 구연산, 수산, 글루콘산 등을 다량 발생하는 균주가 많으므로 유기산 발효 공업에 이용된다. 펙틴 분해력이 강한 것도 있다. 유사 균종으로 *Asp. awamori*, *Asp. usami*가 포성주(泡盛酒)나 주정 제조에 쓰였다.

㉢ 백국균(White Asp.)

*Asp. Kawachi*는 우리 나라 막걸리 제조에 쓰이는데 *Asp. niger*의 변이주로 성질은 친주를 많이 닮고 있으나 색이 백색 또는 담황색이므로 백곡균이라 한다.

ⓐ *Asp. shirosami*

*Asp usami*는 색 때문에 공장에서 사용할 때 불편이 많으므로 지금은 *Asp. usami*를 Co^{60}을 처리해서 변이시킨 미황색 *Asp. shirosamii*를 이용하고 있다.

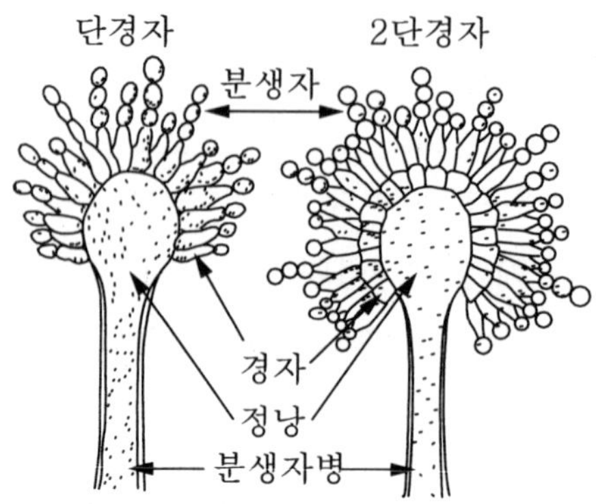

그림 2-27. *Aspergillus* 속의 형태

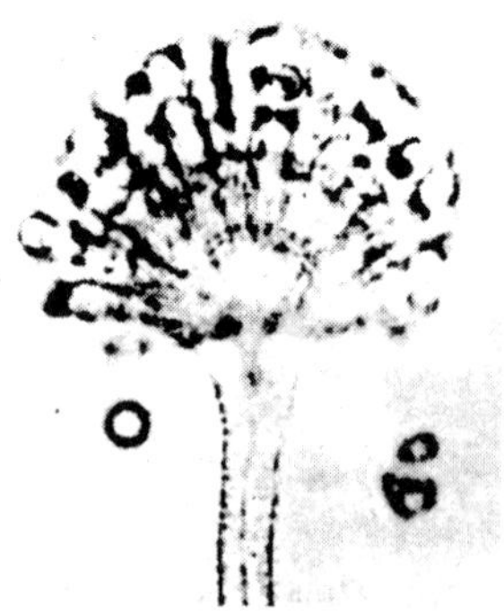

2-28. *Aspergillus oryzae*

② 푸른곰팡이(*Penicillium*) 속

㉠ *Penicillium* 생성균(Poly asy.)

Pen. chrysogenum : 페니실린 생산, Fleming이 처음에 발견한 페니실린 생성균은 *Pen. notatum*이며, 이들 모두 Asymmetrica에 속한다.

㉡ Cheese 숙성균(Poly asy.)

Pen. roqueforti : 프랑스의 유명한 로케포르치즈를 만드는 데 쓰이는 균이다. 카제인을 분해해서 특유의 향미를 내고 녹색 반문(斑紋)을 생성한다. 집락은 처음에는 백색이나 나중에는 청녹색으로 된다. *Pen. camemberti*는 프랑스의 카망베르치즈 숙성에 관여한다.

㉢ 황변미균

ⓐ *Pen. citrinum* (Poly asy.)

황변미의 원인균으로 알려져 있다. 태국황변미균이라고 하며, 신장장해를 일으키는 유독성 색소(citrinin)를 생산하는데 이 색소는 강한 형광을 내는 것이 특징이다. 분생자는 구형이거나 구형에 가깝다.

ⓑ *Pen. islandicum* (Bi.)

간경변미균으로 islanditoxin(속효성독소)과 leteoskyrin(지효성독소)를 생성한다.

ⓒ *Pen. toxicarium, Pen. citrioviridin* (Mono.)

주로 대만산 황변미에서 분리되고 신경독인 citrioviridin 독소를 내는 균이다.

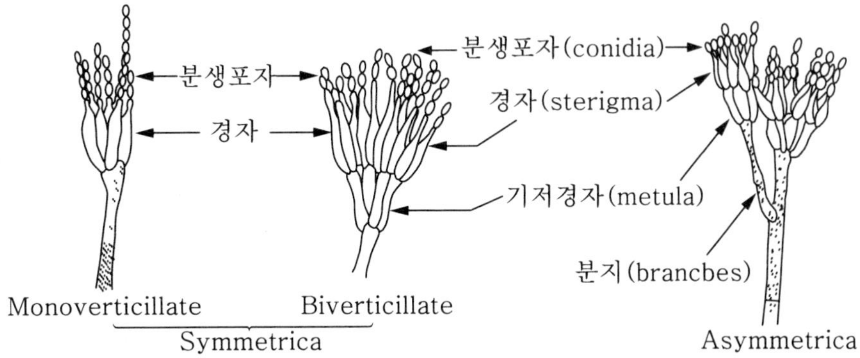

그림 2-29. *Penicillium*속의 형태

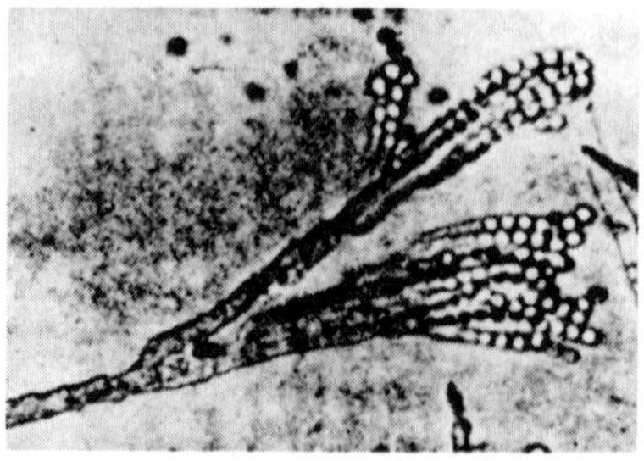

그림 2-30. *Penicillium roquefort*i

㉣ 유지 생산균(Mono.)

Pen. javanicum : 균사가 6~16%의 지방을 축적한다.

㉤ 부패균

ⓐ *Pen. italicum, Pen. digitatum* : 감귤규

ⓑ *Pen. expansion* : 사과 , 배

6. 조 류

대부분 광합성 색소를 가지고 독립영양생활을 한다. 그러나 광합성 색소가 결여된 것일지라도 체제와 생식방법이 비슷하면 조류에 포함시키고 있다. 식물체는 외형적 · 기능적으로 뿌리 · 줄기 · 잎 등이 구별되지 않으며(엽상식물), 포자에 의해 번식하고 꽃이나 열매를 맺지 않아(은화식물) 흔히 하등식물이라고 한다. 생육 장소에 따라서 담수조류(淡水藻類) · 해조류(海藻類) 등으로 나눌 수 있다.

1) 분 류

분류학적으로는 보통 9개의 문(門)으로 나눈다. 남조류(藍藻類 : Cyanophyta) · 크립토조류(Cryptophyta) · 황금색조류(黃金色藻類 : Chrysophyta) · 유글레나조류(Euglenophyta) · 규조류(硅藻類 : Bacillariophyta) · 갈조류(褐藻類 : Phaeophyta) · 홍조류(紅藻類 : Rholophyta), 녹색식물문의 녹조류(綠藻類 : Chlorophyta) · 차축조류(車軸藻類 : Charophyta) 등이다. 이 중 남조류는 특히 세포구조가 원시적이어서

박테리아류와 함께 원핵생물(原核生物: Prokaryota)로 불리고 그 밖의 종류들과 구별하고 있다.

조류에 속하는 종류들은 단세포인 것부터 다세포로써 수십 m의 길이에 이르는 거대한 종류까지 있다. 체형의 변화가 많으며, 생육장소는 해수 · 기수 · 담수 · 습지 · 빙설 위 등 다양하다. 바다에서는 태양빛이 도달하지 못하는 대륙붕의 깊이까지이며 그 이하의 심해에는 살지 못한다. 녹조류의 클로렐라는 토양의 표면에서 생육하고, 녹조류의 융단말과 클로로코쿰 등은 바위나 수목의 표면에 생육하며 남조류의 염주말은 소철 · 뿔이끼 등 다른 식물의 조직 속에서 생육하는 것도 있다.

지의류가 자낭균과 녹조류 또는 남조류와의 공생체라는 것은 잘 알려져 있다. 남조류의 시네코쿠스속(Synecoccus)과 흔들말속(Oscillatoria)의 어떤 종은 80℃ 이상의 고온 온천수가 흐르는 곳에서 살고 있고, 녹조류의 클라미도모나스(Chlamydomonas)는 눈 속이나 얼음 틈에 살고 있다. 수중생활을 하는 조류에는 암석 등에 착생하는 착생조와 수중을 표류하면서 사는 부유조가 있으며 부유조는 식물플랑크톤이라 불린다. 조류의 각 분류군은 색소의 종류와 구성, 광합성 산물, 세포벽의 구성물질, 생식세포의 전자현미경적 특성 등으로 크게 구분된다.

일반 조류는 진핵세포로 엽록체가 있으나, 남조류만은 원시핵세포로 특정한 엽록체가 없어 엽록소가 세포 전체에 분포되어 있다.

2) 이 용

① 식 용

조류는 단백질과 무기질을 비교적 많이 함유하고 있고, 또 비타민류와 지질(脂質)도 함유하고 있어 건강식품으로서의 가치가 높다. 다만, 다당류의 소화흡수율이 낮아 칼로리가 떨어진다. 정장작용(整腸作用)의 효과가 있고 미용식으로도 알려져 있다. 최근 김 · 다시마 · 미역 · 톳 · 홑파래 등은 바다의 채소라 하여 건강식품으로서 재인식되고 있다.

② 한천 · 아르긴산 · 카라기난

뭇가사리 · 꼬시래기 등에서는 한천을, 갈조류의 감태 · 대황 · 다시마 등에서는 아르긴산을, 홍조류의 진두발 · 돌가사리 등에서는 카라기난(carrageenan)을 생산하고 있다. 한천은 양과자 · 젤리 등의 원료로 사용하며, 그 밖에 세균의 고형배양기의 기질(基質)로 쓰인다. 아르긴산은 아이스크림 · 젤리 · 초콜릿우유 등 많은 식품의 안정제로 사용되고 있다. 또, 약품 · 유화제(乳化劑) · 세제 · 화장품 등의 기제(基劑)로 쓰이는 등 용도가 다양하다. 영국에서 많이 생산되는 카라기난도 알긴산과 마찬가지로 식품 등의 안정제에 사용되는 등 용도가 넓다.

③ 단백질 자원

수산 조류인 클로렐라(chlorella)와 남조류의 스피룰리나(spirulina)는 단백질의 함량이 많고 생산성도 높다. 최근에는 대량으로 배양하여 분말식품을 만들고 있다.

④ 규조토

규조화석의 퇴적물인 규조토는 여과기의 여과재, 연마재, 단열연화, 절연재 및 완화제(緩化劑) 등에 사용된다.

3) Chlorella

Chlorella는 건물당 약 50%가 단백질이며, 필수아미노산과 비타민을 다량 함유하고 있어 우주식 및 미래의 식량으로 각광을 받고 있는 건강식품원의 하나이다. Chlorella는 광에너지가 주어진 무기염의 액체배양액에 CO_2(5% 함유 공기)를 통하면 급속히 번식한다.

문제점은 세포가 cellulose 막으로 쌓여 있어 소화율이 떨어지고 고유의 조류 냄새가 제거되지 않고 탈색이 잘 안 된다는 점이다.

녹민물 · 습지 등에서 흔히 볼 수 있다. 지름 10㎛ 이하의 구형 또는 타원형의 단세포이다. 편모가 없어 운동력이 없으며 세포는 1개의 핵과 컵 모양의 엽록체 1개가 있다. 피레노이드(pyrenoid)는 없는 경우가 많다. 성장한 세포는 분열을 통하여 증식하며, 보통 4개의 딸세포가 내생포자(內生胞子)를 형성한다. 현재 약 10종이 알려져 있다. 이들은 광합성능력이 뛰어나고 배양하기 쉽기 때문에 식물의 광합성 연구에 흔히 사용되어 왔으며, 미국의 캘빈 교수는 1946~1954년 클로렐라를 이용하여 14C의 방사성 동위원소를 이용한 획기적인 연구를 통하여 광합성의 암반응 과정을 밝히고, 그 업적으로 1961년 노벨 생리 · 의학상을 받았다.

특히 클로렐라는 적당한 조건하에서는 하루에 약 10배나 증가하기 때문에 연간 유기물의 생산량이 벼의 약 8배에 해당한다. 또한 배양조건에 따라서 지방은 20~80%, 단백질은 90%까지, 그리고 탄수화물은 37%까지 함량을 높일 수 있어서, 이를 대량으로 배양하여 인간의 식량문제를 해결하고자 연구되어 왔다. 그러나 개체가 너무 작고, 그대로 먹으면 소화가 잘 안 되며, 맛도 없어 식품으로 개발되지 못하고 있다. 한때는 클로렐라를 우주식(宇宙食)으로 주목한 바도 있는데, 이는 우주여행이 가능하게 될 때 우주선 속에 많은 식량을 넣어 가기 힘들고 산소가 부족해지며 이산화탄소가 많아지는 문제까지 해결하는 방안의 하나로서 이와 같은 식물체를 재배하여 여러 가지 문제를 한꺼번에 해결해 보고자 하였기 때문이다.

그 밖에 클로렐라를 간접적으로 식품으로 이용하거나 다른 식품에 섞어 넣는 방안도 연구되어, 이를테면 젖산균 따위 미생물의 발육을 촉진시키는 데 이용하거나, 오염된 물을 정화하는 데 이용되기도 하며, 가축의 사료에 섞어 넣어 이용하기도 한다. 최근에는 일본 · 타이완을 비롯한 동남아시아 여러 나라와 구미 각국에서 아동들의 학교 급식에 영양가를 높이기 위하여 클로렐라를 분말로 만들어 혼합하기도 하고 영양제 등의 원료로 이용되기도 하여 세계 각국에 연구소가 설립되어 여러 가지 연구가 진행되고 있다.

7. 바이러스(virus)와 phage

1) 일반 성상

(1) 특 성

1892년 러시아의 D.I.이바노프스키는 담배잎의 모자이크병의 병원체가 세균여과기를 통과한다는 것을 보고하였고, 이어 1898년 독일의 F.뢰플러와 P.프로슈가 소위 구제역(口蹄疫)의 병원체가 역시 세균여과기를 통과한다는 것을 발견하였다. 그 후, 황열 · 광견병 · 우두 등의 전염병과 담배모자이크병 등에 같은 식물의 전염병 바이러스가 다수 발견되어 모두 같은 성질을 가졌다는 것이 알려졌다.

virus는 라틴어의 '독'을 뜻하는 것이었는데 그 후 병원성이 있는 미생물 전체를 지칭하게 되었다가 1930년경부터는 현미경으로 볼 수 없는 여과성 병원체를 가리키게 되었다.

1915~1917년 Twort와 d'Herelle는 각각 독립적으로 세균이 초현미경적 여과성 인자에 의해서 용균된다는 사실(이질환자의 장(腸)내용물을 세균여과기로 여과한 여액이 이질균을 용해하고, 그 용균액(溶菌液)이 다시 이질균을 용해할 수 있는 현상을 발견하고)을 발견하고 d'Herelle는 이것을 박테리오파지(bacteriophage, phage는 食을 뜻함)라 이름지었다.

(2) 구조와 분류

virus의 형태는 올챙이처럼 머리 부분과 꼬리 부분으로 되어 있고, 꼬리 부분에는 갈고리 모양의 spike가 있으며, 머리 부분은 핵산물질(DNA 또는 RNA)로만 이루어져 있는데 꼬리 부분은 수축성 단백질로 되어 있다. 이것의 형태는 대체로 구형이 많으며 그 외 정이십면체 · 벽돌형 · 탄알형 · 섬유상 등도 있다(그림 2-31). 구조는 바이러스의 유전물질을 전달하는 핵산으로 구성된 중심부(core)와, 이것을 싸고 있는 단백외각(蛋白外殼 : capsid)이 있고, 또 어떤 종류의 바이러스는 그 단백외각 밖을 싸고 있는 지방질로 된 외피(envelope)로 구성되어 있다. 핵산은 DNA나 RNA의 어느 한 가지만을 가지고 있고, 이것을 기준으로 DNA바이러스, RNA바이러스로 나눌 수 있다.

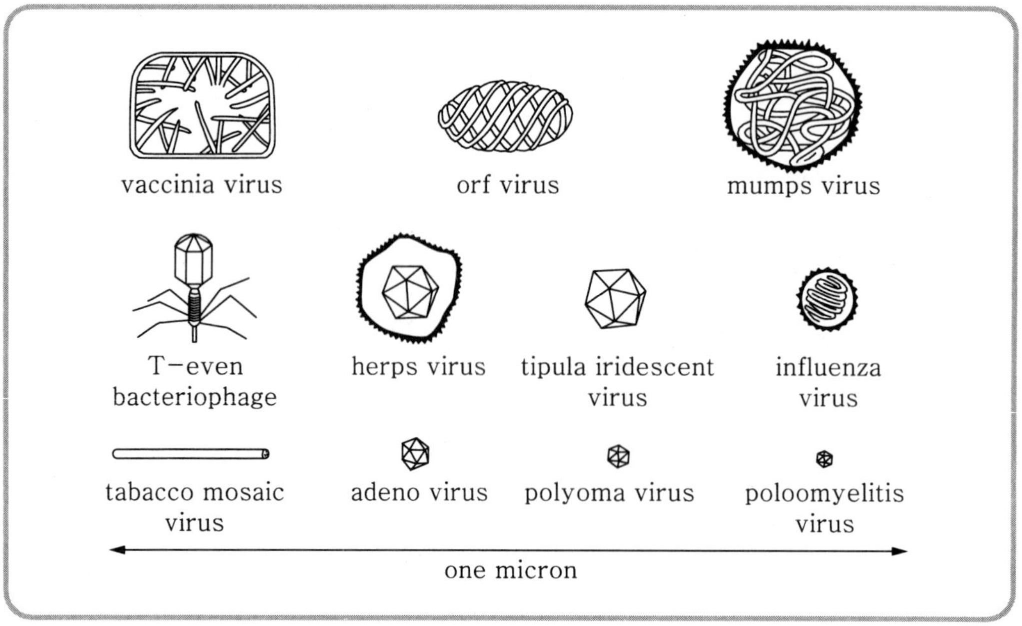

그림 2-31. virus의 구조와 상대적 크기

단백외각은 외각단위단백체(外殼單位蛋白體 : capsomer)가 질서정연하게 결합되어 여러 가지 형태를 이루고 있다. 보통 바이러스는 외계에서는 활성을 빨리 잃어버리므로 동결건조, 50% 글리세린 · 식염수 등에 의하여 활성이 장기간 보존된다. 바이러스는 소독약이나 열에 대하여는 세균보다 강하며, 항생물질에 대해서도 저항성을 보인다.

바이러스는 감염되는 숙주세포에 따라 동물 바이러스 · 식물 바이러스 · 세균 바이러스(박테리오파지)로 크게 나눈다. 바이러스의 분류 기준으로는 ① 핵산의 종류(DNA 또는 RNA), ② 단백외각의 배열상태(정이십면체형 · 나선형), ③ 외피의 존재 유무, ④ 외각단위단백체의 수, ⑤ 바이러스의 크기와 형태, ⑥ 그 밖에 감염증의 증세, 적혈구 · 응집성 · 항원성 등이 이용된다. 또한, 임상 증세에 따라 ① 전신질환을 일으키는 바이러스(두창 · 홍역 등), ② 신경계에 질환을 일으키는 바이러스(일본뇌염 등), ③ 호흡기에 질환을 일으키는 바이러스(인플루엔자 감기 바이러스 등), ④ 간에 질환을 일으키는 바이러스(간염바이러스), ⑤ 피부 및 결막질환을 일으키는 바이러스(사마귀바이러스 등) 등으로도 나눌 수 있다.

(3) 증 식

바이러스의 생활 주기는 종류에 따라 차이가 있으나 대체로 다음 단계로 이루어진다.

① 흡 착

숙주세포와 바이러스가 물리적인 충돌을 일으키면 숙주세포의 표면에 특수한 수용체자리(receptor site)에 바이러스가 부착한다. 이 세포 표면의 수용체자리로는 지질단백층 · 당지질층, 파지의 경우 세포의 편모 및 선모도 이용된다. 따라서 바이러스가 부착하려면 바이러스의 부착부위와 세포 표면의 수용체가 특수하게 결합할 수 있어야 한다. 세포 표면에 변화가 생기면 부착할 수 없다.

② 침입바이러스의 침입단계는 바이러스의 종류에 따라 다르다. 대부분의 동물 바이러스는 세포의 식작용(食作用 : phagocytosis)에 의하여 세포 내의 식포(食胞)에 들어간다. 어떤 바이러스는 외피와 세포막이 융합 및 상호작용에 의하여 침입하기도 한다.

③ 해 체(uncoating)

숙주세포 안에 들어온 바이러스는 외각단백을 벗어버리고 핵산이 세포질 내로, 또는 핵 내로 들어간다. 외피가 있는 바이러스는 침입시 세포 표면에서 외피를 벗고 세포질로 들어가며, 탐식작용에 의하여 식포에 들어간 바이러스는 리소좀에 있는 효소의 작용으로 외각단백을 벗고 세포질로 들어간다.

④ 바이러스 단위성분의 복제(複製)

세포질에 들어온 핵산의 일부는 숙주세포의 효소(DNA, RNA poly-merase)에 의해 초기 메신저리보핵산(초기의 mRNA)을 생성하고 이 mRNA는 단위성분 합성에 필요한 효소를 만든다. 단위성분들은 밝혀지지 않은 자기집체 메커니즘에 의하여 서로 집합되어 새로운 바이러스를 성숙시킨다. 바이러스 핵산 물질의 복제는 바이러스의 종류에 따라 작용 메커니즘이 다르며, 유전법칙에 따라 복잡한 과정을 거친다.

⑤ 방 출

새로운 바이러스들이 완성되면 바이러스 효소에 의하여 새로운 바이러스들이 방출된다. 이 방출방법도 바이러스의 종류에 따라 다양하다.

바이러스에 의해 감염되어 변형된 정상세포는 여러 면에서 세포와 다른 현상이 나타나는데, 가장 중요한 차이점은 다음과 같다. ① 생체 외에서 쉽게 생장할 수 있다. ② 접촉억제현상이 상실되어 세포가 여러 층으로 자랄 수 있으며, 세포가 생장해 가는 방향이 다양해진다. 따라서 세포가 정상세포보다 훨씬 빨리 자란다. ③ 세포 표면에 여러 변화가 생긴다(이온들의 통과능력 증가, 독소 호르몬 결합능력 상실, 새로운 항원생성 등). ④ 염색체 이상이 일어난다. ⑤ 인터페론이라는 항바이러스제가 생성된다. ⑥ 세포의 노화현상이 일어나지 않는다. ⑦ cyclic AMP 증가로 정상세포 생성순환을 중지시키고 변형된 세포생성순환으로 유도한다.

(4) Bacteriophage

파지의 형태는 머리(head)와 꼬리(tail) 부분으로 이루어져 있다. 전형적인 대장균 파지(T2 phage)의 경우, 머리는 단면이 육각형으로 되어 있고 그 둘레는 외각단백으로 싸여져 그 안에 DNA가 존재한다. 꼬리부분은 단백질로 된 원통형 집(sheath)에 6개의 다리(tail fiber)가 달려 있다(그림 2-32).

Phage는 spike로 세균에 부착되면 꼬리 부분이 수축되면서 머리 부분의 핵산 물질이 세균에 주입되고 세균의 염색체에 부착하여 prophage가 된다. prophage는 세균의 증식에 따라 각 세포로 옮겨 다니는 용원성 phage와 균의 세포 내에서 phage의 DNA와 단백질을 합성하여 새로운 phage를 생성하여 세균을 사멸시키는 독성 phage가 있다. 용원성 phage는 자연적으로 또는 자외선의 조사로 독성 phage가 되기도 한다(그림 2-33).

발효공업에서 이용되는 세균과 방선균에 자주 발생되는데 이에 대한 대책으로는 조기 발견 및 철저한 살균, phage에 내성이 강한 균주를 사용하거나 숙주 세균을 바꾸는 rotation system을 활용하기도 한다.

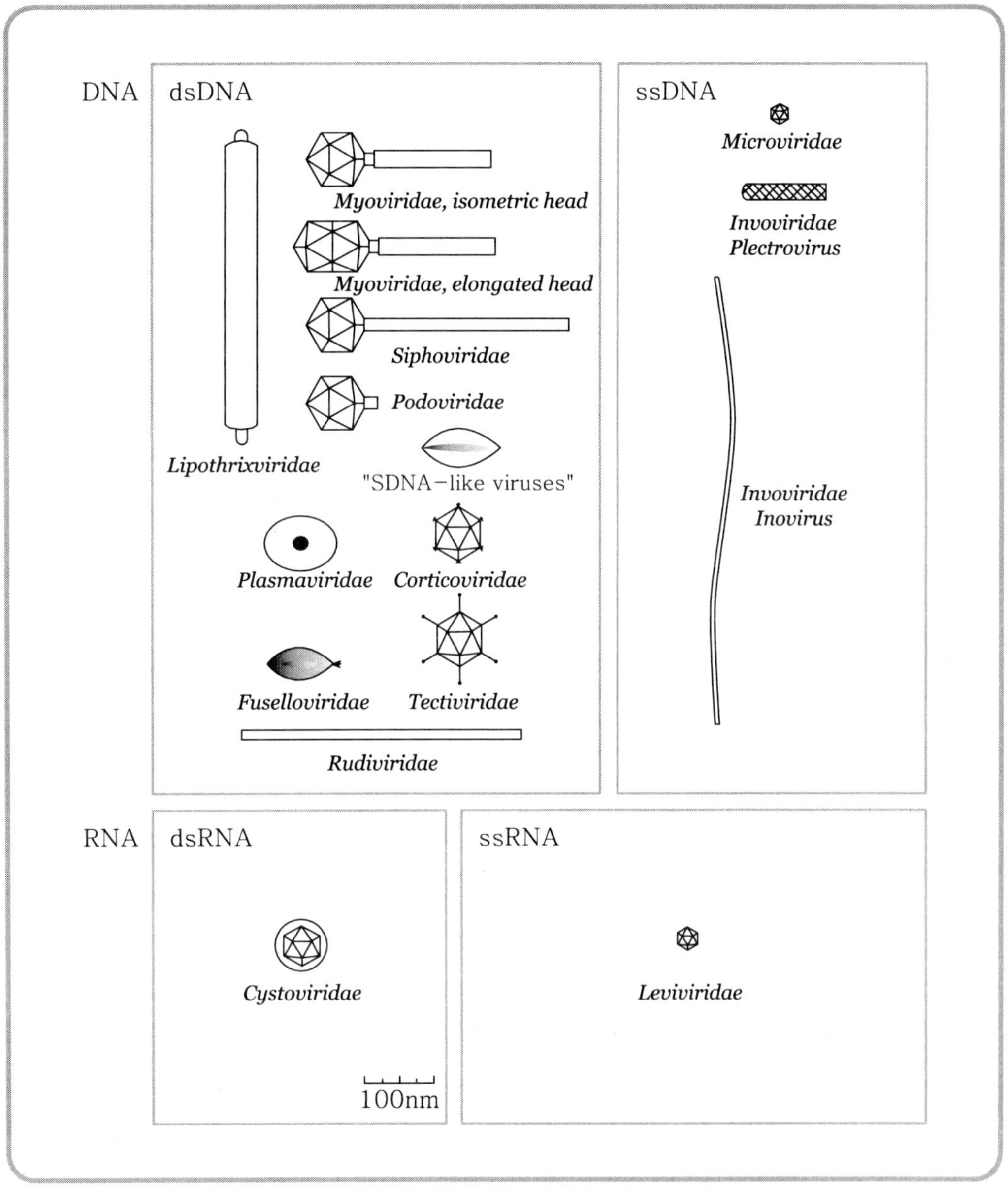

그림 2-32. 주요 박테리오파지의 과와 속

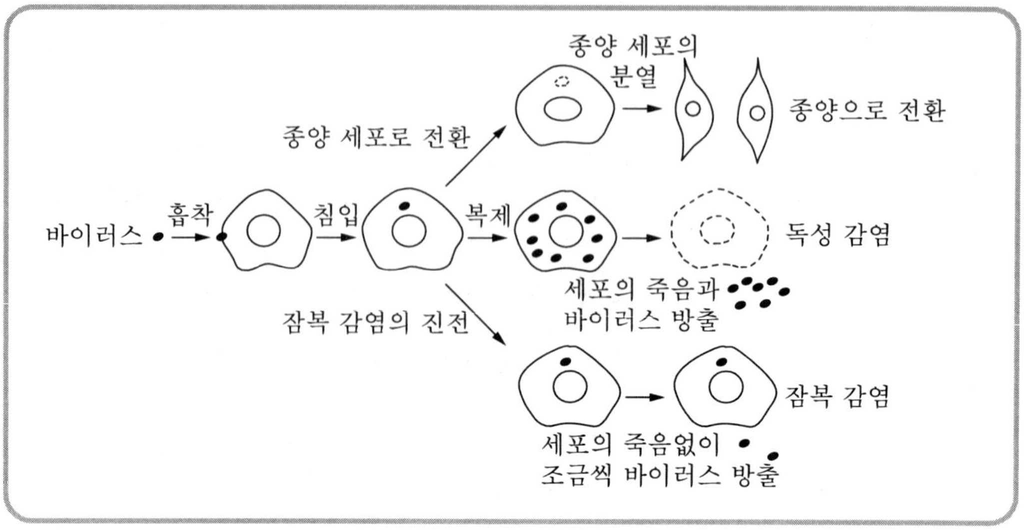

그림 2-33. virus의 감염과 그 결과

2) 바이러스에 의한 질병

바이러스에 의한 병의 종류는 많고, 감염의 방법이나 발병하기까지의 경위 등이 종류에 따라 다양하다. 동물 바이러스에 의한 병으로는 SARS, AIDS, 돼지콜레라, 일본뇌염 · 유행성출혈열 · 간염 · 광견병 · 인플루엔자 · 홍역 · 풍진 · 두창 · 우두 등이 있고, 식물 바이러스에 의한 병으로는 감자 · 콩 · 사탕수수 · 사탕무와 과수작물 등에 모자이크병 · 위축병 · 괴사 · 반점 · 변색 등을 유발하는 대부분의 질병이 있다. 사람의 바이러스에 의한 병은 한 번 걸리면 재발하지 않으나(small pox) 몇 번이나 걸리는 인플루엔자 등 사람과의 복잡한 인자의 조합에 의하여 병에도 여러 가지 다른 유형이 나타난다. 이들 바이러스병 치료에는 특효약이 없으므로 백신이나 항혈청에 의하여 예상접종에 중점을 두며, 발병 후는 대증요법과 합병증의 예방을 하는 것이 최선이다. 따라서, 인터페론(interferon)과 같은 항바이러스제(antiviral agent)의 개발에 대한 연구는 바이러스병 치료를 위한 중요한 과제이다.

(1) SARS

캐나다 토론토에서 사는 콴쉬추(78)가 폐렴으로 사망했을 때 겁에 질린 사람은 없었다. 그 노파는 심장병과 2형 당뇨병을 앓았는 데다 사망 직전 무리하게 홍콩 여행을 다녀왔기 때문이었다. 그러나 노파의 죽음은 가족은 물론 토론토에도 재앙의 시작이었다. 노파가 죽은지 1주일도 안돼 아들(43)이 괴질로 같은 운명을 맞이했고,

나머지 가족도 경미한 증세를 보이기 시작했다. 급속히 폐렴으로 발전하는 독감 비슷한 질병으로 기존의 어떤 치료법도 듣지 않았다. 독감도 아니고 박테리아성 폐렴도 아니며 결핵도 아니었다. 이제는 누구나 알게 된 그 질병은 소위 중증 급성 호흡기 증후군(SARS)이었다. 한달 전만 해도 공식적으론 존재하지 않았던 SARS가 지금 전세계를 공포에 떨게 하고 있다. 2000년대 초반 이러한 괴질은 더욱 확산돼 최소한 18개국에서 2천4백 여 명이 감염되고 최소한 89명이 사망했다.

SARS의 진원지에 대해서도 아직 정확한 것은 모르지만 홍콩과 인접한 중국 광둥(廣東)성이 유력시되고 있다. 과학자들은 오래 전부터 광둥성의 소규모 농장들에서 신종 감기와 독감 바이러스가 출현해왔다는 사실에 주목해왔다. 그곳 농장들에서는 가금류와 돼지, 그리고 인간들이 서로 뒤섞여 살다시피 하는 만큼 전염병이 확산될 가능성이 높다.

전문가들은 세계적으로 유행한 독감의 상당수가 광둥성을 진원지로 삼아 성도(省都)인 광저우(廣州)와 홍콩을 출입하는 여행객들을 통해 전세계로 확산되는 것으로 믿고 있다. 지난해 가을 광둥성 의사들은 약 3백건의 신종 중증 폐렴의 발병을 보고했지만 중국 정부는 이를 묵살했다. 그러나 괴질이 홍콩과 전세계로 퍼져나가자 지난 3월 중순 세계보건기구(WHO)는 경보를 발령했다. 결국 지난 주말 중국도 문제의 심각성을 인정하고 WHO 조사팀이 광둥성에 들어가 조사하는 데 동의했다.

WHO 조사팀의 첫번째 임무는 괴질의 정확한 원인을 밝혀내는 것이다. 3월 중순 몇몇 나라 과학자들이 환자의 담즙 등 몇가지 체액에서 코로나바이러스와 유사한 형태의 바이러스를 발견하면서 코로나바이러스가 의심받기 시작했다. 미 캘리포니아대 과학자들이 SARS 환자의 체내에서 조류(鳥類) 코로나바이러스의 유전자를 닮은 유전자 조각들을 발견하면서 의심은 더욱 커졌다. 코로나바이러스는 닭·돼지·쥐·소의 체내를 돌아다니면서 뇌염·간질환 등 온갖 질병을 야기하지만 심각한 인간의 질병과 연관된 적은 없었다. 그렇다면 SARS는 예외적인 질병인가? SARS의 원인균을 밝혀낼 수만 있다면 과학자들은 믿을 만한 진단법을 개발하고 제약회사들은 치료약과 백신을 생산해낼 수 있을 것이다.

(2) AIDS

AIDS는 Acquired Immune Deficiency Syndrome의 첫자를 따온 것이며 후천성 면역 결핍 증후군이란 뜻이다. 1981년에 처음으로 동성연애자에게 발생되기 시작하여 최근 전세계에 급속도로 발생속도가 증가하고 있다.

2001년 현재 에이즈 보균자는 4,000만 명이다. 대륙별로는 사하라 사막 이남 아프리카 2800만 명으로 가장 많고, 아시아·태평양 제도 710만 명, 동유럽 100만 명, 북미 94만 명, 서유럽 56만 명, 남미 140만 명, 북아프리카 44만 명, 오스트레일리아·뉴질랜드 1만 5,000명, 카리브해 42만 명 등이다. 2001년 한 해에만 500만 명이 발생하였으며, 300만 명이 에이즈로 인해 사망하였다.

우리나라에서는 1998년 9월 말 현재 감염자 844명과 감염자중 환자가 127명으로 보고 있다. 1987년 11월 28일 AIDS 예방법이 법률로 제정되어 예방과 감염자의 보호 관리에 기여하고 있다.

① 원인 virus

AIDS를 일으키는 원인은 유전 물질로 DNA대신 RNA를 가지는 retrovirus이다. 이 virus는 전세계적으로 human immunodeficiency virus(HIV-1)라고 부르기로 권고되고 있다. 또한 서아프리카에서 주로 발생하는 AIDS의 원인 virus는 HIV-2라고 불리운다.

② AIDS virus의 면역계통 침해 형태

HIV virus는 B-lymphocyte(B-임파구)를 활성화시켜 항체를 생산하여 면역 작용을 하는 T-helper cell과, macrophage(대식세포), B-Cell, 내피세포 그리고 신경세포를 침해한다. AIDS virus가 T-helper cell을 침해시, virus가 가진 특별한 역전사 효소는 virus RNA로부터 DNA 이중 사슬을 복제하고 이렇게 합성된 DNA는 세포의 핵속에 삽입된다. 이 virus DNA는 세포속에 잠복하게 되는데 그의 유전암호는 자손세포에게로 영원히 전달된다. 이 virus DNA가 잠복되어 있는 기간은 몇 년이 지속될 수도 있고 AIDS에 감염되어 있어도 증상이 안 나타나고 감염되지 않은 사람을 감염시킬 수도 있다. 감염된 T-helper cell이 아직 알려지지 않은 자극 요소의 영향으로 갑자기 맹렬히 활성화되어서 독립적 방법으로 증식을 시작하고 이 유전자들이 새로운 AIDS virus를 만들어 숙주 세포에 남기고 다른 T-helpercell을 침해하여 결국은 세포를 파괴시킨다. 계속되는 T-helper cell의 파괴로 Immune system 전체가 파괴되어 AIDS가 본격적으로 진행되어 간다.

③ AIDS의 주 증상

㉠ 초기증상

신체의 여러 부위에 있는 림프 부피가 증가한다.

㉡ 진전된 증상(AIDS유사 증후군이라고도 한다.)

ⓐ 주요 감염은 곰팡이로서, 얼굴, 손톱이 감염되고, 아구창 등에 걸리게 된다.

ⓑ 입안은 잇몸, 혀 등에 백태가 덮인다.

ⓒ 몇 주간 계속되는 38도를 넘는 고열

ⓓ 10% 이상의 체중 감소 현상

ⓔ 침구를 갈아야 할 정도로 야간에 많은 땀을 흘림.

㉢ 다른 부차적 증상

자기 신체 구성 성분에 대하여 항체를 생산하여 면역계통에 고장이 생기는 자가 면역 반응이 일어난다.

ex) 자반 질환(사지에 수많은 작은 출혈 반점)

㉣ 더욱 진전된 질환(AIDS가 정착되는 시기)

ⓐ 폐 : 기침이 오래 계속

ⓑ 신경계통과 뇌 : 마비증세, 시각장애, 비정상적 환각 증상

ⓒ 소화 기관 : 한 달 이상 계속되는 원인모를 설사, 드물게 갑자기 식사 장애

ⓓ 피부 : 카포시 육종 virus성 궤양과 Allergy증세.

④ AIDS 감염 경로

AIDS는 AIDS virus에 감염된 혈액을 수혈받을 때, 성적 접촉시, 감염된 주사 바늘에 의해 감염된다. AIDS는 간단한 접촉으로는 감염되지 않는다. 실지로 AIDS환자가 있는 100가족을 대상으로 연구결과 성적 접촉만 제외하고 간단한 접촉으로는 AIDS에 감염되지 않는다는 사실을 밝혀냈다.

⑤ 가장 AIDS에 걸릴 위험에 처한 사람:

㉠ Bisexual(이성, 동성 상대)남자(AIDS환자의 70%차지)

㉡ 약물 남용자(19%)

㉢ 상대가 AIDS에 감염된 경우(4%)

㉣ 나머지 7%는 수혈이나 감염된 혈액에 노출된 경우

㉤ 산모가 AIDS에 감염된 경우 태아가 AIDS에 걸릴 확률은 50%

* 약 3%의 AIDS 환자에 대한 원인 virus의 근원은 밝혀지지 않고 있다.

⑥ AIDS 진단

AIDS virus에 의해 감염된 사람의 혈액에서 발견되는 항체는 간단한 혈액 test로 검사한다. 몇 개월간 virus에 노출되었어도 항체가 증가하지 않으면 AIDS에 감염되지 않았다고 볼 수 없다.

⑦ AIDS 예방

현재 AIDS 감염을 예방하기 위한 백신은 많이 개발되고 있으나 부정적이다. 또한 이 질환을 치료할 수도 있다.

AIDS virus에 접촉되는 것을 예방하기 위하여 연구자·치료자·간호자들은 수칙을 지키며 사람들에게 경고해야 한다. 감염 가능성 있는 물질 즉 날카로운 기구 혹은 칼날에 상처입지 않도록 하고 노출된 피부 상처와 AIDS감염 환자로부터 유래한 모든 것과 접촉하지 않도록 주의한다. 특히 혈액 표본, 혈액 오염 물건, 장기 분비물, 배설물 취급을 잘 해야 한다. AIDS virus에 감염되는 것을 막기 위한 가장 중요한 방법은 문란한 성생활을 하지 않는 것이며 일부일처의 관계를 지키는 생활을 하는 것이다. 아울러 불법적인 약물 복용도 금해야 한다.

(3) 돼지콜레라

돼지콜레라는 국제수역사무국(OIE)이 지정한 제1종 가축전염병으로 국제동물위생규약에서 이 병의 비발생국가는 발생하는 국가로부터 돼지는 물론 돼지고기도 수입하지 않을 수 있게 규정하고 있다.

① 돼지콜레라의 증상

돼지콜레라는 감염된 돼지콜레라바이러스의 병원성의 강약에 따라 증상의 경중과 발병 후 폐사되는 경과 시간 등이 달라지므로 편의상 임상소견을 기준으로 급성형, 만성형 및 지발형 돼지콜레라 등으로 구분할 수 있다.

㉠ 급성형 돼지 콜레라

병원성이 강한 돼지콜레라 바이러스에 감염되었을 때 나타나는 전형적인 임상형으로 전파속도가 빠르고 폐사율이 매우 높은 것이 특징이다. 처음에는 몇 두의 돼지에서만 증상이 관찰되며 감염된 돼지는 다소 활력이 떨어지고 등을 구부리고 추위를 느끼는 것처럼 보인다. 이후 식욕이 떨어지며 체온이 41℃ 이상 올라가며 이때 백혈구 숫자가 혈액 $1mm^3$ 당 3,000~9,000으로 떨어지게 된다.

초기 증상으로 결막염으로 눈꼽이 많이 끼게 되며 심한 경우에는 눈꺼풀이 붙는 경우도 생긴다. 처음에 고열로 인하여 변비증상이 나타나지만 이후 수양성 황회색의 설사를 하게 되고 감염된 돼지는 오한으로 인하여 서로 모여 있거나 포개어 있게 된다. 일부의 돼지는 경련을 일으킨 후 몇 시간 또는 몇 일 내에 죽게 된다.

병이 진행됨에 농장 내 많은 돼지들이 발병되고 처음 증상을 보인 돼지들은 수척해지고 비틀거리는 걸음걸이를 보인다. 그리고 곧바로 뒷다리를 못쓰게 되고 복부, 주둥이, 귀, 사지 등이 자주색으로 변하며 대부분의 돼지들은 감염 10~20일 후에 죽게 된다.

아급성형의 돼지콜레라의 경우 급성형보다는 다소 증세가 약하며 감염 후 보통 30일 이내에 죽게 된다. 폐사한 돼지를 부검했을 때 여러 내부장기의 출혈 및 비장의 출혈성 경색(비장 주변 부위에 검게 출혈된 부분이 나타남)이 특징이다.

㉡ 만성형 돼지콜레라

돼지콜레라가 상재화 되어 있는 지역이나 국가에서 중등도의 병원성을 가진 돼지콜레라 바이러스의 감염에 의한 만성형 돼지콜레라가 흔히 발생할 수 있으며 뚜렷한 임상증세가 나타나지 않기 때문에 진단하는데 어려움이 있고 흔히 다른 질병으로 오진하여 이 병이 확산될 수 있게 된다. 미국의 경우 돼지 콜레라 박멸기간 동안 분리된 바이러스의 약 55%가 병원성이 다소 낮은 돼지콜레라 바이러스로 확인된 바 있다. 임상증상의 진행에 따라 만성형 돼지콜레라는 3기로 구분할 수 있다. 제1기에 감염된 돼지는 식욕결핍, 침울, 체온상승, 백혈구 감소 등의 증상을 보인다.

그리고 몇주 후 제2기에는 식욕, 체온 및 외관상 회복된 것처럼 보이지만 혈액검사를 해보면 백혈구 감소증이 지속되는 것을 볼 수 있다. 제3기에는 감염된 돼지는 다시 식욕이 떨어지고 침울하며 죽기 직전까지 체온이 상승하게 된다.

만성형 돼지콜레라 발생 농장에서는 다른 돼지에 비하여 증체가 크게 지연되는 위축돈이 많이 발생하며 털이 거칠고 등을 구부리고 서 있는 돼지들을 볼 수 있다.

보통 만성형 돼지콜레라에 감염되면 1~3개월 후에 죽게 되나 일부는 회복하게 된다. 감염된 돼지를 부검했을 때 맹장과 결장부위에 단추 모양의 궤양을 관찰할 수 있으며 혈액검사에서 초기에 백혈구 감소증이 나타나다가 후기에 백혈구 증가증이 나타나는 것이 특징이며 임상증상만으로는 거의 진단이 불가능하다.

㉢ 지발형(태반 감염형) 돼지콜레라

병원성이 낮은 돼지콜레라 바이러스에 임신돈이 감염되면 병원체가 태반을 통하여 태아에 감염된 후 생후 수개월령(2~11개월)에 임상증상이 나타나게 된다. 보통 감염된 돼지는 점진적으로 침울해지고 식욕이 떨어지며 결막염, 피부염, 설사, 운동장애 등의 증상을 나타낸 후 뒷다리를 못쓰게 되어 죽게 된다. 이러한 돼지들은 혈액내에 오랜기간 동안 바이러스가 존재하지만 항체는 거의 생기지 않는 것이 특징이다. 병든 돼지를 부검했을 때 림프절이 부어있고 흉선이 위축되어 있는 것이 특징이다.

한편 돼지콜레라 바이러스가 태반을 통하여 태아에 감염하여 유산, 미이라화, 기형, 사산, 허약자 분만 등의 증상이 나타날 수 있으며 태반감염된 자돈에서 피부의 출혈을 흔히 볼 수 있고 신생자돈의 폐사율이 높은 것이 특징이다. 이러한 지발형 또는 태반감염형 돼지콜레라는 실험실 검사를 하지 않고 임상증상만으로 진단하는 것이 거의 불가능하다.

② 돼지콜레라 방역의 문제점

㉠ 백신접종

돼지콜레라가 근절되지 않고 지속적인 발생을 보이는데는 여러 가지 문제점들이 있다. 백신접종만 2회 완벽하게 해주면 돼지콜레라를 박멸할 수 있다.

돼지콜레라가 근절되지 않는 것은 백신접종을 하지 않는 농가와 접종을 해도 1회 접종으로 끝내는 농가가 많기 때문이다. 특히 모돈 100두 이상의 큰 농가들은 백신접종율이 비교적 높으나 50두 이하의 농장은 많은 수가 백신접종을 하지 않고 있다. 백신접종을 하지 않는 농장이 있는 한 돼지 콜레라 박멸은 요원한 문제로 남겨둔다. 특히 1회만 접종한 농가는 만성형 돼지콜레라가 발생하기 쉽다.

이것은 모체이행항체의 수준에 따라 다르지만 1차접종 만으로 항체를 형성하여 방어를 할 수 없는 자돈들을 위해 2차접종을 하는 것이기 때문에 필히 2차접종 까지 접종을 해줄 필요가 있다.

1차접종 만으로 백신접종을 완벽히 한 것으로 착각하고 있는 농가가 많이 있고 1차접종만을 권하는 전문가들도 있어 만성형 돼지콜레라 근절이 어렵게 되고 있다. 우리가 돼지콜레라 박멸을 이루고자 한다면 필히 2회의 백신접종을 꼭 해야 됨은 두말할 나위가 없는 필수불가결한 것이다.

㉡ 오진과 항생제 남용

흔히 돼지콜레라에 감염된 돼지를 잘못 판단하여 조기에 박멸하지 못하는 경우를 많이 보게 된다.

모든 질병의 진단이 그러하듯이 특히 바이러스성 질병인 돼지콜레라의 진단은 임상증상이나 부검소견만 가지고 돼지콜레라를 진단하는 것은 금물이다.

폐사를 동반하는 열성 전신성 질병인 돼지콜레라가 의심되는 환축은 발생 즉시 가까운 가축위생시험소나 수의과학검역원 또는 인근 각 수의과학대학에 가검물을 의뢰하여 실험실 진단으로 확진을 받아야 한다.

종종 일선의 질병진단에 종사하는 사람들이 임상증상과 부검소견 결과만으로 성급하게 진단하는 것은 매우 위험하여 돼지콜레라의 확산을 만드는 결정적인 계기가 될 수 있다. 또한 부검만으로 뇌막염 등 다른 세균성 질병으로 오진하는 경우 과다한 항생제의 남용 등으로 질병치료는커녕 불필요한 항생제의 과다투여로 치료비의 부담만 가중시키며 항생제 내성 세균의 발생을 촉진하는 부작용만을 낳게 된다.

철저하고 신속한 지단 특히 실험실 진단을 거친 확진만이 돼지콜레라의 확산을 막는 지름길인 것이다.

③ 예방대책

㉠ 새끼를 구입할 때는 시장이나 중간 수집상으로부터 구입하지 않는다. 믿을만한 양돈장에서 돼지를 구입하고 도입후 2~3주간 격리, 돈사에 따로 사육 하면서 혈청검사를 하고 예방접종을 실시하는 등의 철저한 방역관리를 해 나가야 한다.

㉡ 돈사 내외를 정기적으로 소독하고 차량과 외부인의 돈사출입을 제한한다. 관리인 뿐만 아니라 방문객도 돈사 출입시에는 작업복과 작업화를 반드시 착용하도록 한다.

㉢ 예방접종은 어미돼지와 새끼돼지 구분 없이 모두 귀뒷부분 또는 뒷다리 근육 내

표 2-8. 돼지콜레라 표준 백신접종 프로그램

접종방법	접종대상	1차 접종	2차 접종	보강접종	접종 경로
자돈접종법 (평상시)	이유자돈	생후 5~6 주령	생후 8~9 주령	매년 1회	근육
자돈접종법 (인근발생시)	이유자돈	생후 4~5 주령	생후 6~8 주령	매년 1회	근육
포유전접종법 (발생농장)	모포유	신생자돈	포유 전	매년 1회	근육
모돈(성돈) 접종법	모돈	종부 2~4주전	1회	매년 1회	근육

에 1ml씩 주사한다. 철저한 백신접종만이 돼지콜레라를 박멸하는데 가장 필수적인 사항임을 명심해야 한다. 돼지콜레라가 일단 발생된 농장은 즉시 초유전 접종을 모든 신생자돈들에게 실시해야 한다. 초유 전 접종은 자돈이 출생 후 초유를 먹기 전에 접종하는 것으로 매우 효과적이며 특히 돼지콜레라가 발생된 농장의 돼지콜레라 방역에 매우 효과적으로 작용한다.

(4) 간염(viral hepatitis, Epidemic hepatitis)

세계 각지에 널리 분포하는 virus성 질환으로 어린이, 청년 특히 집단생활자에 많이 발생한다.

① 병원균

유행성 간염 virus가 병원균으로 A, B, C, D, E형이 있으나 주로 A형과 B형이 잘 알려져 있다.

② 감 염

㉠ A형 간염(혈청 간염 ; hepatitis A virus, HAV)

유행성으로 환자 혹은 불현성 감염자의 분변, 혈액 혹은 이들에 의하여 오염된 음식물이나 물건 등이 감염원이고, 발병 직후 타액으로도 감염이 된다. 에테르나 산에 안정하지만 100℃, 5분간의 가열처리에 의해 불활성화 된다.

㉡ B형 간염(유행성 간염, hepatitis B virus, HBV)

여름철에 가장 많이 발생되며, 청소년이 특히 많이 감염된다. 수혈, 주사침, 장기이식, 환자의 혈액, 성교접촉, 산모와 태아의 수직감염. 침, 소변이나 정액이 피부나 점막이 상처를 통해 침입하여 감염. 음식물을 통해서 감염. 잠복기는 보통 15~50일. 이 바이러스는 저항력이 강하여 60℃에서 30분간 가열해도 생존하며 1ppm의 염소를 함유하는 물에서도 사멸하지 않는다. 그리고 건조에 대해서도 강하다. 그러므로 배설물을 철저히 소독해야 한다.

③ 증 상

㉠ A형 간염

대부분 증상이 38℃ 이상의 발열을 가지고 급격히 발병하는 것이 특징이며, 오심, 구토, 식욕부진 등의 증세와 함께 피로감, 근육 및 관절통이 나타남 → 소변색깔이 진해짐, 황달, 미열. 일반적으로 예후가 좋아서 대부분이 1~2개월에 간기능이 정상화된다.

㉡ B형 간염

A형 보다 잠복기가 길고 증세도 심하다. 나중에 간에 많은 상처가 남는다. 일반적으로 전구기, 발열기, 황달기 및 회복기의 4기로 나누어진다. 전구기에는 특별한 증상은 없으나, 때로는 오심, 구토, 설사 등을 일으킨다. 발열기에는 급격히 오한이 나타나고 38℃ 정도의 열이 있다. 이 시기에는 식욕감퇴와 권태감 등이 심하며 인두염, 기관지염 같은 카타르성 증상이나 두통, 요통이 나타난다. 다음에는 간이 비대해지고 전신에 황달이 나타난다. 이 황달기는 2~4주간, 대로는 수개월간 계속되기도 한다. 회복기에 들어가면 황달이 서서히 없어지고 2~6주만에 회복된다. 일반적으로 발병이 잠행성으로 발열을 동반하는 것은 적고, 간기능 장해로 가는 경향이 강하다.

④ 예 방

A형 간염은 γ-Globulin의 근육주사로 잠정적인 면역.

B형 간염은 백신주사.

⑤ 치 료

특별한 약은 없고 간에 특별히 좋은 음식·영양소도 없으므로 균형적인 영양섭취와 절대안정이 중요.

(5) 기 타

① 광우병(狂牛病, Bovine Spongiform Encephalophathy, BSE; Mad cow disease)

1986년 영국 Wells에 의해 큰소(성우, 成牛)에서 신경병이 느리게 진행되다 결국에는 죽게 된다. 1996~7년도에 수백만의 영국소에 전염된 바 있다. 전염은 주로 사료로부터 생기는 것으로 알려져 있다.

4~5세의 소에서 주로 발생하는 전염성 뇌질환이다.

프리온 단백질의 화학구조에 의해 발생하며, 증상은 소의 뇌에 구멍이 생겨 갑자기 미친 듯이 포악해지고 정신이상과 거동불안, 그리고 난폭해지는 등의 행동을 보이는 것이 특징이다.

최근까지 잘 알려지지 않았으나 1996년 3월 영국의 보건부장관이 광우병의 원인이 되는 프리온 단백질의 화학구조가 야곱병을 일으키는 원인물질과 비슷하다는 연구결과를 받아들여, 광우병이 인간에게 감염될 가능성을 인정함으로써 세계의 육류업계에 커다란 타격을 입혔다.

이 무렵 영국의 의학전문가위원회는 광우병과의 접촉으로 인간에게 감염될 가능성이 있는 야곱병은, 종래에는 고령자에게 나타나는 병이라고 생각되어왔으나 새로운 종은 젊은이에게도 걸릴 우려가 있다고 경고하였다. 사실 이 무렵 신종의 야곱병에 걸린 환자는, 60세 이상이 많았던 과거와는 달리 18~41세까지의 비교적 젊은 연령층이었다. 또 발병에서 사망까지의 기간이 종래의 4개월보다 긴 1년이며, 병원체로 보이는 프리온이 뇌 전체에 퍼져 있는 것이 고령의 환자와는 뇌파의 패턴이 다르다는 것이다. 영국은 광우병에 대한 조사 보고와 함께 1996년 3월 쇠고기의 일시 판매중지를 선언하고 유럽연합도 영국산 쇠고기에 대한 전면 금수조치를 취하였다. 그 후 유럽의 쇠고기 소비량은 40%나 감소하고 수많은 소가 떼죽음을 당하여 유럽 전역의 육류시장과 농가에 커다란 피해를 입혔다.

프리온

프리온(prion)은 단백질(Protein)과 비리온(Virion : 바이러스 입자)의 합성어로, 바이러스처럼 전염력을 가진 단백질 입자라는 뜻이다. 미국 샌프란시스코 캘리포니아대학교의 스탠리 프루시너(Stanley B. Prusiner)가 프리온이 광우병뿐 아니라 알츠하이머병 등에서 주요한 역할을 한다는 것을 밝혀냈고, 이 공로로 1997년 노벨 생리·의학상을 받았다.

프리온은 이제까지 알려진 박테리아나 바이러스·곰팡이·기생충 등과는 전혀 다른 종류의 질병 감염인자로, 보통의 바이러스보다 훨씬 작으며 사람을 포함해 동물에 감염되면 뇌에 스펀지처럼 구멍이 뚫려 신경세포가 죽음으로써 해당되는 뇌기능을 잃게 된다.

보통 생물체는 세포의 핵산(DNA·RNA)에서 단백질을 합성, 자기 증식을 통해 번식해 나가며 각종 병원체도 이런 증식과정을 거쳐 병을 일으키는 데 비하여 프리온은 DNA나 RNA와 같은 핵산이 없이 감염성 질환을 일으키는 것이 특징이다. 프리온의 증식 과정은 아직 정확히 밝혀지지 않았다.

1982년 프루시너는 감염성이 있는 단백질에 '프리온'이라는 이름을 붙이고, 이것이 비정상적인 형태로 바뀌면 신경세포를 죽이는 형태의 질병을 일으킬 수 있다고 주장하였다. 그러나 당시 학계에서는 생명체의 감염이론에 배치되는 이론이라 하여 인정하지 않았다. 그러던 중 1980년대 중반 영국에서 소의 광우병과 비슷한 증상을 보이는 인간광우병(vCJD) 환자가 10여 명 발생하면서부터 그의 이론이 주목받기 시작했다.

바이러스나 비로이드와 또 다른 감염성 병원체가 가축이나 사람에게서 질병을 일으킨다는 증거가 있다. 이 병원체를 프리온(prion, 단백질성 감염입자)이라고 부른다. 이 프리온 가운데 연구가 가장 잘 된 종류가 스크래피인데 양과 염소의 중추신경계에서 일어나는 퇴행성 질병을 일으킨다. 감염된 동물은 운동이 협조적으로 일어나지 않는 증상을 보이며, 피부를 문지르는 경향이 있고, 나중에는 걸을 수 없게 된다. 이 감염체는 아직 핵산이 발견된 적이 없다.

어떤 느린 바이러스의 질병은 프리온이나 비리노에 의한 것으로 생각된다. 사람이나 동물에게서 일어나는 어떤 종류의 신경학적 질병인 경우에는 특히 더 그럴 가능성이 있다.

소해면체뇌질환(Bovine spongiform encephalopathy, BSE, 일명 광우병), 쿠루(kuru), 치명적가계불면증(fatal familial insomnia), 크로이츠펠트-야콥병(Creutzfeldt-Jakob disease, GLD)과 Gerstmann-Străussler-Schneiker syndrome, GSS)는 프리온에 의한 질병으로 생각된다.

광우병은 진행성 퇴행성 뇌질환을 일으켜 결국에는 사망하게 한다. 영국에서는 광우병이 전염병 수준에 이르렀으며 소의 뼈로 만든 사료로 소를 사육하면서 병을 퍼뜨리게 되었다. BSE에 걸린 쇠고기를 먹은 사람이 크로이츠펠트-야콥병과 유사한 병에 걸린다는 것이 이제 밝혀졌다. 영국과 프랑스에서 벌써 90명 이상의 사람이 이런 원인에 의해 사망했다. 광우병은 잠복기가 10~40년으로 긴 데다 확실한 진단을 위해서는 뇌조직을 떼어내야 하기 때문에 진단을 내리기가 어렵다. 일반적인 소독법으로는 파괴되지 않으며, 식품뿐 아니라 수혈과 장기이식을 통해서도 감염될 수 있다. 일단 발병하면 3개월에서 1년 안에 죽게 되는 치명적 질환이다. 세계보건기구(WHO)는 인간광우병이 21세기에 가장 위험한 전염병이 될 수 있다고 경고하기도 하였다.

CJD와 GSS는 중년층의 도시 사람에게서 드물게 나타나는 반면 쿠루는 뉴기니아 동부지역에 사는 포어(Fore) 종족에게서만 나타난다. 이 종족은 죽은 혈연자를 먹는 풍속이 있었는데 이런 풍속에서는 뇌를 준비했고, 이런 풍속을 수행하는 영예는 여성에게 주어졌다. 여성과 아이들은 병에 걸린 뇌조직을 다루다가 감염된 것이다(이제 식인풍속은 없어졌으며 쿠루의 발병률도 감소하여 이제 나이가 많은 어른들에게서만 이 병이 발견된다).

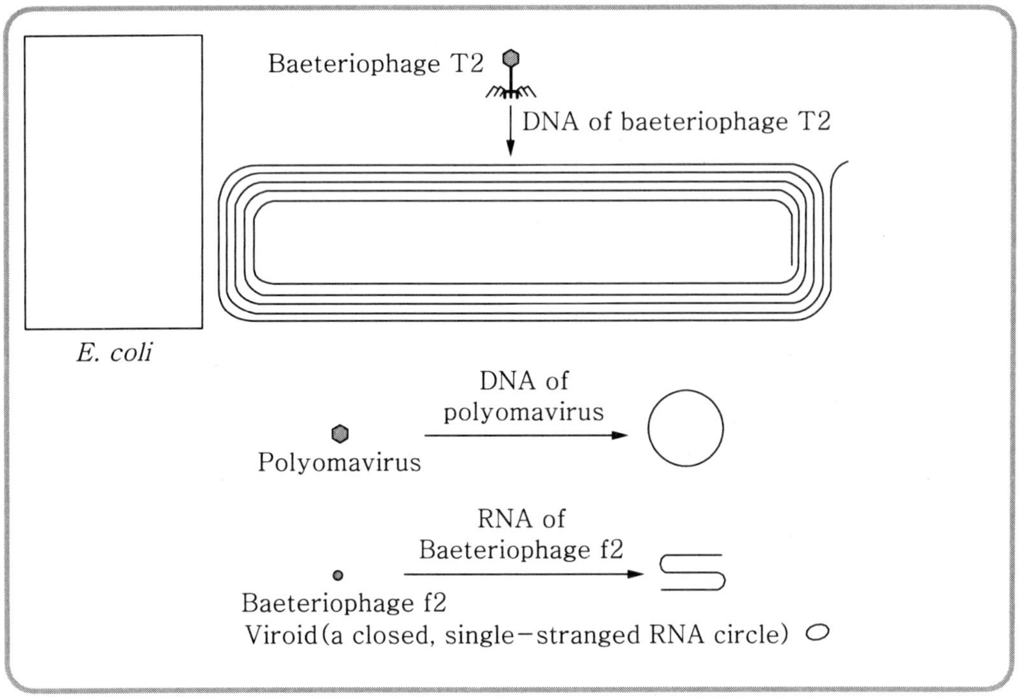

그림 2-34. 비로이드, 바이러스, 세균

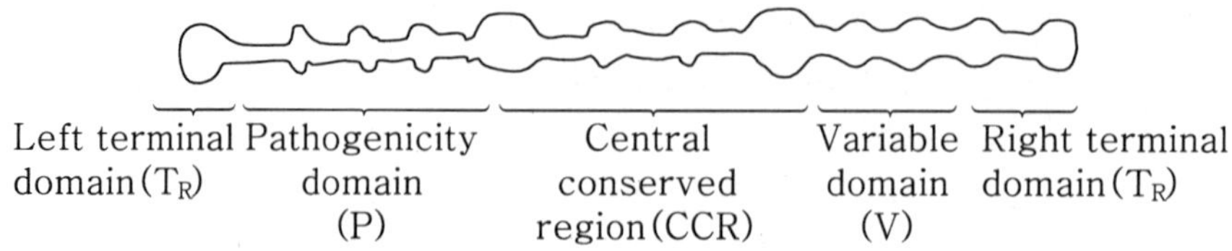

그림 2-35. 비로이드의 구조

② 구제역(口蹄疫 , foot-and-mouth disease)

구제역 바이러스에 의한 전염성이 매우 높은 우제류 가축(偶蹄類家畜)의 급성전염병이다. 발굽이 2개인 소·돼지 등의 입·발굽 주변에 물집이 생긴 뒤 치사율이 5~55%에 달하는 가축의 제1종 바이러스성 법정전염병이다. 소의 경우 잠복기는 3~8일이며, 초기에 고열(40~41℃)이 있고, 사료를 잘 먹지 않고 거품 섞인 침을 흘린다. 잘 일어서지 못하고 통증을 수반하는 급성구내염과 제관(蹄冠)·지간(趾間)에 수포가 생기면서 앓다가 죽는다.

특별한 치료법은 없고, 만일 이 병이 발생했을 경우에는 검역을 철저히 해야 하며, 감염된 소와 접촉된 모든 소를 소각하거나 매장해야 한다. 구제역이 발생하는 나라에서는 조직배양 백신을 이용한 예방법이 이용되고 있다.

한국에서는 1934년 처음 발생했으며, 이후 66년 만인 2000년 경기도 파주 지역에서 발생해 충청도 지역까지 확산되어 큰 피해를 입혔으며, 2001년에는 영국에서 발생하여 유럽·동남아·남미 등지로 번졌다. 1996~7년도에 1천만에 가까운 대만 돼지에 발생하였다.

③ 급성 회백수염(acute poliomyetitis, Pdlilmyelitis)

일명 소아마비 또는 polio라고 하며 polio virus에 의해서 발생되는 급성열성질환이다. 환자는 거의 어린이이며 특히 1~2세가 많다. 6~7월경에 많이 발생한다.

중추 신경통의 증상, 급성의 열성 전신질환이다..

㉠ 병원체

급성 회백수염 virus(면역학적으로 Lansing, brun hilde, leon으로 분류)

㉡ 성 질

약품에 대한 저항성이 강하다. 열에 쉽게 파괴.

ⓒ 증상

잠복기 7~12일.

감기증상 → 발열 2~3일 계속 두통, 식욕감퇴, 구토, 두통, 복통 → 열 내림. 이때 사지마비.

ⓔ 발생 상황

5~8월에 가장 많다.

5세 이하에서 나타남. 그러나 선진 외국에서는 성인층에 발생하는 비율이 증가.(남자에게 많이 발생)

ⓜ 감 염

불현성 감염자의 분변에 virus가 포함되어 배출되고, 오염된 음식물을 통해서 경구감염 된다. 비말감염도 한다.

ⓑ 예 방

예방접종이 가장 유효하다. 특히 생 Vaccine은 강한 면역을 만들므로 광범위하게 접종하면, 소아마비를 근절시킬 수 있다.

ⓢ 치 료

사망방지와 후유 마비증의 방지 또는 경감에 두어 치료.

④ 조류 독감

1998년 말레이시아의 한 돼지농장에서 괴질이 퍼져나가 반년 만에 1백여만 마리의 돼지가 살(殺)처분되고 1백명 이상이 숨졌다. 역학조사 결과 야생 박쥐가 돼지를 물면서 생겨난 니파바이러스가 병원체로 밝혀졌다. 20세기에 네 차례나 대유행한 조류독감 바이러스는 중국 같은 인구밀집 지역에서 대규모 오리 · 닭 사육이 이뤄지면서 출현한 변종으로 추정된다. 치사율이 90%에 이르는 에볼라 바이러스 역시 중앙아프리카 밀림 등지에서 벌목이 벌어지면서 유행했다. 브라질의 아마존강 유역에 금광 채굴업자들이 들어가면서 여우끼리만 전염되던 질병(레시매니아)이 퍼진 사례도 있다.

인간과 야생동물이 같이 걸리는 질환은 1백여 종, 인간과 가축의 공통 전염병은 3백여 종 정도다. 국내에서 조류독감이, 미국에서 광우병이 창궐하는 요즘이다. 앞으로 또 어떤 전염체가 출현할지 모를 일이다.

⑤ 기 타

표 2-9. 동식물 virus와 질병

구분	종류	발병의 종류	숙주	전염 경로
동물 virus	일본뇌염 바이러스	일본뇌염	돼지·조류	모기
	뎅기 바이러스	뎅기열	사람·원숭이	모기
	황열 바이러스	황열	사람	모기
	폴리오 바이러스	소아마비(급성회백수염)	사람	접촉
	콕사키 바이러스	유행성심근염·무균성수막염·감기	사람	접촉
	에코 바이러스	무균성수막염·발진성열성 질환	사람	접촉
	간염 바이러스	유행성간염	사람	접촉·경구감염
	광견병 바이러스	광견병	사람·개	접촉
	인플루엔자 바이러스	인플루엔자 급성폐렴	사람	상처
	멈푸스 바이러스	유행성이하선염	사람	비말·접촉
	홍역 바이러스	홍역	사람	비말·접촉
	풍진 바이러스	풍진	사람	비말·접촉
	뉴캐슬병 바이러스	폐렴성뇌염·결막염	닭·사람	비말·접촉
	천연두 바이러스	천연두(두창)	사람	접촉·비말
	우두 바이러스	우두	소	접촉·비말
	아데노 바이러스	인두결막염·유행성각막결막염·수두	사람	접촉
	헤르페스 바이러스	단순성포진·각막헤르페스	사람	접촉
	사마귀 바이러스	사마귀	사람	접촉

구분	바이러스 그룹	그룹내 다른 바이러스	크기(nm)	매개체	핵산
식물 virus	담배모자이크병 바이러스	오이녹색반점모자이크병 바이러스	300×18	상처	ssRNA
	카사바모자이크병 바이러스	클로버황색모자이크병 바이러스	515×13	상처	ssRNA
	감자Y 바이러스	상추모자이크병 바이러스 사탕수수모자이크병 바이러스	730×11	진딧물	ssRNA
	사탕무황색병 바이러스	카네이션괴사반점 바이러스	1250×10	진딧물	ssRNA
	완두콩모자이크병 바이러스	콩꼬투리반점 바이러스 붉은클로버반점 바이러스 호박잎모자이크병 바이러스	28	딱정벌레	ssRNA
	오이모자이크병 바이러스	땅콩발육저해병 바이러스 씨없는토마토병 바이러스	30	진딧물	ssRNA
	담배잎반점 바이러스	벚나무잎마름병 바이러스	28	선충류	ssRNA
	감자잎황색위축병 바이러스	벗잎황색병 바이러스	380×75	진딧물	ssRNA
	양배추모자이크병 바이러스	달리아모자이크병 바이러스	50	진딧물	dsDNA

(6) 식중독 virus

① Rotavirus

질병관리본부 지영미 박사는 소아감염병학회 춘계학술대회에서 2000~2003년을 분석한 결과 Rotavirus가 원인이 밝혀진 바이러스성 장염 사례의 80%를 차지하는 원인병원체라고 발표했다. 지 박사는 '국내 바이러스 장염의 역학적 변화' 연제 발표를 통해 '국내 집단 설사사례에서는 Norovirus가 주로 검출됐다'며 '이는 기존의 해외보고와 유사한 양상'이라고 언급했다.

월별 유행양상에서는 Rotavirus와 Norovirus 모두 겨울철에 유행하지만 Rotavirus의 경우 유행기간이 4~5월까지도 연장되는 경향을 보여줘 Norovirus는 겨울철에 좀더 국한되는 경향을 보인다고 설명했다.

Rotavirus는 전세계적으로 주로 2세 이하의 영유아에서 설사를 일으키는 병원체로 일반적인 주의 이외에 특별한 예방책이 없는 것으로 알려져 있다.

이와 관련 지박사는 '과거 Rotavirus 백신이 개발되었으나 장중첩증의 부작용으로 회수되고 현재 새로운 백신이 개발되어 임상실험중'이라고 설명하고 '집단설사의 원인 Norovirus는 주로 집단 급식의 조리사로부터 감염된다며 조리사의 위생상태 점검이 중요하다'고 강조했다.

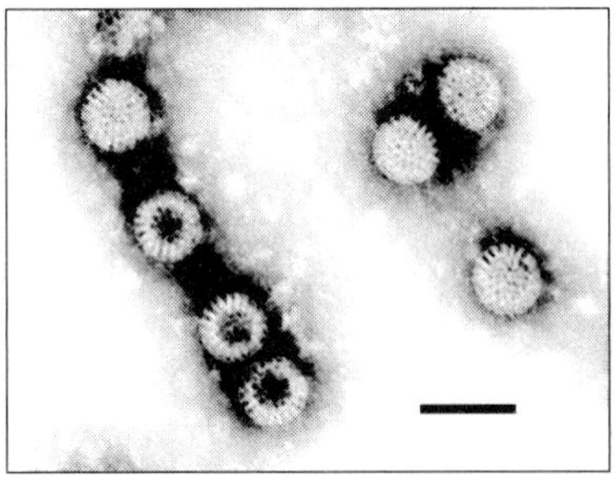

2-26. Rotavirus

② Norovirus

노로바이러스(norovirus)는 사람에게 장염을 일으키는 바이러스 그룹으로 노로바이러스라는 공식 명명이 최근 승인되었다. 노로바이러스는 Norwalk-like viruses (NLVs), caliciviruses, small round structured viruses로도 불린다.

노로바이러스 감염 증상으로 대부분의 사람은 1~2일내에 호전되며, 심각한 건강상 위해는 없으나, 때때로 어린이, 노인과 면역력이 약한 사람에 있어서는 탈수증상을 보이기도 하고, 특별한 의학적 주의를 요하는 경우도 있다.

노로바이러스는 감염자의 분변이나 구토물에서 발견되며, 사람은 다양한 경로를 통해 감염될 수 있다. 예를 들면, 노로바이러스에 감염된 식품이나 음용수를 섭취했을 때, 노로바이러스에 오염된 물건을 만진 손으로 입을 만졌을 때, 질병이 있는 사람을 간호할 때 또는 환자와 식품, 기구 등을 함께 사용했을 경우 등이다. 설사증세를 보이는 유아의 기저귀는 특별히 주의하여 취급하여야 한다.

노로바이러스에 감염된 사람은 증상을 느끼는 날부터 회복 후 최소 3일까지는 전염성을 가지고 있으며, 일부는 회복 후 2주간 전염력을 갖는 경우도 있다. 따라서 완벽한 손세척이 가장 중요하다.

현재 노로바이러스에 대한 항바이러스제는 없으며 감염을 예방할 백신도 없다. 또한, 노로바이러스는 바이러스의 일종이므로 항생제로 치료되지 않는다. 구토와 설사를 할 때 탈수 증상을 막기 위해서는 다량의 음료를 섭취하여야 한다.

Chapter

3 미생물의 미세구조 생리 및 대사

1. 미생물 균체의 미세 구조

1) 세포벽과 세포질막

(1) 세 균

세균의 겉껍질 구성은 바깥쪽의 세포벽과 안쪽의 세포질막으로 되어 있다. 세포질막의 두께는 균종에 따라 각기 다르지만 거의 일정(75Å 정도)하다.

세균은 Gram 염색성의 차이에 따라 양성과 음성으로 구분되며 이 양자간 세포벽 구조에 있어서 분명한 차이를 볼 수 있다. Gram 양성균의 세포표층은 두터운(700Å 정도) peptidoglycan(murein, mucopetide, glycopetide라 불림)의 층으로 싸여 있으며, 세포막과 petidoglycan층으로부터 바깥쪽으로 teichoic acid가 연결되어 있다. Gram 음성균은 그 구조가 복잡한데 내층인 엷은 peptidoglycan층과 외층인 단백질과 lipopolysaccharide의 mosaic층으로 되어 있다.

세포벽은 세포벽분해효소(Lysozyme)에 의해 분해되거나 고장액 및 저장액 내에서 분해되는데 Gram 양성균은 거의 세포벽이 분해되어 원형질이 노출된 protoplast가 되며, Gram 음성균은 세포벽이 일부 분해된 spheroplast가 된다. spheroplast는

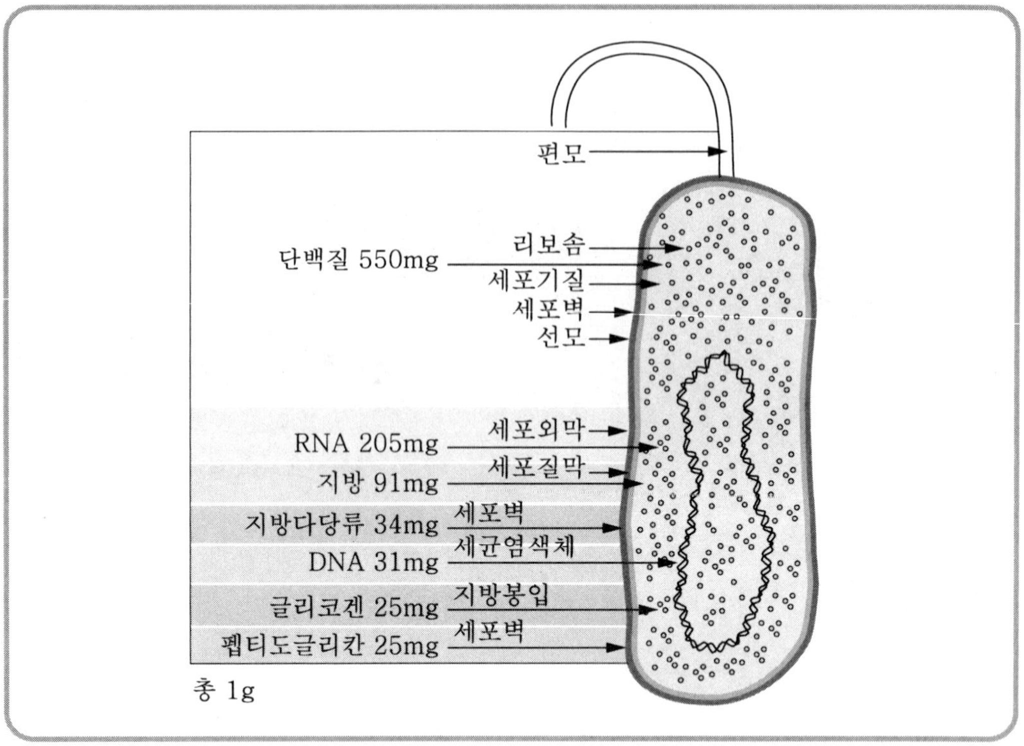

그림 3-1. 세포의 구성성분과 고분자물질(유기물질)

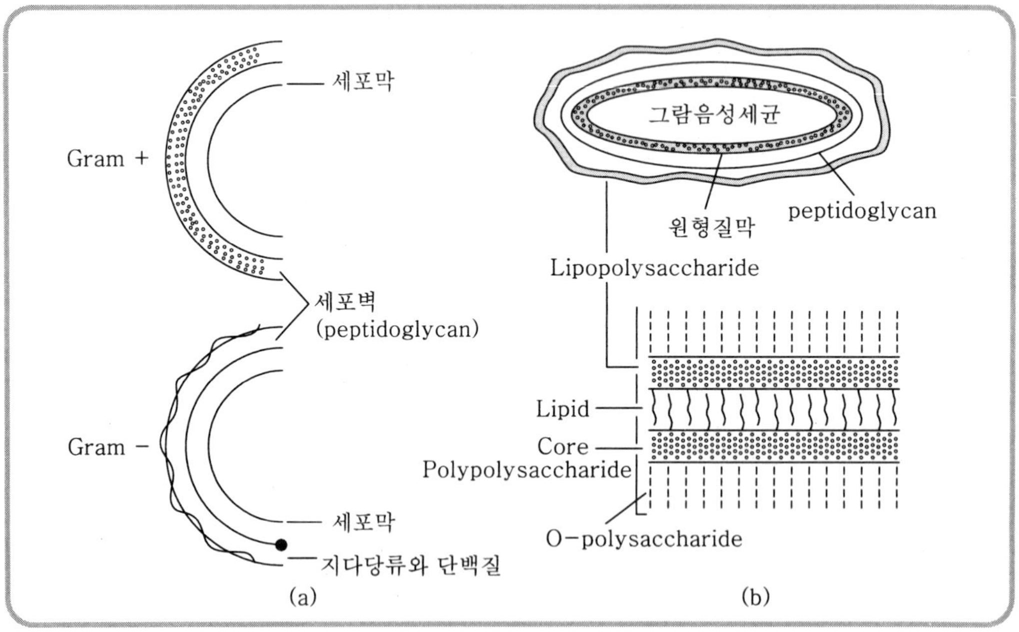

그림 3-2. 그람양성 및 음성균의 세포막 및 세포벽

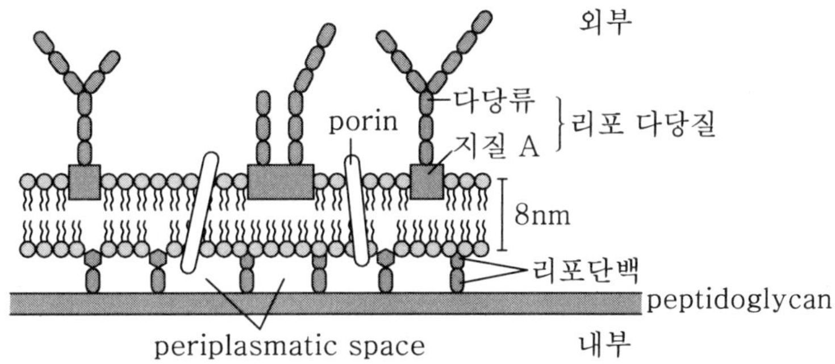

그림 3-3. 그람 음성인 *Salmonella*의 세포 외벽의 물질 배열

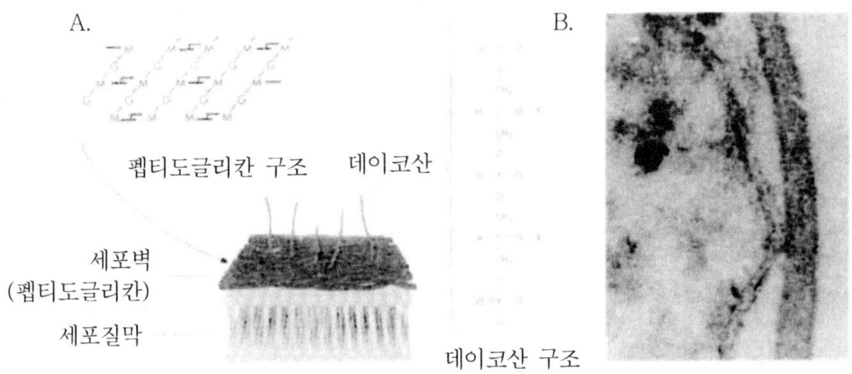

그림 3-4. 그람양성 세균의 세포벽

기능상 지장이 없지만 protoplast는 세포분열을 하지 못한다. protoplast는 세포융합에 이용된다.

(2) 효 모

효모의 세포벽은 glucan, mannan, chitin, lipid, 및 ash 등의 혼합물로 되어 있은데, mannan과 chitin의 함량은 서로 상대적이다. chitin 함량이 높으면 mannan 함량이 상대적으로 낮으며 이러한 효모는 mycellium 또는 pseudomycellim이 된다. 반면 chitin 함량이 적으면 mannan 함량이 높은데 이런 효모들은 쉽게 출아한다.

세균과 마찬가지로 세포벽을 분해효소로 분해하면 protoplast 또는 speroplast 형태로 되며 protoplast는 세포융합에 이용된다.

세포질막은 지질과 단백질 복합체로 되어 있고 세포 내외로 물질 이동에 중요한 구실을 맡고 있다. 이것은 70~80Å 정도의 이중 구조를 하고 있다.

세포질에는 고등 동식물처럼 막상 구조(막조직, endoplasmic reticulum)가 있는데 이것은 세포질막, 핵막, mitochondria막과 연결되어 있다.

(3) 곰팡이

곰팡이의 세포벽은 3층 구조로 되어 있는데 위층은 glucan, 가운데층은 chitin, 아래층은 다당류(섬유질 등)이다. 세포벽 주성분은 섬유질 비슷한 물질과 chitin질로 되어 있는데 일부의 조균류에는 chitosan이 존재한다. 곰팡이의 세포벽에는 미세 섬유 구조가 보이는데 이것은 chitin질로 되어 있다.

2) 세균의 편모

편모는 근육과 마찬가지로 섬유상 단백질로 되어 있어 근육수축과 같은 기작으로 움직인다. 편모는 항원적 특성이 있고, 공기와 빛에 대한 자극을 받으며 그특성에 따라 이동한다.

3) 점질층과 협막

일부 세균들은 세포벽 표면에 peptide, polysaccharide 또는 lipid 등의 점질성 물질을 형성하는데, 이들 물질의 용해성층을 점질층이라 하고, 협막은 점질층이 고착되어 생긴다. 대표적인 예로 여름철에는 깍두기가 끈적거리게 되는데 이는 *Leuconostoc mesenteroides* 라는 세균의 협막 때문이다.

4) 포 자

세균 포자는 발아 후 핵부위와 세포질이 되는 심부를 포자고유막(발아 후 세포벽이 됨)과 2층의 포자막각으로 쌓여 있으며, 포자고유막과 내층의 포자막각 사이에는 피층이 있다. 포자가 열에 강한 원인은 심부가 농축된 상태이며, 심부와 피층에 열저항성 물질인 dipicolinic acid와 alanine racemass를 함유하고 있기 때문이다.

포자를 발아시키는 방법으로는 heat shock(60~80℃, 5분)를 주는 방법과 방아인자(L-alanine)를 이용하는 방법, 또는 물에 흡수시키는 방법 등이 있다.

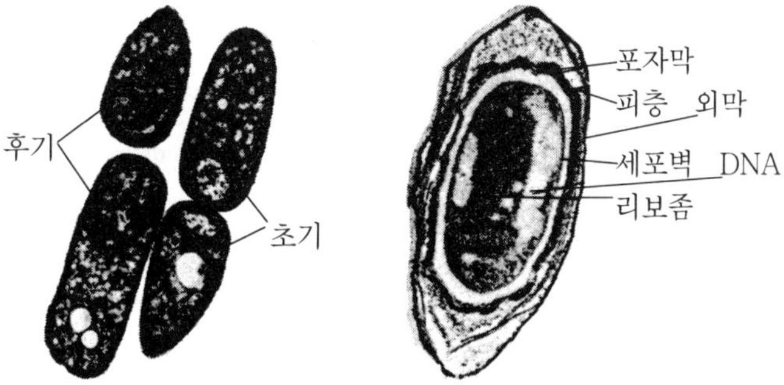

(a) *Bacillus megaterium*의 영양형 세포내에서의 포자의 형성 (b) *Bacillus megaterium*의 포자

그림 3-5. 세균포자

표 3-1. 균류 세포벽의 주요 성분

균 류		화 학 성 분
곰 팡 이		Chitin(일부 조균류 chitosan 함유), cellulose
효 모		mannan, glucan, protein, 미량의 lipid
세균	그람 양성균	mucopeptide(주성분), teichoic acid, 다당류
	그람 음성균	lipid, lipoprotein, lipo다당류, mucopeptide, protein
방 선 균		mucopeptide

2. 미생물의 영양

1) 영양소

영양물질 중에서도 특히 다량으로 필요한 것은 탄소원와 질소원이다. 예를 들어 많은 미생물에 대해 글루코오스는 유용한 탄소원이고, NH_3는 적당한 질소원이 된다. 대장균의 야생균주는 글루코오스, 암모니아 및 무기염류를 함유한 간단한 화학조성이 배양기에서 증가하나 미생물에 따라서는 이와 같은 간단한 배지에서는 증식하지 못하고 생육소의 첨가를 필요로 한다.

생육소로서는 가장 보편적인 것이 아미노산, 핵산염기, 비타민류이지만 일부의 미생물에서는 이들 화합물 외에 동물의 체액 또는 식물의 추출액 등이 존재하지 않으면 증식을 하지 않고, 더욱이 인공적인 배지에서는 이직 증식이 불가능한 미생물이 존재하는 것도 알려져 있다.

미생물의 배양에는 화학조성을 명확히 알 수 있는 배양기와 천연물을 함유한 복잡한 조성의 배양기의 양쪽이 모두 쓰인다. 생육소에는 아미노산 및 핵산염기와 같은 것이 각각 단백질 및 핵산과 같은 생체성분의 소재가 되는 것과 비타민류와 같이 보조효소의 소재가 되는 것이 포함되어 있다.

미생물 중에는 단순한 무기염과 CO_2만으로 균체를 합성하는 세균도 있다. 한편 당류, 아미노산류, 비타민류를 같이 주어야 증식하는 세균도 있다.

따라서 생육에 대한 영양요구에 따라 미생물을 크게 2군으로 나눌 수 있다. 전자와 같이 탄소원 및 질소원에 무기물만을 이용하여 생육할 수 있는 종류의 미생물을 독립영양세균이라 한다. 그리고 암모니아를 산화하는 질화세균, 황을 황산으로 산화하는 황세균, 또는 균체내에 엽록소와 같은 물질을 지니고 CO_2를 동화하는 에너지를 빛에서 구하는 광합성 세균 등은 모두 이것에 속한다. 탄소원 또는 질소원으로서 유기화합물을 요구하는 것을 종속영양세균이라 한다. 응용미생물은 대부분 종속 영양균이다.

2) 독립영양균과 종속영양균

(1) 독립영양균(autotrophic microbe)

유기화합물을 스스로 합성하여 이용하며 CO_2를 탄소원으로 이용한다. 무기화합물만으로 어두운 곳에서 호기적으로 증식하는데 *Nitrosomonas*와 *Nitrobacter*속이 여기에 속하며 이들은 지구상에서 질소 순환에 중요한 역할을 한다. 또 환원형 무기황화합물을 산화해서 에너지를 얻고 CO_2를 고정하는 황산화 세균으로 *Thiobacillus* 속 등이 있다.

(2) 종속영양균(heterotrphic microbe)

유기화합물은 외부로부터 공급받아 사용한다.

① 질소고정균

Azotobacter, *Rhizobium*(근류균, 根瘤菌), 발효성 탄수화물, 대기질소 이용

② Non-exacting균

탄소원은 유기물, 질소원은 무기화합물, 무기염류, 대장균 등의 세균과 곰팡이

표 3-2. 주요 영양물질 섭취 방법에 따른 미생물의 종류

미생물 구분	에너지, 수소/전자 및 탄소원	미생물 종류
광합성독립영양미생물	빛에너지 무기수소/전자공여체 CO_2	남조, 녹조 홍색황산세균 녹색황세균
광합성종속영양미생물	빛에너지 유기수소. 전자공여체 유기탄소(CO_2사용가능)	비황홍색세균 비녹색황세균
화학합성독립영양미생물	화학에너지(무기물) 무기수소/전자공여체 CO_2	황산화세균 수소발생세균 질화세균 철산화세균
화학합성종속영양미생물	화학에너지(유기물) 유기수소. 전자공여체 유기물 탄소원	곰팡이, 효소 대부분의 비광합성 세균(병원균 포함)

③ Exacting균

생육에 아미노산이나 생육인자를 요구, 젖산균 등 세균

3) 발육소(미량 인자, growth factor)

영양 물질 중에서 특히 다량으로 필요한 것은 탄소원과 질소원이다. 예를 들면 포도당은 많은 미생물에 있어서 효과적인 탄소원이며 암모니아는 적당한 질소원이다.

어떤 미생물은 포도당, 암모니아와 무기 염류를 가지는 간단한 배지에서도 증식하지만 또 어떤 미생물은 이와 같은 간단한 배지에서는 증식하지 못하고 특정한 발육소의 첨가를 필요로 하기도 한다. 발육소로서 가장 흔히 볼 수 있는 것은 아미노산, 핵산 염기, 비타민류인데 극히 일부의 어떤 미생물은 이들 화합물 이외에도 동물의 체액, 식물의 추출액 등의 존재 하에서만 증식하며 인공적 배지에서는 증식이 불가능한 것도 있다.

발육소의 요구성 즉, 영양 요구성은 미생물의 변이에 따라서 달라질 수도 있다. 이와 같은 영양 요구성을 역으로 이용한 것이 미생물학 정량법(microbial bioassay)이며 현재 널리 이용되고 있다.

4) 탄소원과 질소원

(1) 탄소원

미생물은 각각의 종류에 따라 영양형식이 다르고, 어떤 것은 식물과 같이 CO_2를 탄소원으로 하고 또 무기질소화합물을 질소원으로 하여 생육하는 것도 있다. 어떤 것은 동물처럼 포도당과 같은 유기탄소화합물을 탄소원으로 하고 아마노산을 질소원으로 비타민이나 핵산성분을 필요로 하는 것도 있다.

또한 탄소원은 세포 구성 및 에너지원으로 필요하고, 당류, 탄화수소, 무기탄소원 등이 이용되는데 세균은 0.1~2%, 효모나 곰팡이는 5% 정도로 충분하다. 발효를 위해서는 10~15% 또는 그 이상에서 배양한다.

화학합성종속영양미생물에 가장 널리 쓰이는 것은 포도당이지만 기타 유기산, 알코올도 탄소원으로 이용된다. 또한 이용되는 탄소원의 범위는 미생물에 따라 다르다. *pseudomonas aeruginosa*는 90종이나 되는 탄소화합물을 이용하나 *pseudomonas diminuza*는 8종 밖에 자화하지 않는다. 따라서 영양형식에 기인한 미생물의 분리를 위하여 배양기조건이 이용되고 있다.

(2) 질소원

미생물은 배양기 중의 질소화합물을 이용하여 자신의 단백질을 합성하고 생육한다. 그러나 이용되는 질소화합물은 미생물의 종류에 따라 다르고, *Aspergillus*나 *Pseudomonas* 등은 질산염이나 암모니아염을 이용하지만 *Lactobacillus* 등은 아미노산, 펩톤 같은 유기화합물이 아니면 이용할 수 없다. *Azotobacter*는 공기 중의 질소를 이용하는 특수한 세균이다.

5) 미생물 생육에 필요한 무기질

생물은 생육과 세포 성분, 조효소, 세포 내 삼투압조절 및 배지의 완충작용으로 중요하다. 대량원소로는 P, S, Mg, K, Na, Ca 등이 있으며, 미량원소는 Fe, Mn, Co, Zn, Mo, Cl 등이 있다.

(1) 필수 무기질

① 인산(P) : 당분 대사 및 호흡, ATP 성분

② 마그네슘(Mg) : 효소의 부활, cofactor

③ 황(S) : 체성분의 필수 성분

④ 칼륨(K) : 삼투압 조절

(2) 미량 무기질

Mn, Zn, Cu, Co, Na, Fe

3. 증식과 사멸

1) 증식과 사멸의 측정

(1) 생균수의 경시적 변화의 측정

① 건조중량 측정법
일반건조법(100~105℃)이 있으며, 곰팡이와 방사선균은 이 방법을 이용한다.

② 비탁법(분광광학법)
효모와 세균과 같이 현탁되는 것은 물에 현탁시켜 660nm에서 측정한다.

③ 현미경에 의한 균체계측법
haematometer(혈구계측기-효모) 또는 Petroff-Hausser 계측기(세균)를 이용한다.

④ 평판계측법
집락 형성에 의한 균수측정방법으로 한천배지를 이용, 평판배양을 한 다음 집락(colony)을 colony counter를 이용하여 측정한다.

(2) 균체의 크기 측정

① stage micrometer(대물 마이크로미터) : 한 눈금 크기가 10μ로 되어 있다.

② ocular micrometer(접안 마이크로미터) : 한 눈금 크기가 100μ로 되어 있다.

2) 미생물의 증식

미생물의 증식은 단세포 형태(효모, 세균)일 경우는 개수로, 다세포 형태(곰팡이)일 경우는 크기로써 다룬다. 미생물 증식에 영향을 미치는 요인으로는 다음과 같이 균자체의 요인과 환경적 요인으로 분류할 수 있다.

(1) 균자체의 요인

① 유전적 요인 : 세대 기단의 장단 등.

② 접종 시기
유도기에 균을 접종하면 같은 유형으로 증식
대수기의 균을 접종하면 유도기가 생기지 않고 바로 대수기로 증식
정상기의 초기균을 접종하면 유도기를 거치고 증식이 원할하다.
정상기의 말기균을 접종하면 유도기를 거치나 증식이 원활치 못하다.

(2) 환경적 요인

① 공기량

호기성균의 증식은 공기량에 비례하지만 공기량을 너무 많이 주게 되면 냉각 효과가 일어나 오히려 증식이 줄어들게 된다.

② 영양소

㉠ 탄소원
세포 구성 및 에너지원으로 필요하고, 당류, 탄화수소, 무기탄소원(CO_2, HCO_3^-) 등이 이용되는데 세균은 0.1~2%, 효모나 곰팡이는 5% 정도로 충분하다. 발효를 위해서는 10~15% 또는 그 이상에서 배양한다.

㉡ 질소원
균체 성분 합성 및 에너지원으로 필요하며 암모늄염, 질산염 등 무기질소원과 아미노산, peptide, 단백질 등 유기질소원이 이용되며 N으로 0.1~0.5% 정도가 필요하다.

㉢ 무기염류
세포 성분, 조효소, 세포 내 삼투압조절 및 배지의 완충작용으로 중요하다. 대

량원소로는 P, S, Mg, K, Na, Ca 등이 있으며, 미량원소는 Fe, Mn, Co, Zn, Mo, Cl 등이 있다.

㉣ 생육인자

균체 자신은 합성 능력이 없고 미량으로 요구되는 유기화합물을 말하며, 비타민, 핵산, 아미노산 등이 있다.

(3) 증식 곡선(growth curve)

세균을 액체 배양하며 배양 시간과 생균수와의 관계를 나타낸 curve로 대략 sigmoid curve를 나타낸다.(그림 3-6)

① 유도기(잠복기, Lag phase)

RNA의 증가, 체적 증가의 현상을 나타내는 시기로 정상기 세포보다 쉽게 사멸한다.

② 대수기(Logarithmic phase)

균체가 기하급수적으로 증가, 활동이 왕성, 세포크기 및 모양이 일정해지며, 사멸균수를 볼 수 없으며, 물리화학적으로 감수성이 가장 높아 효소가 생산되기 시작하는 시기이다.

③ 정상기(정지기, Stationary phase)

영양 물질의 고갈, 생산 노폐물의 축적, 배지의 pH 변화 등의 이유로 사멸 세포가 생겨서 세포수가 일정해지는 시기로 배양 기간중 최대의 세포가 유지되며 효소 생산도 최대가 된다.

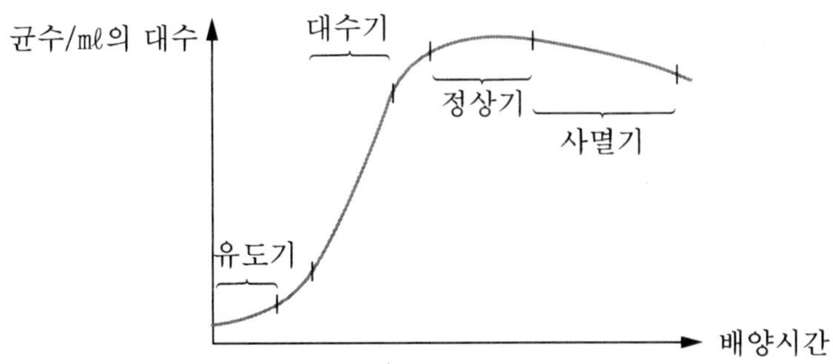

그림 3-6. 미생물의 증식 곡선

④ 사멸기(Death phase)

배양의 최종기이며 생균수가 감소하는 시기이다. 세포가 사멸하게 되는 이유는 복잡하며 균주와 배양 조건에 따라서 달라진다.

(4) 증식의 세대시간

한 개의 세포가 분열(효모는 출아)에 의해서 2개로 되는 시간을 세대시간(generation time)이라고 한다. 이 시간은 균주, 배지조성, 온도 등에 따라 달라진다. 세대시간은 대수기의 균에 대하여 일정시간의 최초와 최종의 생균수를 측정하면 다음과 같이 계산할 수 있다.

지금 1개의 균이 증식을 시작했다고 가정하면 세포수는 세대가 바뀔 때마다 2배가 되므로

제 1 세대 균수 $= 1 \times 2 = 2$

제 2 세대 균수 $= 1 \times 2 \times 2 = 4$

⋮

제 n 세대 균수 $= 1 \times 2n$ (n은 세대수)으로 된다.

많은 수의 균을 접종하였을 때는

균수 $b = a \times 2^n$ (a 는 접종 균수)

이것을 바꾸어 쓰면

$$\log b = \log a + n\log 2$$

세대수(n)는

$$n = \frac{\log b - \log a}{\log 2} = \frac{\log b - \log a}{0.301}$$

세대시간(g)은

$$g = \frac{t}{n} = \frac{0.301 \times t}{\log b - \log a} \quad (t\text{는 배양시간})$$

몇 가지 미생물의 세대시간을 30~40℃에서 보면 *E. coli* (대장균)은 22분, *Proteus vulgaris* (변형균)은 22분, *B. subtilis*(고초균)은 29분, 젖산균(*Streptococcus lactis*)은 25분이다.

4. 증식에 대한 환경인자의 영향

1) 온 도

(1) 고온 미생물(고온성 세균, 호열균, thermophiles)

- 45℃ 이상 50~60℃ – 세균의 일부(젖산균, 황천세균)

온천이나 숙성 중인 퇴비 등에 이들의 존재가 알려져 있는데, 60~70℃에서도 충분히 생존한다. 이러한 세균 중에는 고온이 아니면 거의 생육할 수 없고 저온에서는 거의 발육하지 못하는 것과, 비교적 저온에서도 발육할 수 있는 것이 있다. 이 고온성 생물의 원형질은 일반 생물의 그것과는 다른 특수성, 즉 내열성이 있는 몇 개의 효소를 함유하고 있다.

(2) 중온 미생물(호온균, mesophiles)

- 25~37℃ – 곰팡이, 효모, 세균의 대부분

(3) 저온 미생물(저온성 세균, 호냉균, psychrophiles)

- 10~12℃ – 발광세균, 수생세균

7℃ 이하에서 10일 이내에 육안으로 식별되는 콜로니를 형성하는 세균을 말한다. 바닷속, 토양 등에 널리 분포되어 있다. 주로 식육, 어패류, 우유 등의 저온보존식품에서 증식한다. 식품의 변질, 부패 등 직·간접적으로 오염을 일으킬 가능성이 있다. 슬러지 소화에 있어서 저온성 세균의 소화활동은 시간이 너무 걸려서 이용되지 않는다.

2) 수 분

배지의 수분이 40% 이상이라야 미생물이 생육하나 곰팡이인 경우 15%까지 생육이 가능한 것도 있다.

생육 가능한 수분활성도(Aw)는 0.999~0.62로 곰팡이 0.8, 효모 0.88~0.90 및 세균 0.90~0.94이다. Aw가 최적 수준 이하로 되면 유도기가 연장되거나 생육속도가 저하된다.

표 3-3. 부패미생물 생육 가능 최저 Aw

미 생 물 명	최저 Aw
세 균	0.91
효 모	0.88
곰 팡 이	0.80
효 염 세 균	0.75
내건성곰팡이	0.65
내 압 효 모	0.60

3) pH

① 곰팡이나 효모 : pH 5.0~6.0

② 세균 : pH 7.0~8.0

Acetobacter, Gluconic acid bacteria, Thiobacillus 등은 산성에서 생육한다. 세균은 pH 7.0에서 내열성이 가장 강하다.

병원성 세균은 pH 4.5가 한계수소이온농도이다.

4) 산 소

(1) 호기성균(aerobe)

곰팡이, 효모, 세균 중 식초산균, 고초균

호기성세균은 혐기성세균에 대응되는 용어로 산소성세균이라고도 한다. 호기성세균은 공기 중의 유리 산소를 이용하여 영양소를 산화·분해하고, 이 때 발생되는 에너지를 생활에 쓴다. 이와 같은 에너지 획득 과정을 산소호흡이라고 하는데, 이 과정에서 산소를 쓸 수 있는 것은 시토크롬계 효소를 가지고 있기 때문이다. 호흡에 쓰이는 영양소로는 탄수화물·지방·단백질이 있으며, 분해산물로 이산화탄소와 물이 생성된다. 단백질이 쓰일 경우에는 이 외에도 암모니아가 생성된다. 호기성세균은 산소를 요구하는 정도에 따라 다음의 3종류로 구분된다. 즉, 산소가 있어야만 생육과 번식이 가능한 편성호기성세균, 산소의 양이 공기 중의 산소량보다 적은 곳에서 잘 생육하는 미(微)호기성세균(microaerophile), 산소가 있는 곳 또는 없는 곳에서도 생육이 가능한 통성혐기성세균이 있다. 편성호기성세균에는 초산균·고초균·결핵균·아조토박터 등이 있고, 통성혐기성세균에는 포도상구균·대장균·티푸스균 등이 있다. 미호기성균은 고체한천배지 표면보다 약간 하층에서 생육하며 젖산균이나 *Campylobacter* (2~10%의 산소 요구)가 여기에 해당된다. 통성혐기성(facultative anaerobe)은 고체한천배지의 위층에서 생육. 대장균 등 대부분의 세균 및 효모의 일부분이 이에 해당된다.

(2) 혐기성균(anaerobe)

산소를 싫어하는 정도에 따라 통성 및 편성 혐기성세균(obligate anaerobe)으로 구분한다. 전자는 산소의 존재와는 상관없이 생활할 수 있는 세균으로 대부분의 세균이 이에 속한다. 후자는 산소가 없는 곳에서만 생활할 수 있는 세균으로 파상풍균·가스괴저균·클로로스트리듐(*Clostridium*속)균, butyric acid bacteria 등이 이에 속한다. 산소는 혐기성세균의 발육을 방해할 수 있는데, 그 정도는 세균이나 배양기의 종류에 따라 다르다. 산소가 발육을 저해하는 이유는 혐기성세균은 산화환원전위가 낮은 경우에만 대사를 영위할 수 있기 때문이다. 따라서, 인위적으로 산화환원전위를 낮추어주면 산소가 있는 곳에서도 발육할 수가 있다. 대개의 혐기성세균은 시토크롬을 가지고 있지 않으므로, 산소호흡을 하지 않는다. 편성혐기성균은 고체한천배지의 저부에서 생육한다.

어떤 세균은 호흡기질로서 탄수화물을 이용하지 않고, 아미노산을 분해하여 에너지를 얻는 것도 있다. 발육 초기에 특히 이산화탄소를 필요로 하는데, 약 10%의 이산화탄소를 함유하고 있는 환경에서 발육이 잘 된다. 그람양성의 간상균에서는 저항성이 강한 아포를 형성한다. 아포는 저항력이 강하여 3~4시간을 끓여도 견디는 것이

표 3-4. 배양세포의 산소 의존성

종 류	성 질	예
편성 혐기성균 (Obligate anaerobes)	산소를 절대로 이용하지 못하며, 성장에 해롭다	*Clostridium sp.*, 파상풍 *Methanobacterium sp.*
내성 혐기성균 (Aerotolerant anaerobe)	산소를 이용하지는 못하나, 증식에 해롭지는 않다.	*Streptococcus sp.*
통성 혐기성균 (Facultative)	산소를 일부 이용하지만, 산소 없이도 증식한다.	*E. coli*, 포도상구균, 티푸스 *Saccharomyces sp.*
미호기성균 (Microaerophile)	대기보다 낮은 농도(10%)가 적절하며, 고농도에서 증식하지 못한다.	*Spirillum volutans* 젖산균
편성 호기성균 (Obligate aerobe)	반드시 산소를 필요로 한다. 단, 고농도에서 유해한 것도 있다.	곰팡이, 동식물세포 초산균

있다. 혐기성세균은 생화학적으로 크게 당분해성과 단백질분해성으로 구분된다. 전자는 대량의 휘발성 유기물을 생성하고, 후자는 아미노산에 강하게 작용하여 지방산을 생성한다.

5) 식염(소금)

균이 정상적으로 생육하기 위해서는 세포 내외의 삼투압이 평형을 유지해야 한다. 2% 식염 농도에서 생육이 되는 균을 호염균(holophiles), 생육이 안되는 균을 비호

표 3-5. 미생물 생장에 필요한 비타민과 그 기능, 비타민을 이용하는 미생물의 종류

비타민	기 능	미생물의 예
비오틴	카르복실화 일원자탄소 대사	*Leuconostoc mesenteroides* (B) *Saccharomyces cerevisiae* (F) *Ochromonas malhamensis* (A) *Acanthamoeba* (P)
사아노코발아민	분자 재배열 일원자탄소 대사 - 메틸기 전달	*Lactobacillus* spp. (B) *Euglena gracilius* (A) 규조류 및 조류의 다수 (A) *Acanthamoeba castellanii* (P)
엽산	일원자탄소 대사	*Enterococcus faecalis* (B) *Tetrahymena pyriformis* (P)
리포산	이살기 전달	*Lactobacillus casei* (B) *Tetrahymena* spp (P)
판토텐산	조효소의 전구체 - 아실기 전달 (피루브산 산화, 지방산 대사)	*Proteus morganii* *Paramecium* spp.(P)
피리독신	아미노산 대사	*Lactobacillus casei* (B) *Tetrahymena* spp (P)
니아신	NAD와 NADP의 전구체-전자 또는 수소원자 전달	*Brucella abortus*, *Haemophilus influenzae* (B) *Blastocladia pringsheimii* (F) *Crithidia fasciculata* (F)
리보플라빈	FAD와 FMN의 전구체-전자 또는 수소원자 전달	*Caulobacter vibrioides* (B) *Dictyostelium* spp. (F) *Tetrahymena pyriformis* (P)
티아민	알데히드기 전달(피루브산 탈탄산반응, α-케토산 산화)	*Bacillus anthracis* (B) *Phycomyces blackesleeanus* (F) *Ochromonas malhamensis* (A) *Colpidium campylum* (P)

염균이라 하며, 호염균 중 2% 이상에서만 생육하는 균을 편성호염균, 2% 이하에서도 생육이 가능한 균을 통성호염균이라 한다.

내염성 미생물(salt tolerant)은 식염 농도 10~20%에서 생육하는 것으로 *Saccharomyces rouxii*, *Pedoicoccus sojae*, *Zygosaccharomyces major* 등이 있다.

비내염성 미생물은 삼투압, 원형질 분리 탈수작용, 산소의 용해도 감소, 효소활성 저해 및 염소이온의 살균작용으로 생육에 저해를 받는다.

6) 당농도

① 세균 : 0.5~2.0%

② 효모, 곰팡이 : 2~10%

7) 화학약제

화학약제 중에는 미생물의 생육에 영향을 미치는 것이 많다. 그 중에서 미생물을 사멸시키거나 생육을 억제하는 물질을 항미생물성 물질이라 한다. 이들 중에서 특히 병원균을 사멸시키는 물질을 소독제라 하고 식품의 부패나 발효를 억제하는 물질을 방부제, 질병의 치료에 쓰이는 것을 화학요법제라 한다.(표 3-6)

표 3-6. 항미생물성 물질

	약품의 종별	주요 약품명	비 고
소독제	무기약품	질산은, 과산화수소, 할로겐화합물	병원균을 사멸시키는 약제
	유기약품	모르말린, 석탄산, 알코올, 계면활성제	
방부제	유기약품	소르브산칼륨, 안식향산칼륨, 프로피온산나트륨	부패, 발육을 억제하는 약제
	생물생산물	라이소자임*, 달팽이효소**	
화학요법제	유기약품	설파제 등	인체 등에 독성이 적고 병원균에 작 작용하는 약제
	생물생산물	항생물질	

* 세균의 세포벽을 녹이는 효소

** 진균류의 세포벽을 녹이는 효소(처음에 달팽이의 소화관에서 발견)

표 3-7. 환경과 미생물의 상관관계

환경조건	정 의	미 생 물
용질 및 수분활성도		
내삼투성	넓은 범위의 수분활성도 또는 삼투농도에서 생장가능	*Staphylococcus aureus, Saccharomyces rouxii*
호염성	염화나트륨 농도가 보통 0.2M 이상 되는 환경에서 생장	*Halobacterium, Dunaliella*
pH		
호산성	pH0 ~ pH5.5	*Sulfolobus, Picrophilus, Chlamydomonas nivalis*
호중성	pH5.5 ~ pH8.0	*Escherichia, Euglena, Paramecium*
호염기성	pH8.5 ~ pH11.5	*Bacillus alcalophilus, Natronobacterium*
온 도		
저온성	0℃에서도 생장하며 최적온도가 15℃ 이하	*Bacillus psychrophiles, Chlamydomonas nivalis*
내저온성	0~7℃에서 생장가능, 최적온도 20 ~ 30℃, 최고온도 35℃	*Listeria monocytogenes, Pseudomanas fluorescens*
중온성	최적온도 20 ~ 45℃	*Escherichia coli, Neisseria gonorrhoeae*
고온성	55℃ 이상에서 생장가능, 최적온도 55 ~ 65℃	*Thermus aquaticus, Cyanidium caldarium*
초고온성	최적온도 80 ~113℃	*Sulfolobus, Pyrococcus, Pyrodictium*
산소농도		
절대 호기성	산소 존재 하에서만 생존가능	*Micrococcus luteus, Pseudomonas, Mycobacterium*
조건부 혐기성	반드시 필요하지는 않으나 산소가 존재할 때 생장이 촉진됨	*Escherichia, Enterococcus, Saccharomyces cerevisiae*
내기성 혐기성	산소 농도와 관계없이 생장	*Streptococcus pyogenes*
절대 혐기성	산소 독성을 견디지 못하여 산소가 존재하면 사멸	*Clostridium, Bacteroides, Methanobacterium*
미호기성	생장에 필요한 산소 분압이 2~10%이며 대기 중에서는 손상을 입음	*Spirillum, Campylobacter*
압 력		
호압성	수압 높은 곳에서 더 빨리 생장	*Photobacterium profundum, Shewanella benthica*

5. 미생물의 효소

1) 효소의 개념

(1) 개 념

효소란, 생물체, 즉 미생물 및 동식물 체내 생활세포에서 생산되는 유기촉매로서 단순 단백질 및 단백질과 다른 물질이 결합된 복합단백질로 되어 있다. 효소는 화학반응의 평형에 관계없이 반응속도를 빠르게 하는 촉매 역할을 하며 열에 취약하므로 저온에서 작용한다. 그러나 건조 상태에서는 고온에서도 견딘다.

효소 반응은 상온·상압 하에서 진행되며 온도, pH, 작용물질의 농도에 따라 달라지며 균체에서 분리되어도 제 기능을 잃지는 않는다. 효소는 물 또는 묽은 산이나 알카리에 용해되며 단백질 응고제에 의하여 침전된다.

(2) 특 성

① 기질 특이성

지방, 단백질, 전분이 혼합된 용약에 산을 가하고 가열하면 전부가 분해를 일으키지만 전분당화효소를 넣으면 상온에서 전분만이 작용을 하게 된다. 이와 같이 반응에 관계하는 물질을 기질이라 하는데, 효소가 기질에 비해 극히 미량 있는데도 반응을 단시간애 진행된다. 이렇게 아밀라아제라는 특징의 효소는 전분이라는 특징의 기질에만 작용을 하는데 이 반응을 효소의 기질특이성이라 한다. 이 특성은 열쇠와 자물쇠의 관계로 설명된다.

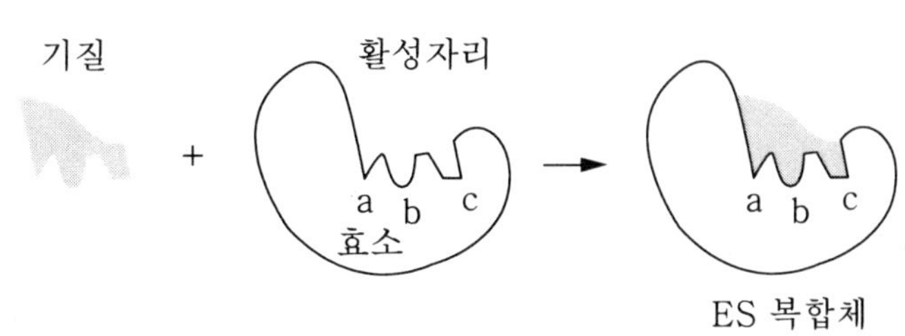

그림 3-5. 효소의 기질 특이성

② 보효소(co-enzyme)

효소가 반응을 촉매할 때 기질과 효소 단백질 이외에 없어서는 안 되는 다른 물질이 필요할 때가 있다. 이것을 효소 작용을 보존한다는 뜻에서 보효소라고 한다. 그러나 효소작용이 필요한 무기이온과 같은 물질은 부활제라고 한다. 주된 보효소에는 다음과 같다.

㉠ ATP, ADP는 인산기의 이동에 관여할 뿐만 아니라 특히 ATP는 고-에너지화합물로서 에너지원으로 이용된다.

㉡ NAD, NADP는 수소원자의 이동에 관여하는 소소이탈효소의 보효소이다. 생체내에서의 산화는 대부분 소소이탈효소에 의하며 산하반응에 의해서 생성된 $NADH_2$는 다시 산화되어 NAD가 된다.

$$AH_2 + B + NAD \xrightarrow{\text{dehydrogenase}} A + NADH_2 + B \longrightarrow A + BH_2 + NAD$$

NAD와 NADP는 같은 작용을 하나 효소의 종류에 따라 관여하는 보효소가 다르다.

㉢ FAD, FMN는 산화효소의 보결분자족이며 효소단백질과 결합하여 flavoprotein이라고 불려진다.

㉣ PALP는 아미노기 전달 반응을 촉매 하는 transaminase 등이 보효소이다.

㉤ TPP는 pyruvic acid로부터 CO_2를 이탈하여 acetaldehyde를 만드는 carboxylase의 보효소이며 비타민 B_1의 인산화합물이다.

㉥ Co A는 acetyl 1기의 이동이나 기타의 생합성에 관여하는 효소의 효소이며 pantothenic acid를 함유한다.

2) 효소 분류

(1) 미생물 효소의 생성과 구성

Enzyme는 생물에 의해서 생산되는 유기촉매이며, 생물체의 생명유지에 매우 중요한 역할을 담당하며 미생물의 생육조건을 조절하여 효모를 대량 생산하여 이를 이용할 수 있다. 이런 효소는 단백질과 여러 가지 보결분자족(prosthetic group)이 결합한 분자량이 큰 물질이다. 보결분자족과 단백질의 결합이 약해서 투석 등에 의해 용이하게 분리될 때 이 보결분자족의 보효소(coenzyme), 단백질부분을 apoenzyme이라고 하며 양자가 결합한 상태를 holoenzyme이라고 한다. 보결분자족과 단백질의 결합이 단단하여 용이하게 분리되지 않을 때에는 이 보결분자족을 활성기(active group)라고 한다.

holoenzyme = apoenzyme + coenzyme
복합효소 단백질 비단백질

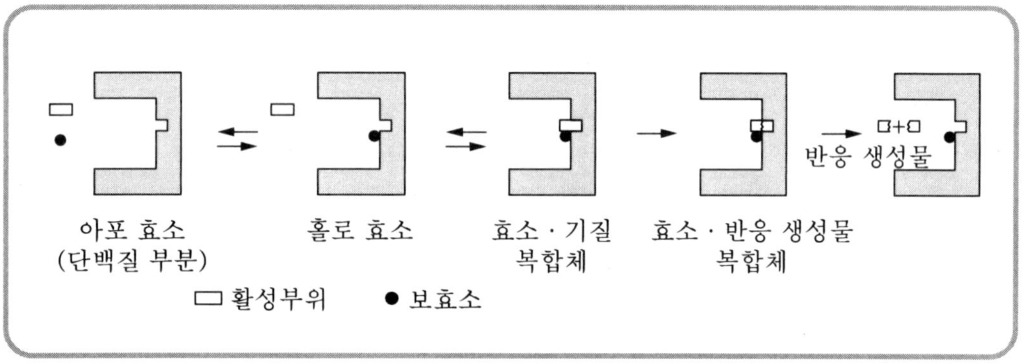

그림 3-6. 효소의 구성과 효소 반응의 모식도

미생물의 경우 균체내에 존재하는 효소를 균체내 효소(intercellular enzyme), 균체 밖으로 분비된 효소를 균체외 효소(extracelluar enzyme)라고 한다. 또 어떤 특징물질을 첨가하였을 때만 생성하는 효소, 이를테면 아민끌 청가한 배지에서 · 챙성하는 아민산화효소를 적응효소(adaptive enzyme) 또는 유도효소(induced enzyme)라고 하며, 외적 조건의 영향을 받지 않고 생성되는 효소를 구성효소(constitutive enzyme)라고 한다. 또 같은 반응을 촉매하거나 여러 가지성질이 다른 효소를 isoenzyme이라 부른다.

여러 동식물이나 미생물의 생활현상과 물질대사는 연속되는 효소반응에 의한 것이다. 최근에는 효소의 분리, 정제, 결정방법에 대한 많은 연구가 이루어져서 여러 가지 효소가 결정사태로 얻어지고 있다.

(2) 효소 명명법과 분류

① 효소 명명법

효소를 구별하는 성질은 촉매하는 화학반응에 따라 구별되어 지며. 반응식에 따라

효소를 분류하고 명명되게 된다. 효소명은 '기질명'과 '반응형식 ase'의 두 가지로 부분으로 되어 있어서 어떤 화합물이 화학변화를 작용하는가를 알 수 있다.

효소 명명에 있어서 긴 계통명이 필요하나 긴 계통명은 불편하므로 짧은 상용명을 사용하고 있다. 그러므로 상용명, 효소번호, 반응 등이 기재되어 있으므로 참조하는 것이 좋다.

② 효소 분류법

국제 생화학연합 효소위원회(EC)에서는 효소가 촉매하는 화학반응의 형식에 따라서 다음과 같이 6군으로 분류한다.

㉠ EC 1 : 산화환원반응을 촉매하는 효소(oxidoreductase)
㉡ EC 2 : 작용기의 전이를 촉매하는 효소(transferase)
㉢ EC 3 : 가수분해반응을 촉매하는 효소(hydrolase)
㉣ EC 4 : 이탈반응과 부가반응을 촉매하는 효소(lyase)
㉤ EC 5 : 이성화반응을 촉매하는 효소(isomerase)
㉥ EC 6 : ATP 등의 가수분해와 공역하여 2개의 저분자를 결합시키는 합성반응을 촉매하는 효소(ligase)

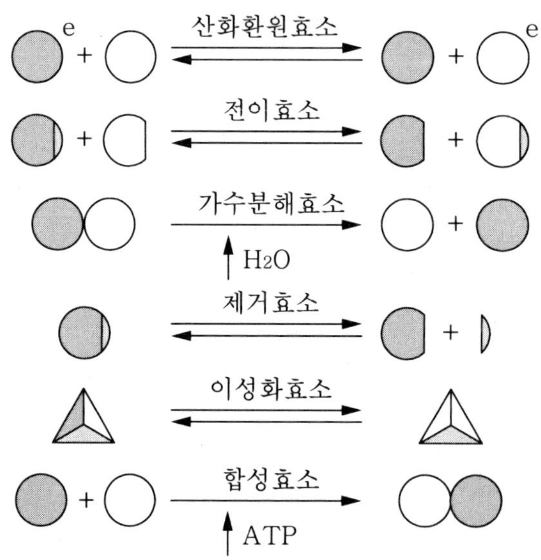

그림 3-9. 효소의 분류

EC 위원회는 효소의 분류와 번호를 매기는 것을 함께 해결하도록 고안하였는데 예를 들어 EC 3.2.1.1과 같이 한다.

첫 번째 수는 그 효소가 효소분류를 크게 6개로 나눌 때 어디에 속하는지 알려주며, 두 번째 수는 그 다음의 분류를 나타낸다. oxidoreductase에서는 산화되는 공여체의 종류를 알려 주며, transferase에서는 전이하는 기의 종류를 나타낸다. hydrolase에서는 가수분해되는 결합의 종류를 알려주며, lyase는 떨어지는 기와 남는 부분의 중간이 결합의 모양을 알려 준다. isomerase에서는 이성화반응의 종류를 알려 주며, ligase에서는 생성되는 결합의 종류를 알려 준다. 세 번째 수는 다음의 분류를 알려주는데 oxidoreductase의 경우는 각 공여체에 관여하는 수용체의 종류를 가르키며 transferase에서는 전이하는 기의 종류를 더욱 자세히 세분화해준다. hydrolase일 때는 가수분해되는 결합을 종류를 세분화하며, lyase는 떨어지는 기의 종류를 알려주며, isomerase이성화의 종류를 세분화 한다. ligase에서는 생기는 물질의 종류를 알려준다. 마지막으로 네 번째의 수는 제3분류 안에서의 일련번호이다.

(3) 효소작용의 특징

효소는 단백질로 되어 있으므로 단백질의 성질을 나타낸다.

① 열에 대해서 극히 불안정하며 가열하면 응고하여 활성을 잃어버리게 된다. 그러므로 저온(0~5℃)에서 취급하는 것이 보통이다.

② 강한 산 또는 알칼리에 의해서 변성하여 활성을 잃으며, 단백침전제에 의해서 침전한다.

③ 수용액 중에 대량의 유기용매(ex, 아세톤) 또는 무기염(ex, 황산암모늄)의 첨가에 의해서 침전된다. 이때 변성하여 활성을 잃어버릴 때가 있으므로 주의하여야 한다.

3) 효소 반응 속도

효소의 활성은 효소농도, 기질농도, 기질이 효소작용을 받는 난이성(難易性), cofactor의 농도, allosteric effect, 저해물질의 존재와 그의 농도나 형, 이온강도, pH, 온도, 반응개시후의 시간에 지배된다. 이 barometer가 각각 어떻게 효소활성에 영향을 주는가를 아는 것이 효소반응이론이다.

(1) Michaelis–Menten의 이론

1913년 Michaelis, L. 및 Menten, M. L.은 효소반응속도에 관한 주요한 이론을 발표하였다. 이 이론에 의하면 기질이 효소에 의해 생성물로 변화 되는 데는 우선 효소와 기질 사이에 효소-기질복합체 e-s complex을 생성하고 이것이 반응생성물과 유리의 효소로 해리 되며 그 효소는 다시 미반응의 기질에 결합하여 같은 반응계를 반복하게 된다는 이론이다.

즉,

$$E + S \underset{k_2}{\overset{k_1}{\rightleftarrows}} ES \overset{k_3}{\longrightarrow} E + P \qquad (1)$$

k_1 : ES-complex를 생성하는 반응속노정수

k_2 : ES-complex가 해리하는 반응속도정수

k_3 : ES-complex가 분해하여 생성물 P가 생기는 반응속도 정수

반응의 평형상태에는 ES의 분해속도와 생성속도가 같으므로

$$k_1 = [E][S] = (k_2 + k_3)[ES] \qquad (2)$$

따라서

$$\frac{[E][S]}{[ES]} = \frac{k_2 + k_3}{k_1} = Km \qquad (3)$$

또는

$$[ES] = \frac{[E][S]}{Km + [S]} \qquad (4)$$

(3)식에서 Km을 일반식으로 Michaelis 정수라고 한다. (1)식에서 $E-S$ Complex의 생성속도가 분해속도에 비해서 현저히 클 때는 반응속도(V)는 $V = k_3[ES]$로 주어지며, S가 포화농도에 있는 반응의 최대속도(V_{max})는 전효소량에 비례한다.

즉 $V_{max} = k_3[E]$로 된다.

일반적으로 어느 $[S]$에 있는 속도 V와 $[S] \rightarrow \infty$(포화상태)에 있어서의 최대속도 V_{max}와의 관계는 다음 식으로 나타낸다.

$$\frac{V}{V_{max}} = \frac{[E][S]}{[E]} \tag{5}$$

(4)와 (5)식에 의해

$$V = \frac{V_{max}[S]}{Km = [S]} \quad \text{or} \quad Km = [S](\frac{V_{max}}{V} - 1) \tag{6}$$

(6)식을 Michaelis-Menten식이라고 하며 그림 3-10과 같이 나타낸다.

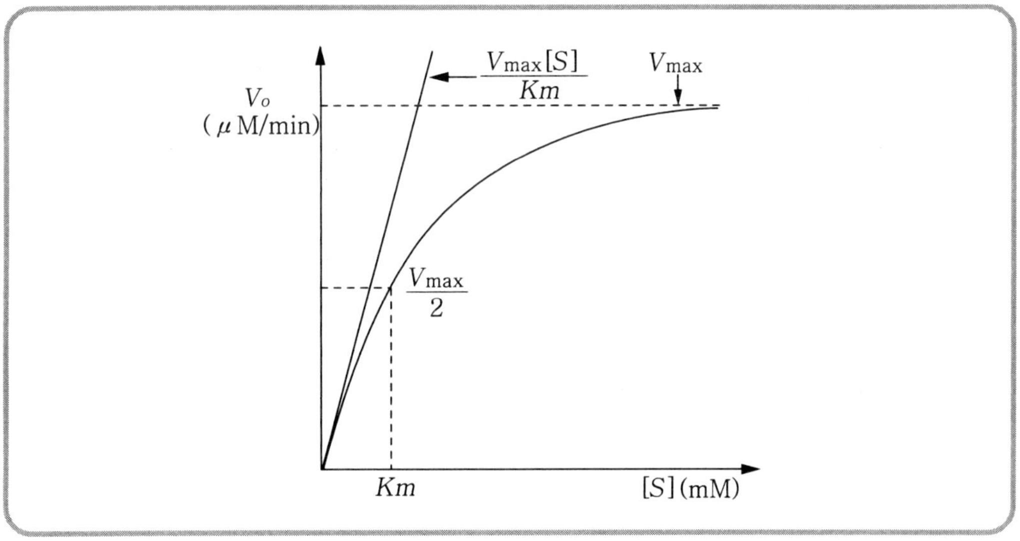

그림 3-10. 기질농도([S])에 대한 초기속도(V_0)의 변화

Lineweaver와 Burk은 이 Michaelis-Menten식을 변형하여 (7)식을 얻었으며, 이것이 훨씬 정확하고 용이하다고 주장하였다. 식은 다음과 같다.

$$\frac{1}{V_0} = \frac{Km}{V_{max}} \frac{1}{[S]} + \frac{1}{V_{max}} \tag{7}$$

기질농도를 여러 가지로 하여 반응속도를 구하고 그 역수를 polt하면 그림 3-9로 그래프를 그릴 수 있다. 그림 3-9에 나타난 바와 같이 Km 및 V_{max}의 수치는 얻어진 직선을 연장하여 교차하는 점에서 구한다. 실제로 생화학 실험에서 Km을 결정하는 경우에 이 작도법에 의하여 결정하는 것이 일반적이다.

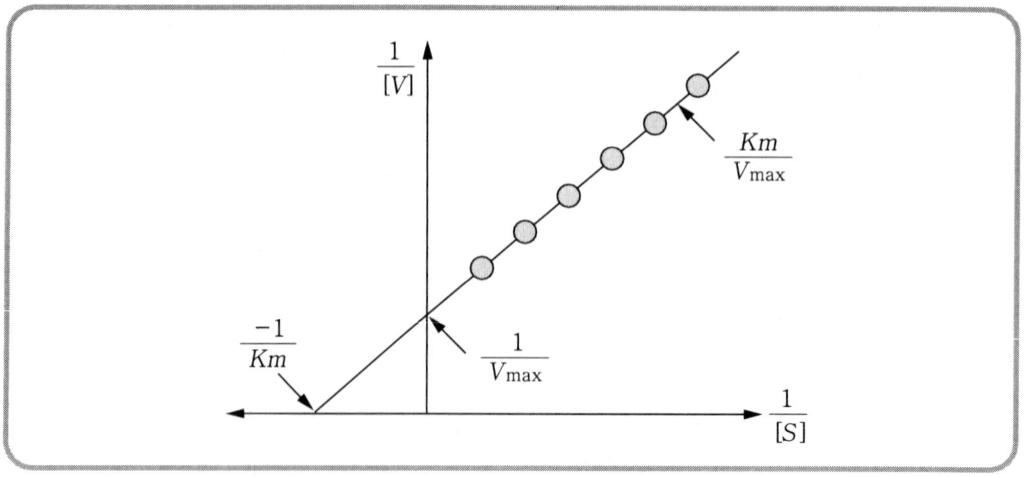

그림 3-9. 효소반응과 이중 역수

(2) 저해제(Inhibitor)

효소의 어느 특정부위에 결합하여 반응속도를 저하시키는 물질을 저해제라고 한다. 보통 저해제를 분류하면 다음과 같다.

저해제(I) ┬ 불가역제해제($E+I=EI$)
└ 가역적저해($E+I \rightleftarrows EI$) ┬ 길항저해제
├ 비길항제해제
└ 불길항저해제

이 경우 효소 E, 기질 S, 저해제 I의 사이에는 다음의 제반응이 일어난다.

$$E+S \rightleftarrows ES(Ks) \rightarrow\rightarrow E+P(k) \quad (1)$$

$$E+I \rightleftarrows EI(k_1) \quad (2)$$

$$ES+I \rightleftarrows ESI(k_1{}') \quad (3)$$

$$EI+S \rightleftarrows ESI(K_S{}') \quad (4)$$

여기서 Ks, K_1, $K_I{}'$, $K_S{}'$은 각 복합체의 해리정수, k는 일차반응 속도정수이다.

① 길항저해(Competitive inhibition)

효소에는 기질과의 결합부위가 있다. 그 부위에 S와 I가 경쟁을 하여 결합할 경우 ESI복합체는 생성하지 않는 반응, 즉 (2)와 같이 저해제 I가 유리의 효소와 만이 결합이 이루어진다. 이것은 저해제의 특성으로서 기질과 결합한 효소 ES에는 결합할 수 없다는 것을 의미한다. 이 현상에서 길항저해라고 불려지게 됐다.

식(2), (4)에서 $K_I = \infty$, $K_s' = \infty$에 상당하는 반응속도는 식(5)와 같이 나타내진다.

$$v \frac{V_{\max}}{1 + \frac{Km}{[S]}\left(1 + \frac{[I]}{K_I}\right)} \tag{5}$$

단, $[I]$: 해제의 농도, K_I: $\frac{[E][I]}{[EI]} = EI$복합체의 해리정수, 또 Lineweaver-burk식에 의해 나타내면 다음 관계가 성립한다.

$$\frac{1}{v}\left(\frac{Km}{V_{\max}}(1 + \frac{[I]}{K_I})\right) \cdot \frac{1}{[S]} \cdot \frac{1}{V_{\max}} \tag{6}$$

저해제의 농도를 일정하게 하고 기질농도를 바꾸어 반응속도를 측정하면 그림과 같이 나타내어지므로 각각의 정수가 측정될 수 있다. 일반적으로 기질농도를 대단히 크게 하면 효소저해는 소실하여 버린다. 또 저해제는 저해제가 존재할 때의 반응속도 V_i와 저해제가 존재하지 않을 때의 반응속도 V_0로부터 $\left(1 - \frac{V_i}{V_0} \times 100\%\right)$로 나타내진다.

② 비길항저해제

이 경우에는 저해제와 효소의 결합은 기질의 존재와 무관계하다. 즉 (1)~(4)에서 $K_s = K_s'$, $K_I = K_I'$로 될 경우이다.

복합체 ESI에는 효소작용이 없다. 비길항적 저해의 경우에도 Lineweaver-Burk 식을 도입하면

$$\frac{1}{V} = \left(1 + \frac{[I]}{K_I}\right)\left(\frac{1}{V_{\max}} + \frac{Km}{V_{\max}[S]}\right) \tag{7}$$

여기서

$$K_I = \frac{[E][S]}{[EI]} - \frac{[ES][I]}{[ESI]}$$

다음 Lineweaver-Burk법에 따라 어느 저해제농도에 대한 $\frac{1}{V_i}$을 $\frac{1}{(S)}$에 대해 그림을 그리면 그림 3-10과 같이 되고 정수의 수치(修治)가 구해진다.

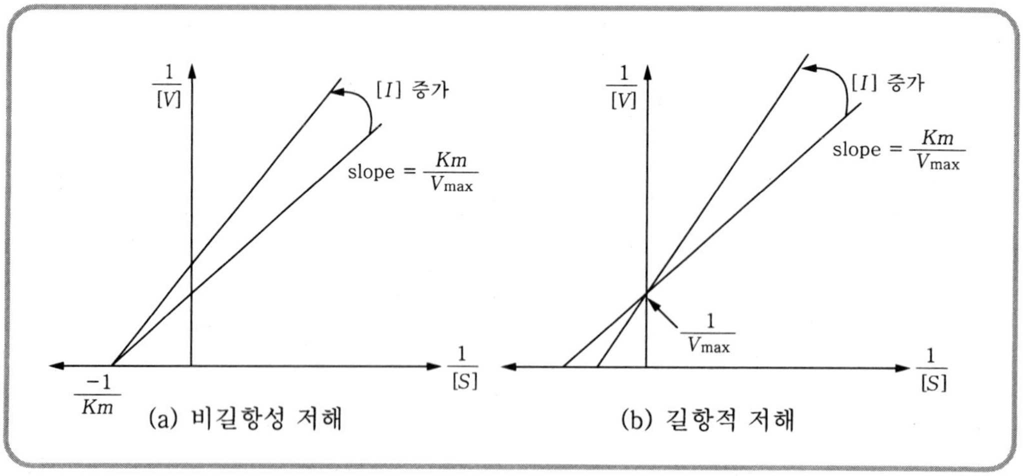

그림 3-10. 비길항성 저해와 길항성 저해

표 3-8. 가역적 저해형식과 Km 및 V의 변동

	길항성	비갈항성	반길항성
Km	증 가	불 변	감 소
V	불 변	감 소	감 소
Km/V	증 가	증 가	불 변

4) 효소 각론

(1) 탄수화물 분해효소

① Amylase

㉠ α-아밀라제

사람의 타액과 맥아중에 존재하며 미생물에서는 세균(주로 *bacillus subtilis*),

곰팡이(주로 국균속)에 널리 존재하며, 아밀로스와 아밀로펙틴의 $\alpha-1\cdot4$결합을 무작위적인 방법으로 가수분해하지만 아밀로펙틴의 $\alpha-1\cdot6$결합을 분해하지는 못한다.

㉡ β–아밀라제

전분의 $\alpha-1\cdot4$결합을 비환원성 말단으로부터 규칙적으로 맥아당 단위를 절단하며, 가수분해하며 아밀로스는 맥아당 단위로 완벽하게 분해하나 $\alpha-1\cdot6$결합이 있는 아밀로펙틴 포도당부위에서 효소의 활성은 중단된다.

㉢ glucoamylase

이 효소는 진균 사슬의 말단에서 $\alpha-1\cdot4$, $\alpha-1\cdot6$결합의 양자를 분해하므로 전분은 대부분이 포도당이 된다.

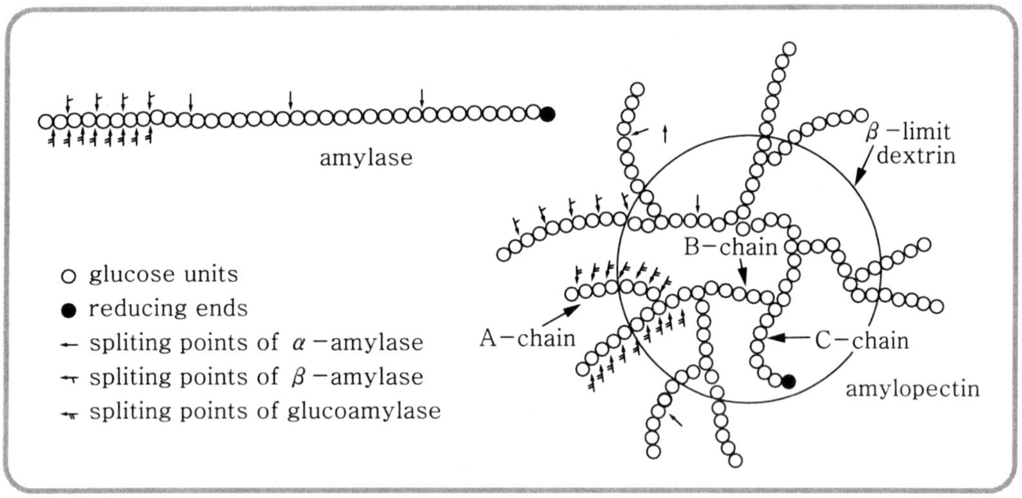

그림 3-13. 아밀로스, 아밀로펙틴에 대한 각종 아밀라아제의 작용

② Lactase

락타제는 젖당을 가수 분해해서 포도당과 galactose로 분해해주는 균체 내효소이다. 중성 락타제는 *Saccharomyces lactis*에서 생산되며 산성 락타제는 *Aspergillus niger*로부터 생산하여 사용한다.

③ Invertase or Sucrase

설탕에 작용하여 포도당과 과당으로 가수분해 하는 작용을 잦는 효소이며, 작용 온도에는 50℃이며, 65℃에 작용력 실활한다. 전화당 효소에는 두 가지 분류가 있으며 α-D-glucoside glucohydrolase는 산소 배당체 고리의 포도당 쪽으로부터 설탕분자를 분해하며, β-D-fructofuranoside fructohydrolase로 과당 말단으로부터 분자를 절단하여 포도당과 과당을 생산한다.

④ Celluase

셀룰라제는 섬유소를 구성하는 포도당 사이의 β-4·4결합을 가수분해는 효소군의 총칭이며 섬유소를 분해하기 위해서는 다수의 효소가 관여한다. β-glucose의 복합체인 cellulose를 분해하는데 관여하며 종류로는 불용성 셀룰로오스를 가용성 셀룰로오스로 가수분해하는 1·4-D-glucan cellobiohydrolase, 가용성 셀룰로오스를 cellibiose로 분해하는 1·4-β-glucan 4-glucanohydrolase 및 cellibiose를 포도당으로 분해하는 β-glucosidase로 구성되어 있다.

(2) 단백질 분해효소

① Pectic enzymes

단백질 분해효소 단백질을 분해하는 효소류의 총칭이며 다양한 단백질 특이성을 가진다. 국균의 단백분해 효소는 산성, 중성 및 알카리 프로테아제의 3종을 생성하나 이의 비율은 배양할 때의 pH에 따라 영향을 받는다. 작용에 있어서는 펩신, 트립신 같은 작용과 펩티다제의 작용도 한다.

(3) 핵산분해효소

① Nuclease

핵산분해효소에는 RNA만을 분해하는 ribonuclease(EC 3.1.4.8), RNA와 DNA의 양쪽을 분해하는 phosphodiesterase(EC 3.1.4.1), nuclease(EC 3.1.4.7) DNA만을 분해하는 deoxyribonuclease(EC 3.1.4.5)의 4종류이다. 핵산분해효소의 반응생성물에는 3nucleotide와 5nucleotide가 있고, 어느 것을 생성하는가는 그 효소의 응용상 중요한 요점으로 되어 있다.

(4) 지질분해효소

① Lipase

Lipase(EC 3.1.1.3)는 췌장, 간장 등의 동물 장기 또는 피마자, 많은 미생물중에 존재하는 것이 알려졌다. 리파제는 고급지방산과 3가 alcohol으로 된 triglyceride의

ester 결합을 분해 또는 합성에 관여하는 효소에 붙여진 명칭이며 주로 지방산의 glyceride를 가수분해 또는 합성작용을 하는 효소이다.

(5) 기타 가순분해효소

① Penicillinase(EC 3.5.2.6)

Penicillinase는 penicillin의 β-lactam ring의 amid결합을 가수분해하여 penicillin의 항균성을 잃게 하는 효소로 Camembert cheese, Gruyère cheese 등의 제조 때에 유방염치료에 사용된 penicillin이 우유 중에 존재하게 된다. 이로 말미암아 유산균 starter의 생육이 저해되어 정상발효를 할 수 없으므로 penicillin를 파괴해야 한다. 이 경우에 Penicillinase로 처리하면 그 목적을 달성할 수 있다.

(6) 산화환원효소

① Glucose oxidase

Glucose oxidase(EC 1.1.3.4)는 glucomutarotase 및 catalase의 존재 하에 glucose에서 gluconic acid를 생성하는 효소이며 산화·환원 반응들을 촉진시키며 식품에 많이 사용되지는 않으나 포도당 산화효소, 카탈라제 및 라폭시케나제 등이 주로 이용된다.

(7) 이성화효소

① Isomerase

Isomerase는 기질 분자의 분해, 전위 및 산화 환원 반응 없이 이성체를 가진 화합물이 한 쪽의 이성체에서 다른 이성체로 전환시키는 반응을 촉매 한다. 이 효소는 포도당을 과당으로 가역적으로 이성화되는 것을 촉진한다.

(8) 고정화효소

① Immobilized enzymes

Immobilized enzymes는 물리적 또는 화학적으로 효소가 불용성 지지체에 결합되도록 조제된 효소를 가리킨다. 이용되는 반응조는 연속혼합탱크, 포장상 반응조, 액상 반응조 등이 있다. 고정화 효소에는 L-amino acylase, 포도당 이성화 효소, 락타제, glucoamylase, 단백질 분해효소 등이다.

(8) 제한 효소

DNA의 특정한 염기배열을 식별하고 2중사슬을 절단하는 엔도뉴클레아제(핵산 분해효소의 하나).

유전공학에서 재조합 DNA를 만들기 위해서 사용하는 특수한 효소로 알려져 있는데, 여기서 말하는 제한이란, 이질(異質)의 숙주(宿主) 중에서 증식한 DNA의 침입을 받았을 때 그 DNA와 자기의 DNA를 식별하고 분해해 버리는 현상을 말하며, 그런 작용을 하는 효소를 제한효소라고 한다. 이에 반하여 제한효소가 인식하는 염기배열 중의 특정한 염기를 메틸화하여 제한을 받지 않는 상태로 DNA를 일시적으로 변화시키는 현상을 수식(修飾)이라고 하고, 이런 작용을 하는 효소를 수식효소라고 한다.

이런 현상은 1960년대 초기부터 연구되어 스위스의 미생물학자 W.아르버에 의해 박테리오파지와 대장균의 계에서 해명되었고 1970년 초기에는 미국의 미생물학자 H.O.스미스와 네이선스 등에 의해 부위특이성 제한효소의 발견 및 연구, DNA의 구조해석 등이 이루어져 유전공학의 기초가 마련되었다. 이 업적으로 1978년 노벨 생리학 · 의학상이 각각 동시에 수여되었다.

제한효소는 그 특성(절단양식이나 활성발현인자 등)에 의해 Ⅰ, Ⅱ, Ⅲ형의 3군으로 대별된다. Ⅰ형 효소는 활성발현에 APT, *S*-아데노실메티오닌 및 마그네슘이온(Mg^{2+})을 필요로 하고, DNA 속의 인식염기배열로부터 떨어진 부위를 절단하는데 그 위치는 일정하지 않다. Ⅱ형 효소는 유전공학에서 널리 사용되는 것으로 활성발현에 마그네슘이온을 필요로 하여 DNA분자의 특정한 염기배열을 인식하고 그 부위 또는 인식염기배열로부터 일정 염기 떨어진 인접부위를 정확하게 절단한다.

또 이 효소의 인식염기배열은 3~6개의 2회전 대칭구조를 취하고 있는 경우가 많다. Ⅲ형 효소는 활성발현에 APT와 마그네슘이온을 필요로 하고, DNA 속의 인식염기배열로부터 수십 염기 떨어진 부위를 절단한다. 제한효소는 이미 200여 종 이상 발견되었고, 생산균주 고유의 특이성을 나타내기 때문에 생산균의 속명의 머리글자 1문자, 종명의 머리글자 2문자 및 주명을 붙여 써서 표시한다. 같은 균주가 2종 이상의 제한효소를 생산하는 경우에는 순차적으로 로마숫자를 첨가하는 명명법이 널리 사용되고 있다. 예를 들면 대장균 *Escherichia coli*의 B주에서 발견된 제한효소는 *Eco* B라고 표기하며, 이것은 Ⅰ형 효소이다. 같은 대장균 RY13의 경우는 *Eco* RⅠ이고, 또 R245의 경우는 *Eco* RⅡ가 되며, 모두 Ⅱ형 효소이다.

그 외에 세포내 효소, 세포외 효소, 유도 효소(적응 효소), 구성 효소 등이 있다.

5) 효소작용에 영향을 미치는 요인

(1) 효소 작용 온도

온도가 높으면 효소 반응 속도는 증가된다. 고온에서는 효소 자체가 변성하여 활성을 잃게 되며, 저온에서는 작용이 장시간 지속되어 다량의 기질이 변성된다. 효소 작용의 온도에는 최대 반응을 일으키는 최적온도가 있다. 효소의 최적온도는 효소의 농도, pH, 반응시간 등에 의하여 크게 영향을 받는다. 그림 3-14는 그 관계를 보여주고 있다.

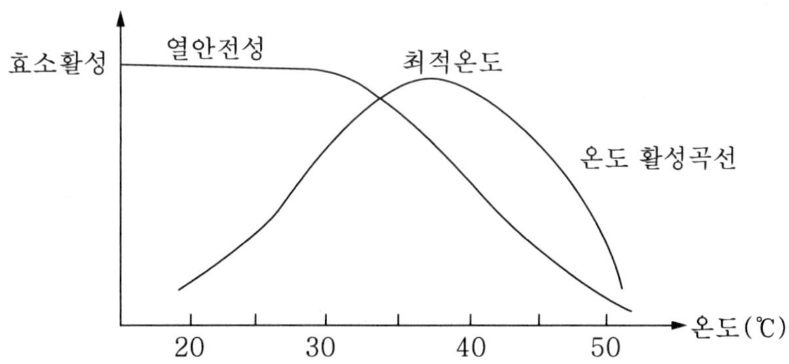

그림 3-14. 효소활성에 미치는 온도의 영향

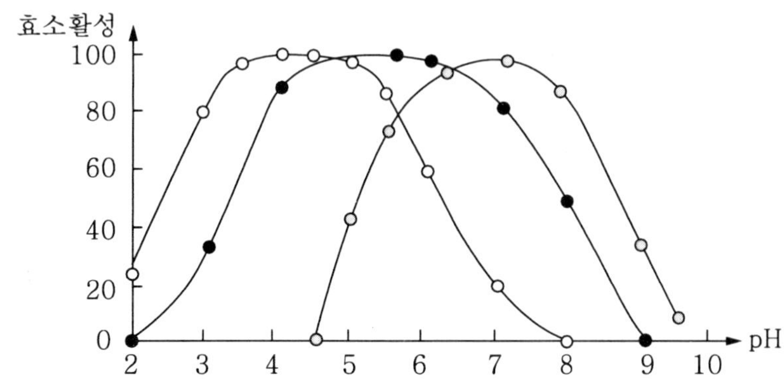

그림 3-15. 효소활성에 미치는 pH의 영향

(2) pH의 영향

효소의 작용 pH는 한정되어 있다. 최대의 활성을 나타내는 pH를 최적pH라 한다. 용액의 pH의 변화에 따라 효소단백질 자신과 기질의 전리상태 등이 영향을 받게 된다.

(3) 기질 및 효소의 농도

① 기질 농도

일정한 효소량에 대해 기질농도를 증가시키면 초기에는 반응이 속히 진행되지만 어느 한도 이상이 되면 기질농도와 비례 관계가 성립하지 않는다. 효소 (E)와 기질 (S)의 반응은 다음과 같이 간략하게 나타낼 수 있다.

$$E + S \leftrightarrow ES \rightarrow E + P$$

효소반응이 일어나려면 우선적으로 효소와 기질이 복합체 (ES)를 형성해야 하고 반응속도는 ES의 양과 관계가 있으므로 효소의 농도는 기질의 농도와 마찬가지로 반응속도에 영향을 미친다.

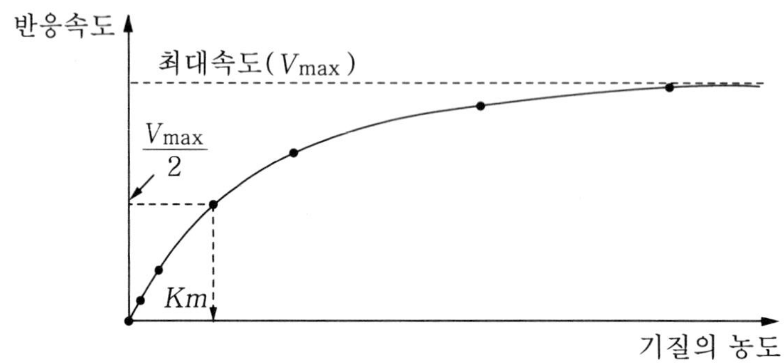

그림 3-16. 효소반응속도에 미치는 기질의 농도

(4) 부활제(Activor)와 보호물질

효소 반응액에 어떤 물질을 첨가하면 반응이 촉진되는데 이 물질을 부활제라고 한다. 일반적으로 금속 이온(예, Ca^{2+}, Mg^{2+}, Mn^{2+})이 그러하며, 어떤 물질은 첨가하여도 부활은 되지 않으나 효소의 변성과 실활을 방지시키는데 이 물질을 보호물질(예, amylase에 대한 Ca^{2+})이라고 한다.

6. 미생물의 대사

1) 생물의 호흡

일반적으로 생물이 물질을 산화 또는 분해하여 생활활동에 필요한 에너지를 획득하는 작용을 호흡이라 하는데, 산화반응에 의하는 것을 산소호흡이라 하며, 산소의 소비를 수반하지 않은 것을 무산소호흡이라고 한다. 보통 생물에서는 산소호흡이 행해지며, 산화반응에 필요한 산소를 공기 중에서 얻고, 체내에서는 그 산소에 의해 탄소 화합물이 산화되므로, 최종적으로는 이산화탄소가 생긴다. 이리하여 에너지를 발생하기 위한 산화반응은 온몸의 조직, 즉 모든 세포에서 행해진다. 이것을 조직호흡·세포호흡이라 한다.

또 생화학적으로 보면, 호흡(세포호흡)은 생물에 있어서의 유기화합물의 산소적 분해를 의미한다. 그 유기화합물로는 탄수화물·지질·단백질이 있는데, 실제로는 그 가수분해 산물인 글루코오스·지방산·아미노산이 중요하다. 1mol의 글루코오스가 완전히 산화되어 이산화탄소와 물로 분해될 때에는 686kcal의 열이 발생한다. 생물은 이 에너지를 열로서 뿐만 아니라, 화학적 에너지로 포착하여 이용한다. 아데노신삼인산(ATP)은 그 중 가장 중요한 것으로, ATP의 가수분해와 더불어 에너지를 요구하는 일, 즉 생체성분의 생합성 반응을 비롯하여 운동이나 생물발광이 행해진다. 따라서 호흡의 생화학적 의의는 유기화합물의 분자상산소에 의한 완전산화와 그것에 의한 ATP 형성에 있다.

대부분의 생물에서 호흡은 세포 내에 있는 미토콘드리아에서 이루어진다. 조직의 세포가 직접 외계와 접해 있지 않은 생물은 산소나 유기화합물을 세포까지 운반하는 메커니즘, 예를 들면 호흡기관이나 순환계가 존재한다. 미토콘드리아는 길이 몇 μm의 오이 모양의 입자로 두께 약 60nm인 2중막 구조를 가지며, 내막은 내부에 돌출되어 주름을 형성하고 있다. 미토콘드리아의 수는 생물종이나 조직에 따라 현저하게 다른데, 동물의 간세포에는 약 800개나 있다. 미토콘드리아는 지질과 단백질, 그리고 부피의 반을 차지하는 물로 되어 있다. 지질은 그 90% 이상이 인지질이며, 또 단백질의 80%는 물에 녹지 않으며, 인지질과 결합하여 미토콘드리아의 막을 형성하고 있다.

미토콘드리아에는 호흡에 필요한 모든 성분, 즉 TCA(삼카르복시산)회로의 여러 효소와 전자전달계의 플라빈단백질·시토크롬·보조효소가 함유된다. 유기화합물은 미토콘드리아 내의 산소적 분해과정에서 여러 가지 산을 생성하는데, 이들 산의 역할은 현재 거의 완전히 해명되었다. A.센트 죄르지는 세포호흡이 숙신산 등 C4-디카르복시산으로 촉진되는 것을 밝혔고, 또한 H.A.크렙스는 다음과 같은 사실에 입각하여 시트르산회로설을 제창하였다.

① 소량의 시트르산이 호흡작용을 촉진하고, ② 시트르산·이소시트르산·시스아코니트산·α-옥소글루타르산의 어느 것이나 빨리 산화되며, ③ 시트르산이 조직, 특히 신장에서 피루브산과 옥살로아세트산으로부터 생성되며, ④ 말론산에 의하여 숙신산수소이탈효소의 활성을 억제하면 앞에서 말한 유기산에 의한 호흡의 촉진도 볼 수 없게 된다는 사실이다. 이들 사실을 포함하여 시트르산회로설에 대하여 많은 연구자들이 더 발전시켰으며, 크렙스회로, 또는 TCA회로라고도 불리게 되었다. 이것은 유기화합물 완전산화의 가장 중요한 과정으로 동물뿐만 아니라 생물계 일반에서 널리 행해지고 있다는 것이 밝혀졌다.

TCA회로에 의한 유기화합물의 산화는 다름 아닌 유기화합물로부터 수소 또는 전자를 빼앗는 반응인데, 미토콘드리아에는 그 전자를 분자상 산소에까지 운반하는 계, 즉 전자전달계가 존재한다. 이것은 호흡연쇄라고도 한다. 이 주성분은 시토크롬(cytochrome)으로, 기질 → 수소이탈효소 → 시토크롬 b → 시토크롬 c1 → 시토크롬C → 시토크롬a → 시토크롬a3 → 산소의 순으로 전자가 전달되는 것이 확인되었다. 전자전달계의 기질은 TCA회로의 수소이탈반응에 의하여 만들어지는 환원형 니코틴아미드디뉴클레오티드(nicotineamidenucleotide, NAD)나 니코틴아미드아데닌디뉴클레오티드인산(NADP) 또는 TCA회로의 구성성분인 숙신산이다.

이들은 리보플라빈(비타민 B_2)의 유도체인 플라빈모노뉴클레오티드나 플라빈아데닌디뉴클레오티드를 보결분자단(補缺分子團)으로 하는 플라빈단백질에 전자를 전달하고 자신은 산화되어 다시 TCA회로에 되돌아온다. 플라빈단백질은 획득한 전자를 유비퀴논을 중개로 하여 시토크롬계에 전달한다. 전자는 마지막에는 산소에 주어져 수산 이온을 생성하고, 전자전달계로부터 방출되는 양성자와 결합하여 물이 된다. 이 전자전달계에 의한 물의 형성은 호흡의 가장 중요한 에너지 획득반응이다. 환원형 NAD를 기질로 하였을 때, 1분자의 산소흡수에 따라 6분자의 ATP가 ADP(아데노신이인산)와 무기인산으로부터 만들어진다. 또 숙신산을 기질로 하였을 때는 4분자의 ATP가 마찬가지로 만들어진다.

이러한 전자전달에 따르는 ATP의 형성반응을 산화적 인산화 또는 호흡연쇄 인산화라고 한다. 호흡연쇄의 어디에서 인산화가 일어나는가는 전자전달계의 저해제인 로테논이나 아미탈·안티마이신 A를 사용하여 추정하고 있다. 호흡연쇄 인산화의 메커니즘에 대해서는 고에너지 중간체를 중개로 한 화학적인 반응의 연속에 의한 것이

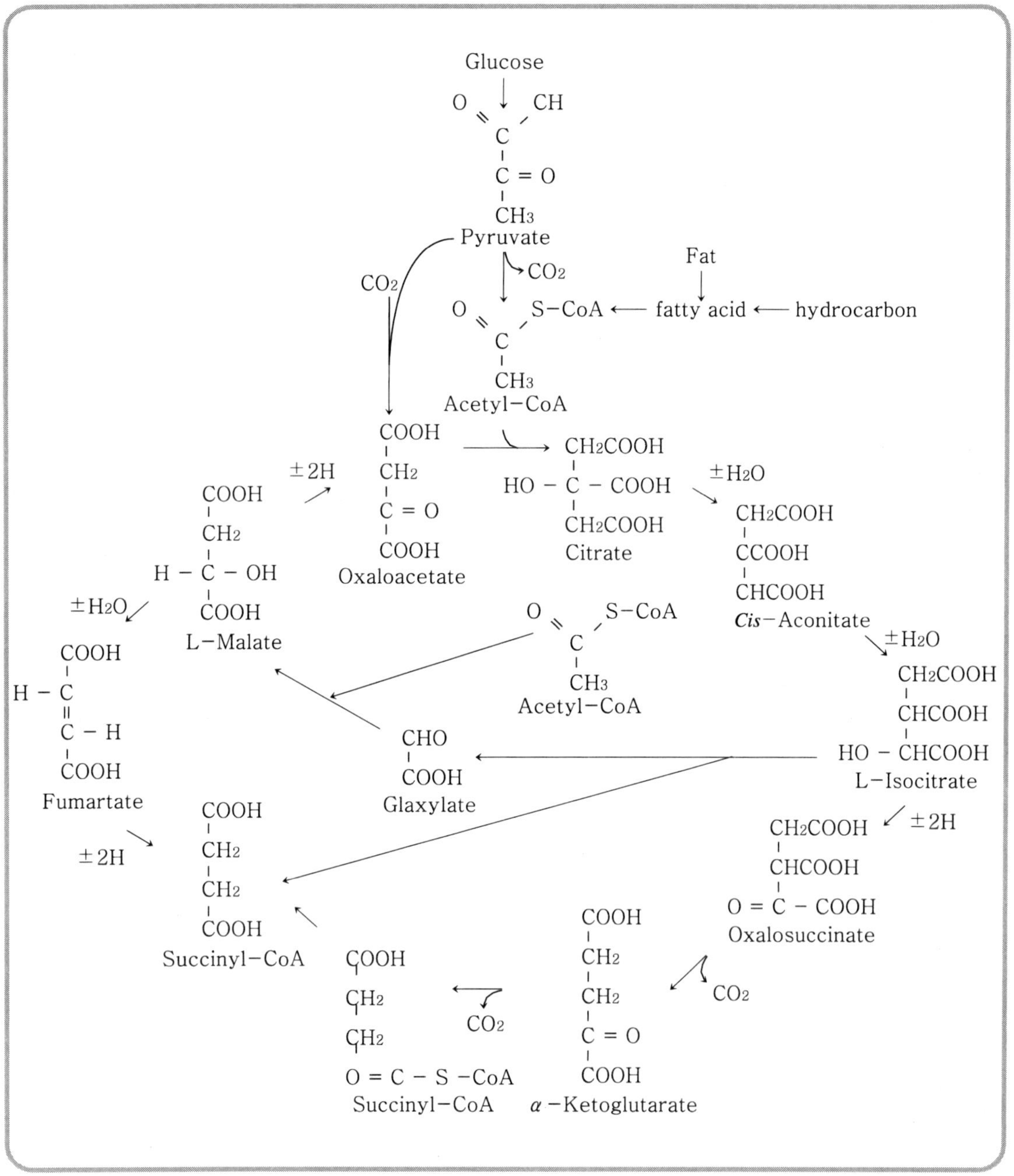

그림 3-17. TCA 회로와 glyoxylate 회로

라고 주장하는 리프만의 가설과, 전자전달에 따르는 양성자 또는 수산이온에 편재해 있는 데 따르는 물리적 고에너지 상태라고 주장하는 미첼의 가설이 있는데, 결정적인 것은 아직 밝혀지지 않고 있다. 전자전달계는 고도로 조절되어 있어서 ATP가 소

비되어 ADP가 늘어나면, 산소흡수가 증가함과 더불어 ATP를 만들기 시작하며, ADP가 적어지면 설령 기질이 있어도 그 작용은 완만해져서 드디어는 거의 정지되어 버린다.

호흡계의 ATP 생산 효율은 매우 높으며, 1분자의 글루코오스의 완전산화에 의하여 38분자의 ATP가 만들어진다. 그러나 글루코오스의 무산소분해에서는 2분자의 ATP밖에 만들어지지 않는다. 따라서 호흡은 가장 진화된 에너지 획득형식이라고 할 수 있다. 실제로 대기 중의 산소는 광합성 생물에서 기원된 것이며, 그 이전에 존재하고 있던 원시적 생물은 능률이 나쁜 유기화합물의 무산소분해만으로 생활에 필요한 에너지를 획득하였음에 틀림없다.

2) 발효(醱酵, fermentation)

넓은 뜻으로는 미생물이 자신의 효소로 유기물을 분해 또는 변화시켜 각기 특유한 최종산물을 만들어내는 현상, 좁은 뜻으로는 탄수화물이 무산소적으로 분해되는 복잡한 반응계열로 이루어지는 과정이다. 발효는 유사 이전부터 알려져 있는 현상으로서, 인류에 의해서 과실주·맥주·빵·치즈 등의 제조에 경험적으로 또한 전통적으로 이용되어 왔다.

파스퇴르는 1857년에 우유의 락트산 발효 및 당의 알코올 발효를 치밀한 실험에 의해서 조사하여, 자연발생설을 부정함과 동시에 발효를 '산소 없는 미생물의 생활'이라고 단정하기에 이르렀다. 그러나 그가 죽은 후 1897년 E.부흐너가 살아 있는 세포 없이, 즉 효모추출법에 의해서 sucrose가 발효하는 것을 발견하여 발효가 효소에 의한 촉매반응임을 실증하였다. 그 후 1900년대 초에 A.하든이나 영을 비롯한 많은 효소화학자에 의하여 효모즙의 발효에 관여하는 효소와 조효소 잇따라 발견되고 분리되면서 발효의 전모가 밝혀졌다.

(1) 메커니즘

발효는 호흡과 더불어 생물이 에너지를 얻는 대사반응의 대표적인 형식인데, 산소적 및 무산소적 호흡이 산소 또는 다른 무기물을 산화제로 사용하는 것과는 달리, 발효는 무산소적 조건하에서 유기화합물 자신이 산화되는 기질과 산화제를 겸하는 것이 특징이다.

엄밀한 무산소성 생물은 극히 일부의 세균(예를 들면, 가스 괴저균 등)에 한정되고, 대부분의 미생물은 임의 무산소성이어서 산소적 조건하에서는 에너지 효율이 뛰어난 산소에 의한 완전산화(호흡)를 영위하지만, 산소가 없는 환경에 놓이면 유기물(특히 당)의 발효적 분해를 일으켜 생명을 유지하려고 한다. 당의 발효활성과 산소 부분압력과의 관계는 파스퇴르의 효모를 사용한 연구에 의해서 발견되어 파스퇴르효과라고 한다. 즉, 산소의 존재에 의하여 조직세포의 해당작용이 약화되는 현상을 말하며, 외계의 조건에 적응하는 생체의 조절기능의 하나로 생각되고 있다.

(2) 종 류

전형적인 당 발효는 그 주요 반응경로가 해당작용에서의 엠덴-마이어호프(EMP)계 경로와 같다. 간단히 설명하면 ① 먼저 당이 인산화되어 프룩토오스이인산을 생성하고, ② 이것이 분열하여 2분자의 글리세르알데히드인산으로, 다시 산화·인산화되어 글리세르산인산이 되며, ③ 이것을 ADP→ATP계와 공액(共)한 형태로 탈인산되어 피루브산이 된다. ④ 피루브산은 각 생물의 특유한 발효에 최종생성물이 되는데, 1분자의 헥소오스(육탄당)가 2분자의 피루브산이 되는 전 과정을 통해서 ATP 2분자가 소비되어 4분자가 형성된다.

헥소오스 발효에는 이 밖에 포스포글루콘산을 거치는 비해당형(非解糖型) 경로에 의하는 것도 있으나, 이것 역시 피루브산에 도달한다. 여하튼 미생물에 의한 발효형식은 피루브산에서 앞의 종말 반응생성물이 되는 분해에 의하여 여러 가지로 분류된다. 대표적인 것으로는 효모에 의한 알코올 발효, 젖산균에 의한 젖산 발효, 장내(腸內) 세균에 의한 포름산 발효, 클로스트리듐속 세균에 의한 부티르산-부탄올-아세톤 발효, 프로피온산균에 의한 프로피온산 발효, 메탄 세균에 의한 메탄 발효, 또한 수소 발효와 글리세르 발효 등을 들 수 있다.

멕시코의 용설란술을 만드는 세균 *Zymomonas lindueri*는 세균에 의해 순수알코올 발효를 하는 유일한 종류이다. 이 밖에 엄밀한 뜻에서의 발효는 아니나, 분자상 산소가 관여하는 발효적 불완전분해로서 산화 발효가 있는데, 이것도 역시 축적되는 생성물의 이름을 앞에 붙여 부르며, 아세트산·글루콘산·코지산·이타콘산·시트르산·푸마르산·옥살산 등의 발효가 있다. 또, 당류가 환원적 아미노화 작용을 받아 아미노산을 생성하는 아미노산 발효가 *Micrococcus glutamicus*에 의해 알려져 있고, 또 아미노산 자신도 탈아미노를 수반하여 발효되는 경우가 있다.

(3) 이 용

발효는 여러 가지 생리현상 중에서 그 대사양식·기서(機序)가 가장 깊이 밝혀진 것 중 하나이며, 복잡한 여러 반응경로의 상관성, ATP계와의 공액과 에너지 생산, 효소활성의 유도·조절, 나아가서 개개 효소의 정제와 그 작용메커니즘의 효소화학적 해석이 진전되고 있다. 보조인자로는 티아민피로인산·NAD(조효소 I)·ATP 외에 마그네슘·칼슘·칼륨 등의 이온이나 무기인산 등이 관여하고 있는 것이 알려져 있다.

생물 진화의 입장에서 보면 원시생물은 산소가 없는 조건하에서 무산소적 발효에 의해서 에너지를 얻었다고 생각된다. 그 후 진화과정에서 지상에 산소가 출현하는 것과 함께 산소를 이용하는 갖가지 산소적 에너지 획득 형식으로 이행하였을 것이다.

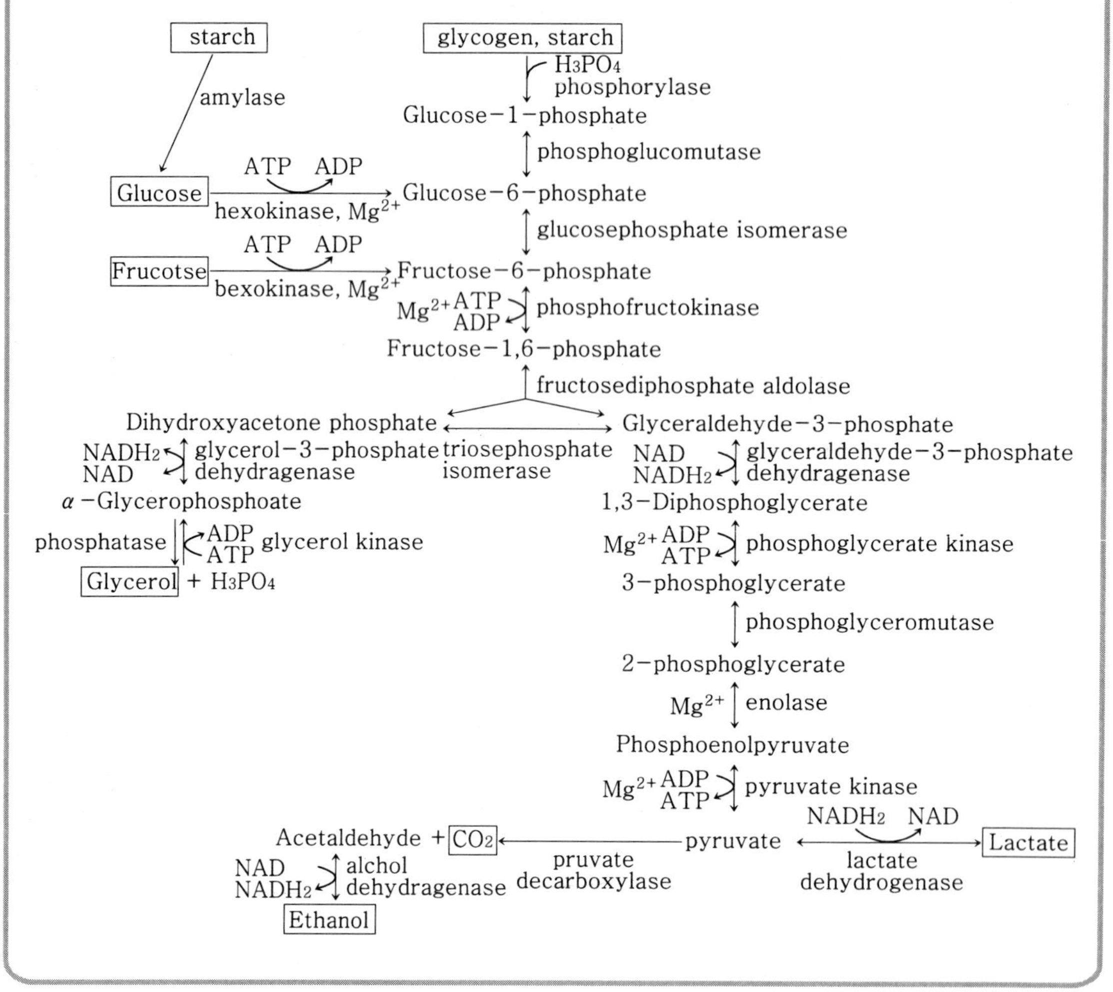

그림 3-18. EMP 경로와 glycerol, 젖산 및 알코올 발효 기작

그러나 오늘날의 어떠한 산소적 생물도 에너지 생성의 제1단계로서 먼저 유기물의 무산소적 분해과정(해당 또는 발효)을 거쳐야 한다는 것은 흥미있는 일이다. 발효는 미생물 이용공업, 발효공업으로서 널리 인류에게 활용되고 있다.

공업약품·의약품으로서의 에탄올·부탄올·아세톤·시트르산·이타곤산 외에 글루탐산이나 리신 등 아미노산의 제조, 발효양조 식품으로서 갖가지 알코올성 음료, 조미료, 유제품, 빵의 제조(이 경우는 발효에 의해서 생기는 이산화탄소를 이용한다) 등이 있다. 알코올성 음료의 경우는 에탄올이 생길 때 생성하는 미량의 갖가지 알코올성 물질(푸젤油)이 각 음료에 특유한 냄새와 맛을 제공한다. 맥주의 고미(苦味) 성분은 티로졸이라는 일종의 알코올이며, 티로신의 발효 생성물이다.

발효는 식품이 부패하는 원인이기도 하나, 한편 락트산처럼 다른 미생물에 의한 오염 ·부패를 방지하는 뜻에서 피클스나 사일로 안의 목초의 보존에 락트산균이 이용된다. 이 밖에 엄밀히 따지면 발효라고 할 수는 없으나 편의상 미생물 발효공업에 포함시키고 있는 것에 페니실린·스트렙토마이신 등 항생물질을 비롯하여 비타민 B_2 ·C 또는 코티존의 조제 등을 들 수 있다.

3) 알코올 발효(alcohol fermentation)

미생물(효모 ·세균 등)이 혐기적으로 당류를 에탄올(에틸알코올)로 변화시키는 일이며 주정발효라고도 한다. 즉, 미생물에 의한 탄수화물의 무효소적 분해의 일종으로, 당 또는 다당류에서 최종적으로 에탄올과 이산화탄소를 생성한다. 그 반응식은 다음과 같다.

$$C_6H_{12}O_6 \rightarrow 2CH_3CH_2OH + 2CO_2$$

이러한 작용을 갖는 미생물로서 가장 잘 알려져 있는 것은 효모이며, 글루코오스(포도당)·프룩토오스(과당)·만노오스·말토오스(맥아당)·수크로오스(설탕)를 발효시킬 수 있다. 알코올발효는 미생물(특히 곰팡이)이나 고등식물에서 볼 수 있으나, 대부분의 동물조직에서는 알코올발효는 일어나지 않고, 탄수화물은 무효소적으로 분해되어 젖산을 생성한다.

(1) 연구 역사

알코올발효는 알코올성 음료나 빵을 생산하기 위해 예전부터 인류가 이용해 온 자연현상인데, 그 원인은 간단히 알 수 없었으며, 19세기에 들어서서도 맥주를 만들

때 쌓이는 맥주 재강(효모)을 단순한 화학물질에 지나지 않는다고 생각하고 있었다. 그러나 1857~58년 파스퇴르에 의해서 발효가 미생물에 의해서 일어난다는 것이 발견되고, 이어서 1897년 부흐너 형제가 세포를 함유하지 않는 효모추출액에 의해서 발효가 일어나는 것을 발견하여, 발효의 원인이 되는 물질, 즉 효소를 지마아제라고 명명하였다.

그 후 A.하르덴과 W.J.영은 효모즙에 의한 알코올발효가 계속되기 위해서는 무기인산이 필요하며, 당의 인산에스테르가 생성하는 일 및 효모를 짠 즙의 한외여과액(限外濾過液) 속에 조효소가 존재하는 것을 발견하였다. 또한, C.노이베르그 등에 의해 발효과정의 연구가 진척되어, 알코올발효와 근육의 추출액에 의한 글리코겐의 해당이 매우 흡사한 경로를 거친다는 것이 밝혀졌다. 발효 및 해당과정의 해명에는 노이베르그, 마이어호프, G.엠덴, G.K.파르나스, 바르부르크 등많은 연구자의 노력이 경주되었으며, 그 분해경로는 이들의 이름을 따서 '엠덴-마이어호프-파르나스(EMP)의 경로'라 불린다.

(2) 과 정

탄수화물이 ATP에 의해 인산화되어 육탄당이 인산이 되고, 이것에서 2분자의 삼탄당인산이 생긴다. 다시 이것이 산화되는 과정에서 2분자의 ATP를 만들어 피루브산이 된다. 피루브산은 탈탄산되어 알데히드가 되고, 다시 환원되어 최종적으로 알코올을 생성한다. 발효과정의 에너지 수지(收支)를 보면 4분자의 ATP가 만들어지는데, 처음 탄수화물의 인산화에 2분자의 ATP가 사용되므로 결국 발효된 글루코오스 1분자당 2분자의 새로운 ATP를 얻는 것이다. 생물은 이 획득한 에너지로 자신을 유지하고 성장하며, 증식하는 데 필요한 물질을 합성하는 것이다. 그리고 세균류 중에는 알코올발효 이외의 형식으로 당을 발효시키는 것도 있는데, 젖산발효·아세트산발효 등 여러 가지 발효형식이 알려져 있다.

4) 질소의 대사

질소는 아미노산, 단백질, 핵산이나 기타 질소 화합물의 중요한 구성 성분이다. 공기 중에는 많은 분자상 질소가 존재하지만 그대로는 생물에 이용될 수 없고 질산염(NO_3)의 형태가 되어야 비로소 이용될 수 있다. 분자상 질소를 생물이 이용할 수 있는 NO_3의 형태로 만들어 주는 일을 질소 고정(nitrogen fixation)이라 하는데, 동식물에는 그 능력이 없고 일부 미생물의 작용으로서만 이루어진다. 이런 미생물에는 두과(豆

科) 식물에 공생하는 근류균(根瘤菌 : *Rhizobium*)이나 식물에는 공생하지 않는 남조, 광합성 세균, 메탄 세균, 황산 환원균 등의 독립 영양균과 호기성 세균(*Azotobacter*)이나 혐기성 세균(*Clotridium*) 등의 종속 영양균이 포함된다.

한편 많은 고등식물이나 사상균, 세균 등 대부분의 미생물은 이 질산염(NO_3)을 아질산(NO_2)이나 암모늄염(NH_3)으로 환원해서 단백질합성에 이용하게 된다. 동물의 배설물이나 동식물 사체는 미생물에 의해서 분해되고 질소 부분은 NH_3로 방출된다. 미생물은 NH_3를 이용할 수 있으나 식물은 이용할 수 없으며, NO_3의 형태로 바뀌면 비로소 이용할 수 있다. 이 작용도 미생물이 맡아 하게 되는데 이것을 질화 작용(nitrification)이라 한다.

토양중에는 질화 세균(mitrifying bacteria)인 *Nitrosomonas*와 *Nitrobacter*가 많이 있는데 이들의 공동 작용에 의해서 질화가 일어난다.

$$2NH_3 + 3O_2 \rightarrow 2NHO_2 + 2H_2O\,(\textit{Nitrosomonas})$$
$$2HNO_2 + O_2 \rightarrow 2NHO_3\,(\textit{Nitrobacter})$$

이와 같이 해서 공기 중의 질소는 고정과 질화 작용이 이루어지고 또 식물에 이용된다. 한편 이 반응과는 반대로 질산염을 N_2O나 N_2로 해주는 일군의 탈질소 세균(denitrfying bacteria)도 있어서 고정되었던 진소가 다시 공기중으로 되돌아가 자연계의 질소의밸런스가 유지되고 있다(그림 3-19).

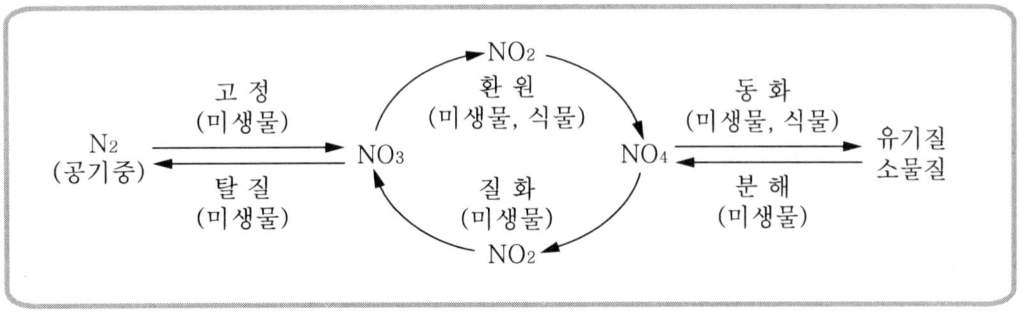

그림 3-19. 자연계에 있어서 질소 회로

고정된 질소는 식물이나 미생물이 흡수해서 유기 질소로 만드는데 이것은 동물체의 유기질소로 되기도 한다. 또 이 유기 질소는 이들의 죽음 후에 미생물에 의해 다시 분해되어 여러 가지 과정을 거치게 되는데 일부는 *Paracoccus dentrificans*(舊 *Micorcoccus dentrificans*) 등의 탈진균에 의해서 N가스로 환원(탈진작용)되기도 한다. 즉, 토양 중의 질소 순환은 각종의 미생물이 지배한다.

콩과 식물의 뿌리에는 흔히 혹(根瘤)가 생기게 되는데 그 까닭은 근규균((根瘤菌, Rhizobium)이라 불리우는 미생물이 공생적으로 기생하기 때문이다. 콩과 식물에관계되는 근류균은 표 3-8에서와 같이 6종으로 알려져 있다.

표 3-9. 콩과 식물에 관계되는 근류균(Bergey)

주된 숙주 식물	근 류 균	교호 접종군
알팔파	*Rhizobium meliloti*	알팔파, 스위트클로버
클로버	*Rhizobium trifolii*	백클로버
완두콩	*Rhizobium leguminosarum*	완두, 잠두
강낭콩	*Rhizobium phaseoli*	강낭콩
루 핀	*Rhizobium lupini*	황하루핀, 세라데라
대 두	*Rhizobium japonicum*	대두

교호 접종군 : 동일균이 숙주가 될 수 있는 두가지 이상의 콩과 식물군(crossinoculation group)

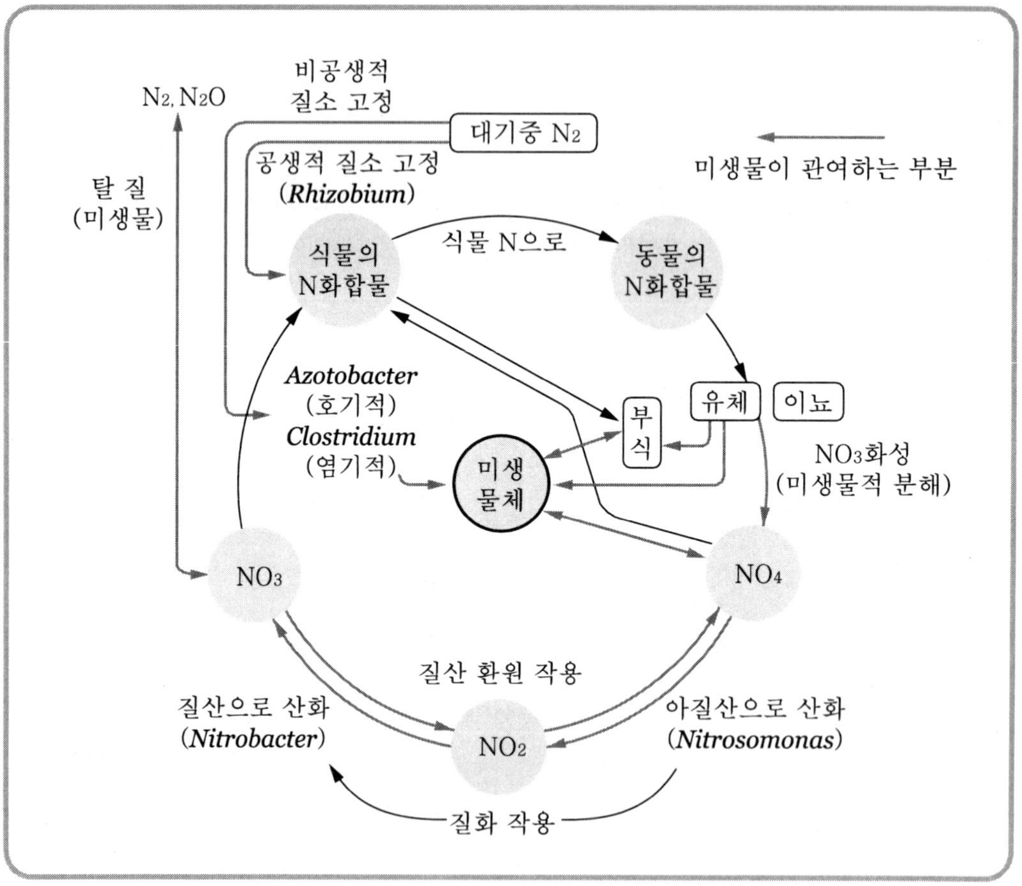

그림 3-20. 질소의 순환

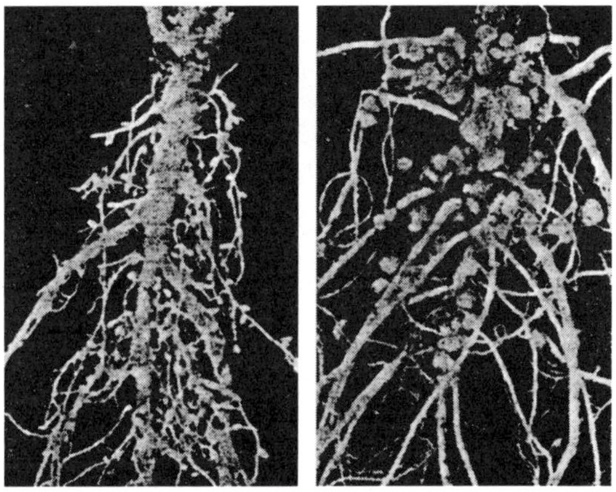

그림 3-21. 뿌리혹(우측 : 클로버, 좌측 : 대두)

뿌리 세포에 침입한 근류균은 활발하게 질소를 고정해서 아미노산으로 만들고 이것이 숙주 식물에 이용된다. 따라서 근류균은 콩과 식물의 영양상 극히 중요하다 처음으로 콩과 식물을 재배하는 땅에는 이들 균이 없거나 저성능의 것일 수 있기 땜누에 고정능이 우수한 균을 인공접종하면 좋다.

그런데 콩과 식물 이외에도 오리나무, 소귀나무, 보리수남 등의 수목 뿌리에 근류를 만들고 질소 고정이 되는 예가 있는데 이때의 균은 *Rhizobium* 속이 아니고 방선균의 *Frankia* 속임이 알려지고 있다.

식물 뿌리에 진균류가 공생하고 있을 때 이것을 균근(菌根, mycorrhiza)이라 한다.

그림 3-22. 토양중 균근의 유우와 소나무의 성장
(좌 : 균근이 없는 경우, 우 : 균근이 있는 경우)

Chapter

4 식품과 미생물

1. 미생물의 이용

1) 식품가공

① 간 장

㉠ 곰팡이 – *Aspergillus. oryzae, Asp. sojae*

㉡ 효모 – *Zygosaccharomyces major* 등

㉢ 젖산균 – *Pediococcus halophilus*

② 된 장

㉠ 누룩곰팡이 – *Asp. oryzae*

㉡ 효모 – *Zygosacch. sojae, Torulopsis dattila*

③ 식 초

초산균 – *Acetobacter aceti*

④ 제 빵

빵효모 – *Saccharomyces cerevisiae*

⑤ 요구르트
젖산균 – *Lactobacillus bulgaricus, L. acidophilus*

⑥ Cheese
젖산균, 프로피온산균, 푸른곰팡이 – *Penicillium roquefortii*

⑦ Butter
젖산균 – *Streptococcus cremoris,* 푸른곰팡이

⑧ 청국장
Natto균(*Bacillus natto*)

⑨ 김치류
젖산균 – *Lactobacillus plantarum, Lact. brevis*

⑩ 약 주
효모 – *Sacch. coreanus*

⑪ 맥 주
효모 – *Sacch. cerevisiae, Sacch. carlsbergenesis*

⑫ 청주
효모 – *Sacch. sake*

⑬ 포도주
효모 – *Sacch. ellipsoideus*

2) 효 소

(1) 효소 이용의 장점

① 독성이 없고 맛과 냄새가 없어 식품의 가치를 향상시킨다.
② 기질의 특이성으로 불필요한 화학 변화는 일어나지 않는다.
③ 작용 조건(온도, pH 등)이 온화해서 품질 저하가 없다.
④ 낮은 온도에서 반응이 신속히 일어난다.
⑤ 쉽게 불활성(가열 등에 의해)화 시켜 반응을 마칠 수 있다.

(2) 효소 이용의 단점

① 값이 비싸다.

② 활성을 잃기 쉽다.

(3) 효소 생성 미생물 및 그의 이용

① Amylase

㉠ 세균 amylase

Bac. subtilis-messentericus (α-amylase), *Bac. amyldiquefaciens, Bac. amylosolvens, Bac. hydrolyticus*

㉡ 곰팡이 amylase

Asp. oryzae(β-*amylase*), *Asp. niger*(β-*amylase*), *Asp. usamii, Asp. awamori, Rhi. niveus, Rhi. delemar*(*glucoamylase*), *Rhi. javanicus.* 곰팡이는 같은 균종이라도 배양 조건에 따라 생성 효소가 상이하다. pH가 중성일 때 α-amylase, transglucosidase를 생성하며 산성일 때는 glucoamylase를 생성한다.

㉢ 천연물

맥아-엿, 식혜 등 제조, 숙성과일

② Protease

㉠ 세균 protease : *Bac. subtilis*

㉡ 곰팡이 protease : *Asp. oryzae.*

곰팡이는 배양 조건 중 C함량과 N함량의 비율에 따라 산성 또는 알칼리성 protese가 생성된다.

㉢ 방선균 : *Streptomyces griseus*

㉣ 천연물 : 배, papaya-papain

㉤ 제 품 : 연육소 등

③ Lipase

㉠ 세 균 : *Pseudomona*

㉡ 효 모 : *Candida*

㉢ 곰팡이 : *Asp., Pen., Rhi., Mucor*

㉣ Cheese 제조시 탈지, chocolate의 경우 유지의 산패 냄새를 막는데 이용된다.

㉤ Cellulase

Myrothecium verrucaria, Irpex lacteus, Trichodema koningi: 오렌지 주스 등의 섬유소에 의한 혼탁을 제거하는데 이용된다.

④ Lactase

Sacch. fragilis, Sacch. lactis, Candida spherica, Candida pseudotropicalis, Candida utilis, Candida cylindracea

락토오스불내증 환자 등에 이용

⑤ Pectinase

Asp. wentii, Asp. oryzae, Asp. niger, Pen. chrysogenum, Pen. expaneum, Honascus anka. 과즙을 투명하게 하며 수량을 증가시키고 품질을 향상시킨다.

⑥ 기 타

㉠ Naringinase

Asp. niger. Naringin을 분해하여 rhamnose와 naringenin-glucoside을 생성시킨다.

㉡ Invertase : Sacch. cerevisiae

3) 미생물의 대사산물

(1) 용매류

① ethanol

㉠ 곰팡이 - *Asp. shirosamii, Mucor rouxii, Rhizopus japonicus* 등

㉡ 효모류 - *Sacch. cerevisiae* 등

② acetone, butanol : acetone·butanol균 - *Clostridium acetobutyriucm*

(2) 유기산

① lactic acid : 젖산균 - *Lact. delbrueckii, Lact. casei*

② gluconic acid : 흑국균 – *Asp. niger*, 세균 – *Glucobacter* 속

③ citric acid : 흑국균 – *Asp. niger*, 효모 – *Candia* 속

④ itaconic acid : 곰팡이 – *Asp. itaconicus*, *Asp. terreus*

(3) 아미노산

① glutamic acid : 세균 – *Corynebcterium glutamicum*

② lysine: 세균 – *Corynebcterium glutamicum* 의 homoserine 요구 변이주

③ 정미성 necleotide

④ inosinic acid, guanylic acid
㉠ 원료 RNA ; 효모 – *Candia utilis*
㉡ RNA 분해 ; 푸른곰팡이 – *Pen. citrinum*

화학조미료(artificial seasoning)

화학적으로 합성하거나 자연식품에서 추출한 조미료.

광의의 정의에서는 사카린 같은 인공감미료도 포함시킬 수 있으나 일반적인 화학조미료란 단맛·짠맛·신맛·쓴맛의 4개의 기본 맛에 속하지 않는 지미성분(旨味成分), 즉 감칠맛 성분을 말한다. 1908년에 일본의 이케다[池田]라는 학자가 다시마의 달고 구수한 맛이 아미노산의 일종인 글루탐산의 나트륨염이라는 것을 발견하고 밀의 글루텐으로부터 인공적으로 제조한 것이 화학조미료의 시초이다.1913년 역시 일본의 고다마[小玉]라는 학자가 국물의 맛을 내기 위하여 일본에서 흔히 사용하는 '가쓰오부시(가다랭이포)'의 맛 성분으로 이노신산나트륨을 발견하고, 1960년에 구니나카[國中]에 의하여 핵산 관련물질이 연구되었다.

구수한 단맛을 가진 물질을 크게 아미노산계와 핵산계로 나눈다. 아미노산계는 글루탐산의 나트륨염·아스파르트산·숙신산나트륨 등이 있고, 핵산계는 이노신산나트륨과 구아닐산나트륨이 있다. 조개류의 감칠맛은 숙신산나트륨 때문이고 표고버섯의 구수한 맛은 구아닐산나트륨 때문이다. 아미노산과 핵산은 상승작용을 하므로 함께 사용하면 각각의 맛의 강도를 합친 것보다 더 강한 맛을 낸다. 그러므로 근래는 글루탐산의 나트륨염과 핵산의 이노신산나트륨을 섞어 복합조미료를 제조한다.

(4) 비타민, 호르몬 및 기타

① 비타민 C : 초산균 – *Acetobacter suboxydans* (sorbose 발효)

② 비타민 B_2 : 곰팡이 – *Eremothecium olivaceus*

③ 비타민 B_{12} : 방선균 – *Streptomyces olivvaceus*, 세균 – *Bacillus megaterium*

④ steroid hormone : 누룩곰팡이, 거미줄곰팡이, 세균–Arthrobacter simplex

⑤ gibberellin : 벼의 키다리 병균 – *Gibberella fujikoroi*

⑥ dextran : 젖산균 – *Leuconostoc mesenteroides*

(5) 항생물질

① penicillin : 푸른곰팡이 – *Pen. notatum, Pen. chrysogenum*

② streptomycin : 방선균 – *Streptomyces griseus*

③ aureomycin : 방선균 – *Streptomyces aureofaciens*

4) 미생물 균체

(1) 사 료

① 조류 : *Chlorella ellipsoidea, Chlorella vulgaris*

② 효모 : *Candida utilis, C. tropicalis*

(2) 약 용

① 효모 – *Sacch. cerevisiae*

② 젖산균 – *Streptococcus faecalis, Lact. acidophilus*

(3) 지 방

효모 – *Lipomyces starkeyii*

SCP(단세포단백질)

미생물단백질이라고도 한다. 탄수화물이나 이산화탄소 등의 탄소화합물을 영양원으로 해서 어떤 종의 미생물을 공업적으로 대량 배양하여 그 균체를 모아 만든 단백질이다. 처음에는 석유에서 분리한 n-파라핀을 영양원(탄소원)으로 하여 어떤 종의 효모나 세균을 증식시켜 추출하는 이른바 석유단백질이 많았으나, 최근에는 메탄·메탄올·에탄올·아세트산 등의 석유화학 제품을 비롯하여 이산화탄소를 탄소원으로 하는 단세포단백질의 개발도 행해지고 있다. 이산화탄소를 탄소원으로 할 경우에는 수소세균이 그 대상이 되고 있다. 수소세균은 수소와 산소가 화합할 때 나오는 화학에너지를 사용하여 이산화탄소를 동화(同化)하는 작용이 있기 때문에 이산화탄소 : 산소 : 수소를 1 : 1 : 4의 비율로 섞어 암모니아 등 무기염류를 소량 가한 후 적당한 온도를 유지하면 세균은 증식되어 80% 정도의 단백질을 함유하는 균체가 된다. 원료인 이산화탄소는 공기 중에 풍부하고, 유해물질이 혼입될 염려도 없으나, 수소가 비싸기 때문에 식품이나 사료로서의 실용화는 아직 장래의 일이다.

5) 농 업

① 질소고정균 : *Acetobacter*, *Clostridium*, *Rhizobium* 속

② 항생물질 농약

Streptomyces griseochromogenes – blasticidin S(벼의 Pyricularia에 의한 도열병이나 *Xanthomonas oryzae* 에 의한 흰빛 잎마름병의 방제)

6) 특수 이용

① 폐수처리

㉠ 메탄 발효법 – 메탄 발효 세균(*Methanococcus* 속, *Methonobacterium* 속)

㉡ 활성오니법 – 세균이나 원충의 혼합배양계

② 미생물 정련

㉠ 황세균 – *Thiobacillus thiooxydans* 등

㉡ 철세균 – *Ferrobacillus ferrooxydans*

③ 분 석

㉠ 아미노산 – 젖산균(*Lactobacillus casei*)

㉡ 비타민 B_{12} – 젖산균(*Lact. leichmannii*)

㉢ 비타민 B_1 – 젖산균(*Lact. fermentum*)

2. 식품의 부패와 미생물

식품은 그 대부분이 농산물·축산물 또는 수산물을 원료로 해서 제조되고 있다. 따라서 식품의 미생물상(microflora)은 식품의 원료가 성장한 토양·물 또는 공기 등 자연 환경의 미생물상에 의해서 크게 영향을 받는다. 또 식품이 가공·저장·소비되는 과정에서 2차적 오염을 받게 된다. 식품에 직접 접촉하는 칼이나 도마 등의 조리 기구에서도 많은 미생물이 옮아오게 되므로 주의해야 한다.

표 4-1. 몇 가지 식품의 생균수 조사 결과

식품명	균수 분포 비율(%)							
시료수	회	데친 낙지	날오징어	두부	샐러드	메밀국수	토마토	생과자
생균수/g	200	100	100	200	153	64	31	231
10^4이하	5.0	2.0	6.0	0	0	4.7	67.7	60.2
10^4~10^5	45.5	13.0	47.0	12.5	7.8	14.1	22.6	19.1
10^5~5×10^5	47.0	29.0	31.0	20.0	28.1	29.7	9.7	0
5×10^5~10^6	2.5	24.0	5.0	10.5	10.5	15.6		16.0
10^6~5×10^6		28.0	10.0	30.5	28.1	29.7		0
5×10^6~10^7		4.0	1.0	9.0	25.5	6.2		4.3
$10^7\times5\times10^7$				14.5				0
5×10^7 이상				3.0				0.4

표 4-2. 몇 가지 토양 중의 미생물의 수(1g 중)

토양의 종류	심도(cm)	pH	세균$\times10^4$	방선균$\times10^4$	곰팡이$\times10^4$
밭	0~15	7.2	1,960	350	21.4
	15~30	5.0	177	40	3.4
논	0~14	5.8	8,030	370	9.7
	14~20	6.2	287	57	0.2
침엽수림	10	5.6	142	33	14.2
	20	5.8	100	29	9.3
광엽수림	10	5.7	1,021	80	18.3
	20	5.6	347	70	13.1

표 4-3. 공중 낙하균의 종류(평균)

실험번호	구 균	간 균	유포자세균	곰팡이	효 모	방선균	총 집락수
1	87.3	61.7	29.7	3.0	5.3	1.0	188.0
2	189.0	63.0	59.0	9.2	5.4	1.4	327.0
3	190.0	12.0	15.0	18.0	4.0	1.0	240.0
4	111.0	18.0	26.0	6.2	3.0	5.0	169.8
계	577.3		130.3	36.4	17.7	8.4	924.8

표 4-4. 해양수심과 세균수(태평양 북서부)

수심(m)	세균수(mℓ당)	수심(m)	세균수(mℓ당)
0~500	125,000	1,000~1,500	1,900
50~100	53,000	3,000~4,000	300
100~200	26,000	6,000~7,000	60
200~500	6,000	8,000~9,000	40

1) 곡류 가공품

(1) 쌀 밥

*Bacillus*속 중 *B. subtilis, B. magatharium, B. cereus* 등이 이에 해당된다. 취반 직후의 쌀밥 1g 중의 *Bacillus*속의 포자수가 $10^{2\sim3}$개이지만 부패시 포자수는 $10^{7\sim8}$로 먹을 수 없게 된다. 쉰 냄새가 난다.

(2) 빵

빵곰팡이는 *Rhizopus, Mucor, Aspergillus, Monilia*이며, ropiness의 원인균은 *Bacillus mesentericus*이고, 붉은빵 원인균은 *Serratia marcescens*이다.

2) 과채류 및 그 가공품

(1) 청과물

감자, 양파 등의 연부병 원인균으로는 *Erwinia*(pectin 분해 세균), *Rhizopus*이고, 사과, 귤의 푸른곰팡이병은 *Penicillium expansum*이 원인이며, 복숭아, 배 등의 검은곰팡이병은 *Rhizopus*가 원인균이다.

(2) 침채류

*Rhodotorula*로 carotenoid 색소가 형성된다.

(3) Jam류

당분이 높은 환경에서 자라는 *Torulopsis bacillaris*가 부패의 원인균이다.

3) 육류 및 그 가공품

(1) 신선육

① 호기적인 경우

㉠ 고기 색소의 변색(적색이 갈색, 녹색, 회색으로) : *Lactobacillus, Leuconostoc*

㉡ 유지의 산패 : *Pseudomonas, Achromobacter*

㉢ 표면이 착색 및 반점 형성 : *Serratia*(적색), *Flavobacterium*(황색), *Micrococcus*

㉣ 산취 : 젖산균, 효모

㉤ 흙냄새 : *Actinomycetes*

② 혐기적인 경우

산패 : Clostridium

(2) 육가공 제품

① 소시지 표면에 점질물 형성 : *Micrococcus*

② 어육소시지를 백색으로 탈색 : *Streptococcus*

4) 기 타

(1) 달 걀

달걀의 겉은 단단한 껍데기(난각)에 싸여 있고, 안에는 2층의 속껍질이 있다. 겉껍데기에는 작은 구멍이 많이 있어서 그 구멍을 통하여 호흡을 한다. 또 시간이 지나면 이 구멍을 통하여 이산화탄소와 수분이 증발하고, 미생물이 침투하여 내용물이 빨리 썩게 한다. 2층으로 된 속껍질 사이의 한쪽에는 공기집이 있는데, 이 공기집은

갓 낳은 달걀일 때는 작았다가 시간이 지나 수분과 이산화탄소가 증발하면 차차 커진다.

속껍질 안에는 흰자위(난백)이 있고 겉껍데기와 노른자위(난황) 주위에는 묽은 흰자위가 있으며 그 중간에는 된 흰자위가 있다. 노른자위는 얇은 막으로 둘러싸여 있고 양쪽 끝이 알끈으로 고정되어 있다. 각 구성 물질의 비율은 껍데기 11%, 흰자위 58%, 노른자위 31%이다.

달걀은 단단한 껍데기에 싸여 있어 위생상 다른 식품보다 안전하다고는 하지만 장기간 보존하기는 매우 힘들다. 그러므로 특수한 방법으로 저장해야 그 질을 최대한 보호할 수 있다.

난황에 자외선을 쬐면 강한 형광을 내는 green rot의 원인균은 *Pseudomonas fluorescens*이다. 난황이 검게 되고 흐무러지며, 전란이 갈색으로 되고 H_2S의 악취가 나는 black rot의 원인균은 *Proteus melanogenes*이다.

① 냉장법(refrigeration)은 달걀을 2~3℃의 실내에 미리 보관해 두었다가 온도 −1~−2℃, 습도 70~80%인 방에 저장하는 방법이다. 저장 기간은 약 6~12개월이다.

② 도포법(coating)은 껍데기에 기름·파라핀 또는 콜로디온(collodion)을 칠해서 껍데기에 난 구멍을 막아 호흡을 멎게 하는 방법이다.

(2) 우 유

① 혐기성 : *Cl. lentoputrecens*

② 통성혐기성 : *E. coli*

③ 호기성 : *Bacterium lactis*(적색변화)

④ 통성호기성

Proteus vulgaris(불쾌한 냄새), *Pseudomonas synycanca*(청색변화),
Pseudomonas fluorescens(녹색변화, 불쾌한 냄새),
Psedomonas synanth(환색변화, 끈끈하게 함),
Serratia marcescens(적색변화, 불쾌한 냄새)

표 4-5. 착유 직후의 세균수

젖소 번호	세균수(mℓ당)	젖소 번호	세균수(mℓ당)
1	4,400	7	8,700
2	3,200	8	23,800
3	5,200	9	3,400
4	5,000	10	7,000
5	16,000	11	7,800
6	21,000	12	16,000

표 4-6. 계절에 따른 오염도

월	세균수	월	세균수
6	53,000	11	920
7	34,000	12	410
8	13,000	1	36
9	59,000	2	90
10	9,400		

표 4-7. 우유 중의 세균류

균 종	분포비(%)	균 종	분포비(%)
젖산균	79.4	*Micrococcus*	6.3
전산구균	55.5	대장균군	3.4
젖산간균	23.9	*Bacillus*	9.2

* 젖산균 중 중요한 것은 *Streptococcus lactis, Streptococcus faecalis, Lactobacillus casei* 등이다.

표 4-8. 살균 우유 중의 세균수

시 료		저온균		중온균	
		균수/g	%	균수/g	%
시판 포장유	1	2.8×10^3	100	0	0
	2	1.5×10^5	79	4.0×10^4	21
시판 포장유	1	4.1×10^8	53	3.7×10^8	47
(7일간 냉장)	2	5.1×10^8	55	4.6×10^8	45
	3	7.6×10^8	100	0	0

(3) 어패류

저온균인 *Micrococcus, Flavobacterium, Achromobacter, Pseudomonas*가 어패류를 부패시킨다.

(4) 통조림

① H_2S를 생성하며 검게하는 균 : 고온균인 *Clostridium nigrificans*

② 팽창부패균 : 당류분해성균이며 고온균인 *Cl. thermosaccharolyticum*

③ flat sour 원인균 : *Bacillus coagulans, bacillus thermoacidulans*

3. 발효 식품

1) 개 요

발효란 미생물이나 효소에 의해서 유용한 화학적 변화를 가리킨다. 이런 화학변화 중에는 두유나 김치 중의 당류가 산으로, 전분이 맥아당으로, 효모에 의하여 다시 알코올로 전화되는 화학적 변화를 말한다.

발효에 의한 발효식품은 식품소재의 저장성 부여와 영양성 증진이라는 매우 중요한의미를 가지며 식품 발효에 중요한 역할은 아래와 같다.

① 식품 소재의 향, 풍미, 조직감 향상
② 젖산, 초산, 알코올 발효를 통한 식품의 저장성 향상
③ 단백질, 필수아미노산, 필수지방산 및 비타민들의 풍부한 식품의 제조
④ 식품의 발효과정을 통한 독성물질의 파괴, 생리활성물질 생산 및 소화성 증진
⑤ 발효를 통한 식품의 요리시간 단축 및 에너지 소비 감소

표 4-9. 발효미생물 종요에 따른 분류

발효 관여 미생물	원 료	발효 식품
젖산균(Lactic acid bacteria)	채소류	김치, 사우어크라우트(sauerkraut)
	고기	소시지
	우유	치즈(cheddar, gouda, ricotta), 유산균음료
젖산균		
+ Propionic acid bacteria	유유	치즈(swiss, emmenthaler)
+ 세균	우유	치즈(limburger, brick)
+ 효모	우유	발효유(kefir, koumiss)
	채소	피클(nukamiso pickles)
+ 곰팡이	콩	템페(tempe), 간장(soy sauce)
초산균(Acetic acid bacteria)	알코올	식초
효 모 (Yeast)	맥아	맥주
	과실	과실주
	당밀	럼
	곡류	위스키
	용설란	용설란주
	밀가루 반죽	빵
효모 + 젖산균	곡류	신맛의 빵, ginger beer,
	ginger plant	버미세리(vermicelli)
곰팡이 + 세균	콩	미소, 간장, 청국장, 된장, 고추장
효모 + 젖산균 + 곰팡이	쌀	청주, 약주, 탁주

2) 김 치

김치는 한국에 고유한 침채류(沈菜類)로서 배추나 무에 여러 가지 재료를 첨가하여 소금 존재하에 젖산발효를 일으킨 산발효 채소(acid fermented vegetables)의 일종이다. 김치에는 재료나 담그는 방법에 따라 여러 종류가 있다.

그리고 산발효 채소의 장점은 다음과 같다.

① 부패성 미생물의 발육을 억제한다.
② 병원균의 감염을 억제한다.
③ 야채의 수확기로부터 소비할 때까지 저장성을 부여한다.
④ 원료의 향미나 영양가를 향상시킬 수 있다.

☞ **관련 미생물** : 김치의 발효 중에서 첨가한 소금 때문에 내성(耐性) 세균만이

생육하게 되고 젖산을 비롯한 각종 유기산이 생성됨에 따라 pH가 떨어지면 그 다음에는 내성세균만이 차례로 자라게 된다. 결국 김치가 발효, 숙성되는 동안에 미생물상(microflora)이 계속적으로 변화하게 된다. 이 때 발육하는 미생물의 종류와 생리적 활성에 따라 대사 산물의 종류가 변화하게 되고 김치류에 특유한 향미를 나타내게 되는 것이다. 침채류의 주 발효균으로 *Lactobacillus plantarum*을 비롯한 여러 세균이 분리 동정되었고, 그밖에 *Lactobacillus brevis*, *Pediococcus cerevisiae*, *Streptococcus faecalis*, *Leuconostoc mesenteroides* 등이 주발효균인 것으로 확인되었다. 또한 발효 초기에는 젖산발효와는 관련이 없는 효기성균이 *Achromobacter*, *Flavobacterium* 및 *Pseudomonas*속 균들이 분리되고 있다. 발효 및 저장 중 혐기성 세균은 50일까지 급격한 증가를 보여주는 반면 호기성 세균은 초기에 증가를 보여주는 반면 호기성 세균은 초기에 증가를 보였으나 곧 그 생육이 억제되어 감소하였다. 저장 후기에 호기성 세균이 다시 급증한 것은 피막형성의 효모가 번식한 때문이다.

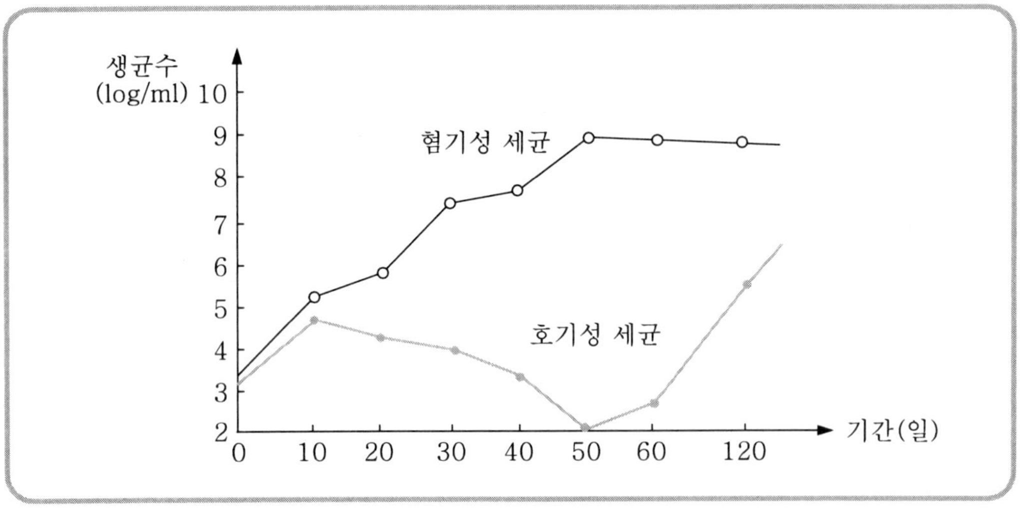

그림 4-1. 김치발효중 호기성 및 혐기성 세균의 변화

3) 술

(1) 맥 주

① 맥주효모

Saccharomyces 속의 단세포 미생물로서, 수 백 년 동안 맥주 제조에 알맞게 순양된 배양효모이다.

상면효모는 비교적 높은 온도에서 발효시킨 것으로 영국의 맥주가 이에 속한다. 효모는 발효 중에 발생하는 이산화탄소와 같이 액면 위로 떠오른다. 거품과 같이 갈색의 두꺼운 크리임 모양의 층을 형성하기도 한다. 발효는 보통 15~20℃에서 4~5일 동안으로 주발효를 끝낸다.

하면효모는 비교적 낮은 온도에서 발효시킨 것으로 독일, 미국, 한국의 맥주가 이에 속한다. 효모는 액면에 떠오르지 않고 발효 말기에는 발효조의 밑으로 침전된다. 발효는 보통 6~8℃의 저온에서 행하고 주발효는 10~12일간 끝낸다. 하면 발효맥주의 경우에도 담색 맥주는 저온 발효이므로 5~8℃, 농색맥주에서는 7~12℃에서 비교적 고온 발효를 한다.

② 발 효

대부분의 맥주는 재래식의 회분발효(batch fermentation)를 통해 생산되고 있으나 1960년대에 맥주의 연속발효(continuous fermentation)에 대한 관심이 세계적으로 고조되었다. 이 연속발효는 그 후 여러 가지 이유로 실용화되지 못했지만, 맥주발효의 역사상 중요한 뜻을 내포하고 있다.

(2) 포도주

포도주는 당과 산이나 물을 첨가하지 않고 순수한 포도의 내용물만으로 효모에 의하여 발효시켜서 만든다. 기후와 포도 품종에 따라 당함량이 낮아서 소정의 알코올농도를 기대할 수 없을 때에는 당을 보당(補糖)할 수 밖에 없으나 주질(酒質)의 손상은 불가피하다. 포도주의 품질은 원료 포도에서 비롯되는 향기와 발효 후 숙성과정에서 생기는 향기에 의해서 좌우되므로 포도를 재배하는 기후적 조건이 1차적으로 세계적 포도주산지를 한정하고 있다.

포도주는 발효성 당만으로 생성된 알코올 함량을 갖는 천연포도주와 포도주 주정을 가하여 알코올농도를 높인 주정강화포도주인 식후 및 식전 포도주로 대별된다. 천연포도주는 CO_2가 없는 비성포(非成泡) 포도주와 CO_2가 있는 성포(成泡) 포도주로 나누며, 당의 함량에 따라 dry(無甘味), semi-dry(半甘味), sweet(甘味) type과 색깔에 따라 Red, Pink, White type으로 각각 세분된다. 또 마시는 방법에 따라 식사 중에 먹는 table wine과 식전에 식욕을 돋우기 위해서 먹는 appetizer wine, 그리고 식후에 먹는 dessert wine으로 나누는데 table wine은 천연포도주의 형태이고, dessert wine과 appetizer wine은 알코올함량이 높으면서 감미도가 높든가 향미가 강한 형태이다.

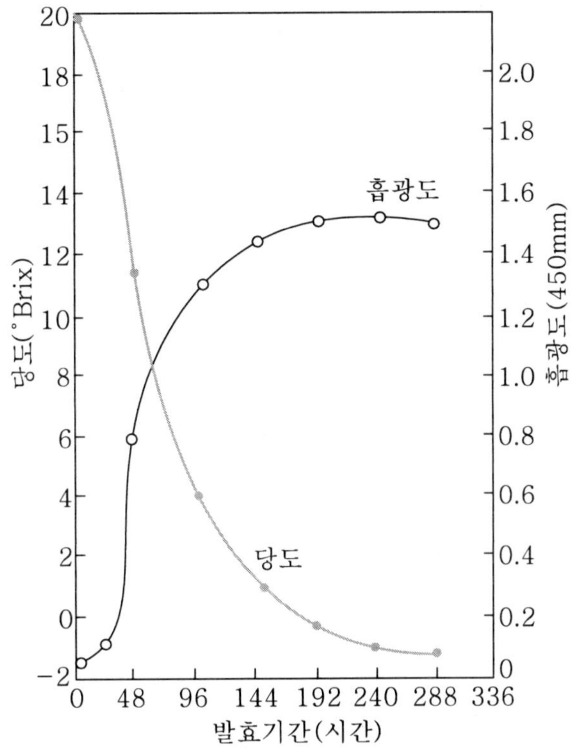

그림 4-2. 합성 포도주스에서 알코올 발효

② 발효 미생물

㉠ 효 모

포도주발효에 쓰이는 배양효모는 *Saccharomyces cerevisiae*이다. 이 효모의 wine strain은 종전에는 *S. cerevisiae var. ellipsoideus*, 또는 S. vini로 분류되었으나 모두 *S. cerevisiae*에 포함된다.

포도의 과피에는 수많은 야생효모와 곰팡이, 세균이 붙어 있다. 중요한 야생효모로는 *Saccharomyces, Hansenula, Kloeckera, Pichia, Schizosaccharomyces, Torulopsis, Brettanomyces, Debaryomyces, Rhodotorula* 등이다.

포도주 효모는 포도주 발효과정에 잘 적응된 것인 반면 야생효모는 아황산가스나 알코올에 의해 성장이 억제되며, 일부 야생효모 중에는 알코올농도가 4~6%에 이르면 성장이 중지되지만 발효초기에 특수한 향미물질을 생성하는 것도 있다.

㉡ 세 균

중요한 세균은 초산균과 젖산균이다. 초산균은 *Acetobacter aceti*와 *A. mesoxydans*가 우세하며 알코올을 초산으로 바꾼다. 이들은 아황산가스에 의해 저해되므로 발효과정에서 큰 문제가 없으나 호기성균으로 공기가 접촉되는 발효액 표면에서 알코올의 산화를 일으킨다. 특히 적포도주에서 발효가 진행되면서 이산화탄소에 의해 포도껍질이 표면으로 떠올라서 형성되는 cap에서는 크게 우려된다. 포도주를 저장할 때는 공기의 접촉을 피하기 위하여 용기에 가득 채우며 아황산가스를 적절히 사용하여 이 균의 번식을 억제시킨다.

㉢ 곰팡이

중요한 것은 noble mold라 불리는 *Botrytis cinerea*이다. 이 균은 포도의 재배 중 습도가 높을 때 균열이 생긴 과피를 통하여 포도에 감염하며 포도의 수확량을 감소시킨다. 그러나 습도가 일정기간 높아서 *B. cinerea*가 자란 후 일정기간동안 낮은 습도가 유지되면 수분의 감소로 건포도와 같이 당함량이 풍부하고 독특한 감미포도주를 만들 수 있는데 프랑스의 Sauterne, 독일의 Trockenbeerenauslese와 헝가리의 Tokay 제조에 응용되고 있다.

③ 후발효

박을 분리한 주액에는 1~2%의 발효성당이 있다. 이것을 밀폐용기에 넣고 발효전을 하여 발효시킨다. 발효전으로 액면은 탄산가스가 포화되어 초산균 기타의 호기성 유해균의 번식을 방지 할 수 있다. 발효전으로 액면은 탄산가스가 포화되어 초산균 기타의 호기성 유해균의 번식을 방지할 수 있다.

21.5~29.4℃에서 7~11일 발효가 끝난다. 최종 당분 0.2%이하로 되지 않으면 안된다. 온도 저하나 아황산 과잉 등으로 발효는 지연된다. 발효가 정지되거나 늦어지면 통기를 하거나 인산암모늄0.02% 첨가한다.

(3) 청 주

청주는 쌀·누룩·물을 원료로 하여 빚은 맑은 술이다.

쌀을 쪄서 누룩과 물을 가하여 며칠 두면 효모균과 술효모가 발육한다. 이것을 독에 넣고 다시 3번에 걸쳐 찐쌀에 누룩과 물을 가한 것을 넣고 잘 섞어서 저장해 두면, 효모균의 작용에 의하여 쌀의 전분이 당분으로 변하고, 당분은 다시 효모의 작용에 의하여 알코올이 된다. 이 상태가 탁주인데 이것을 걸러서 맑은 술만 떠내 60~

63℃에서 15분 정도 가열·살균하여 청주를 만든다. 청주는 일반적으로 15~20%의 알코올분을 함유하고 이소부틸·이소아밀 등의 독특한 맛을 내는 에테르를 지니고 있으며 단맛과 쓴맛을 적절하게 지니고 있다.

① 효 모

주모에 청주효모를 가하지 않아도 국, 기구, 용기, 공중에서 야생효모가 들어가 증식되고 효모는 탄산가스를 발생 와키츠케(湧付)되지만 최근 일본양조협회에서 순수배양하여 배포하는 우량한 청주 효모를 사용한다.

청주 효모의 증식 한계는 1~45℃, 최적온도는 23~25℃, pH 4.5~6.5,알코올 농도가 20%이상이 되면 증식이 곤란하고 젖산 0.4~0.6%에는 증식과 발효가 가능하다.

② 세 균

찐쌀이나 급수 또는 국에는 각종의 세균이 존재하니 젖산을 가하는 속양계(速釀系)주모에 있어서는 강한 산성 때문에 이들의 세균의 증식할 여지가 없다. 이에 반하여 키모토나 야마하이에서는 처음에는 증미, 국, 급수만으로 담금되어 거의 산미를 느낄 수 없으므로 여기에서 산에 아주 약한 *Achromobcter*, *Pseudomonas Paracolo-bacterium*, *Paracolo-intermediun*속이 증식하여 질산염을 환원하여 아질산을 생성한다. 6도-8도의 낮은 온도에서 담금한 효모액이 가온에 의하여 10도를 넘으면 처음에는 *Leuconostoc mesenteroides*, 다음에는 *Lactobacillus sake* 등의 젖산균이 번식하게 되고 젖산을 왕성하게 생산한다.

이때는 *Achromobacter* 속 등은 생육되지 못한다. 2종의 젖산균이 증식되지만 효모에 의하여 당분이 소비되면서 알코올과 산이 다량 축전되면 젖산균은 전부 사멸된다. 특히 주모의 말기가 20도 이상 고온으로 되면 멸균 작용은 더욱 강하다.

4) 유발효 식품

(1) 발효유

발효유라 함은 일반적으로 포유류의 젖을 젖산균이나 효모 등의 미생물에 의해서 발효시켜 특수한 풍미를 갖게 한 유제품을 뜻한다. 그리고 우리 나라 보건사회부령인 식품 등의 규격 및 기준에 의하면 "발효유라 함은 원유 또는 유가공품을 유산균, 효모로 발효시킨 것으로 말한다" 로 정의한다.

표 4-10. 주요 스타터 균종과 그 특성

균 종	상태	배양온도 (℃)	우유중의 산도(%)	우유중의 최종 PH	가스 생산	용도
Str. cremoris	구	20~25	0.7~0.9	4.1~4.3	−	치즈,버터
Str.lactis	구	30	0.7~0.9	4.1~4.3	−	치즈,버터, 발효유
str. diacetilactis	구	30	0.7~0.9	4.1~4.3	±	버터, 마가린
Str. thermophilus	구	37~45	0.7~0.9	4.1~4.3	−	치즈,발효유
Leuc. cremoris	구	20~25	−	−	+	버터,마가린, 발효유
L. bulgaricus	간	37~45	1.5~1.7	3.4~3.6	−	발효유,유산균음료
L. helveticus	간	37~45	2.5~2.7	3.2~3.4	−	치즈,발효유,유산균음료
L. acidophilus	간	37~40	0.8~1.0	3.8~4.0	−	유산균음료

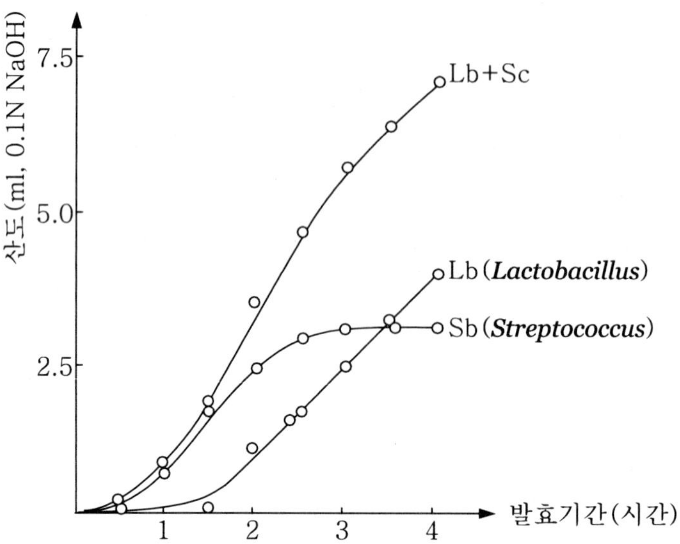

그림 4-3. 혼합스타터와 단일균주에 따른 산 생성

(2) CHEESE

치이즈는 우유에 rennet 또는 젖산균을 작용시켜서 우유중의 casein을 지방과 같이 응고시켜 얻은 커드를 그대로 또는 가열 가압등의 처리를 하여 성형한 다음 세균, 곰팡이 등의 작용으로 숙성하여 만든 식품으로 natural cheese와 process cheese로 분류된다.

① Natural cheese

㉠ 연성(soft) cheese

ⓐ 숙성하지 않은 치즈(cottage cheese, cream cheese 등)

ⓑ 숙성한 치즈(camembert cheese, 린브르가 치즈)

㉡ 반연성(semi-soft) chees

ⓐ penicillium 사용하는 치즈(Roquefort cheese, stilton cheese, blue cheese 등)

ⓑ 세균을 사용하는 치즈(Brick cheese)

㉢ 경성(hard) cheese

ⓐ 가스 구멍이 있는 것(Emmental cheese, Gruyere cheese)

ⓑ 가스 구멍이 없는 것(Gouda cheese, Edam cheese, Cheddar cheese)

② Processed Cheese

일반의 process cheese, smoked cheese 등

③ 젖산균

여러 단백질분해효소를 생산하고 치즈숙성에 중요한 역할을 한다. 우유중의 칼슘과 인은 치즈 숙성 공정에서 단백질이 가용화하는 현상에 관계가 많다. 특히, 칼슘의 일부는 레닛에 의하여 분해된 파라 카제인과 결합하는 커드 생성을 촉진한다.

④ Camember cheese

프랑스가 원산지이고 특유한 곰팡이 *Penicillium camemberti*로 숙성시킨 연질 치즈이다. 치즈 중심부에 삼투하는 곰팡이의 효소작용으로 숙성이 진행된다. 곰팡이가 생육하려면 치즈 표면에 한정된 표면이 잘 건조되어야 하고 곰팡이의 생육에 적당한 산도여야 한다는 것이 중요하다. 곰팡이의 주된 작용은 단백질의 분해와 치즈의 독특한 풍미를 생성. 제품의 보존성이 한정되어 있으므로 15℃에서 환기를 잘한다.

5) 장 류

(1) 간 장

간장은 콩을 주원료로 하여 밀, 쌀 등의 곡류를 증자시켜서 코오지(koji)균를 배양하여 당화된 것에 소금을 넣어 발효 숙성시켜 얻어진 액체 조미료이다. 다시 말하자

면 아미노산(glutamic acid)에 의한 구수한 맛, 당분에 의한 단맛, 소금에 의 짠 맛, 그리고 여러 가지 유기성분에 의한 향기와 색이 조화된 이상적인 조미료이다. 우리나라 요리에 없어서는 안되는 것으로 되어 있고 최근에는 식염농도가 낮아지는 경향이 있다. 우리나라의 공장생산 간장의 종류에는 색에 따라 색이 진한 진간장과 색이 연한 국간장으로 나누고 있다. 또 제조법에 따라 발효간장·산분해간장·발효간장과 산분해간장을 혼합한 혼합간장으로 나누고 있다. 우리나라는 현재 산분해간장이 많으나 점차로 혼합간장과 발효간장 수요가 증대할 것이다.

① 종 국

간장국에 사용되는 국균(麴菌)은 *Aspergillus flavus-oryzae*군(황국균)에 속하는 *Asp. sojae*와 *Asp. oryzae* 등이다.

국균으로서 요구되는 조건은 *protease*와 *amylase*의 효소활성이 강하고 특히 *protease*가 강해야 하며 양조간장의 향기를 좋게 하여야 한다. 또한 포자 형성이 왕성하며 제국이 용이하여야 한다.

종국의 원료로는 쌀, 보리, 밀기울 등이 사용된다. 종국의 제조시 목회를 첨가하게 되는데 원료중량의 2%정도 목회(木灰)를 가하면 포자의 크기가 균일하고 포자수가 증대되며 내구성이 높아지게 된다. 목회의 유회성분은 K, P등이다. 출국한 것은 건조하여 그대로 제품으로 하거나 체질을 해서 포자(胞子)를 모아 분말상태의 제품으로 한다.

② 제국법

제국의 주목적은 조작 중에 전분을 당화시키는 것보다 국(麴, Koji) 안에 강력한 효소를 생성시키는데 있다.

탈지 대두(약 40℃)에 활쇄소맥(밀)과 미리 혼합(混合)한 종국을 살포하여 이들을 골고루 혼합한다. 이 목적은 수분을 조절하여 국균의 번식에 적합하게 하여 유해균의 발육을 저지하는데 있다. 원료가 잘 혼합되도록 3회 이상 골고루 섞어준다.

원료는 국상자에 일정량씩 넣어서 국실(麴室)에 옮겨진다. 원료는 국상자 중앙부에 모아서 쌓는다. 국실내에 국상자를 여러장씩 쌓아서 실온은 26~28℃, 건습차 2~3℃로 유지한다. 국상자법 대신 청주의 경우와 같이 기계 제국법이 널리 이용되고 있다. 이 방법의 잇점은 품온관리가 용이하며 코오지(Koji)층을 두껍게 할 수 있기 때문에 소요면적이 적고 많은 인력을 필요로 하지 않는 것 등이다.

국균은 충분히 생육하여 내부에도 황록색의 포자가 대량 착생(着生)되고 특유의 향기가 있다. 이 때 잡균의 오염은 될 수 있는 대로 적은 것이 바람직하다.

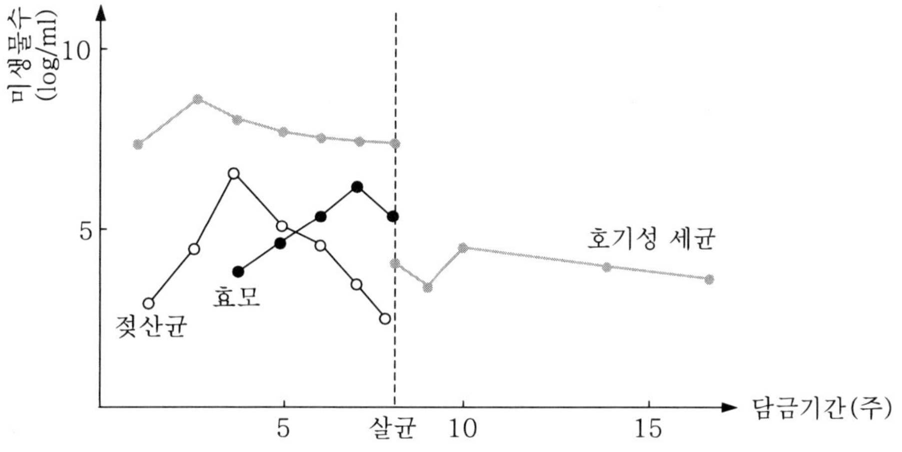

그림 4-4. 조선간장 숙성 중 미생물상의 변화

③ 발효 및 숙성 미생물

간장 코오지(Koji)에서 이행되는 미생물은 식염의 농도에 따라 번식상이 크게 좌우된다. 일반적으로 곰팡이는 간장덧 중에서는 번식할 수가 없다. 담금 후 1~2개월은 생존하고 있으나 증식하지 못하고 마침내는 사멸하게 된다.

간장 코오지(Koji)중에는 보통 국균 이외에 1g중에 수천만의 *Bacillus*속 세균과 10^8~10^{10}의 비내염성 젖산균(*Lactobacillus*속과 *Streptococcus*속)이 존재하고 있다. *Bacillus*속 세균 중에 중성에서는 식염농도가 높은 상태에서도 생육할 수 있는 것도 있으나 간장덧에서는 젖산균이 생성한 젖산 때문에 영양세포는 생육할 수 없고 포자만이 생존한다. *Bacillus*속 세균은 단백질분해 효소력이 강하고 국균의 단백분해 효소만으로 끊을 수 없는 peptide 결합의 분해를 촉진하고 또 국균만으로 만들어진 간장에서 볼 수 있는 특유의 냄새를 중화하는 작용도 있으므로 어느 정도의 존재는 바람직한 일이다.

그러나 너무 많이 존재하면 청국장냄새가 생기므로 좋지 못하다. 비내염성 젖산균은 담금 후 2개월 이내에 사멸하지만 그동안 젖산을 생성하여 최초에 pH 6.0 정도이던 것이 1개월 정도로 5.5정도까지 저하된다. 간장덧은 개발탱크에서 담가지나 18% 정도의 식염을 함유하고 있으므로 그 후 증식되는 것은 주로 내염성의 젖산균과 효모이다. 젖산균으로서는 *Pediococcus soyae*가 증식하고 4개월 정도로 최고 10^8/ml에 달한다. 젖산을 생성하는 동시에 간장 특유의 향미를 형성한다.

간장 덧 중의 효모로서는 담금 초기에는 알코올 발효성이 없는 *Toulopsis famata*나

Candida polymorpha 등을 볼 수 있으나 pH가 5정도로 떨어지면 *Saccharomyces rouxii*가 증식하여 왕성한 알코올 발효를 하게 된다. 이 효모는 내염성효모(osmophilic yeast)의 특성을 나타내고 청주, 맥주, 포도주, 양조에 관여하는 효모들과도 분명히 구별된다. 또 *Sacch. rouxii*의 다른 특징으로서는 고농도 식염배지에서 glycerol 등의 다가알코올을 상당량 생성하여 간장 향미를 개선한다. 담금 후 90일을 경과하면 *Sacch. rouxii*는 소멸되는 반면에 각종의 *Torulopsis*(*T. versatilis*) 등이 나타나게 된다.

간장의 방향을 생성하는 *Torulopsis* 효모는 간장덧의 후숙(後熟)에 관여한다.

(2) 된 장

① 종균 접종

국실, 선반 국상자에서 제국 하는 경우에는 이 양은 이후의 작업에 큰 영향을 미치는데 최근에는 기계제국장치의 사용에 의하여 발육조건 조절이 가능하게 되었다.

최근에는 잡균이 적은 종국이 시판되고 있는데 될 수 있는 한 잡균이 적은 것을 선택하고 청결한 환경에서 종국 접종을 하는 것이 좋다.

② 제 국

찐쌀에 접종한 국균의 포자는 찐쌀에서 흡수하고 약 3시간 후에는 발아한다. 발아한 후 균사의 성장에는 35℃가 적온인데 실제의 대량 배양의 경우 30℃ 또는 33℃ 정도로 낮추는 것은 고온에서 증식하기 쉬운 세균류의 증식을 억제하기 위함이다. 습도는 포화상태에 가까울수록 국균의 번식을 촉진하는데 찐쌀 표면이 건조하면 균사는 자라지 않는다.

국균 균사는 쌀 입자의 표면이나 내부의 틈에서 자라고 서로 합해져서 카스테라 모양으로 되면 통기성이 나쁘게 되고 혐기상태로 되어, 호기성 사상균의 증식은 억제되고 대사산물도 혐기발효산물로 바뀌게 된다. 그러므로 기계적으로 교반작업을 하여 덩어리를 붕괴시켜 통풍을 잘하고 통기량도 많게 하여 새로운 국균의 증식을 촉진시킨다.

배양시간은 40~48시간으로 국을 만드는 목적의 하나는 효소의 생산에 있으며 protease와 amylase의 역가에는 주목할 필요가 있다. Protease의 생산은 25℃전후의 중성 혹은 약알칼리성의 조건에서 왕성하게 되며 amylase는 35~40℃가 생산에 적합한 온도이다. 따라서 국의 용도에 따라서 온도와 pH를 조절해야 한다.

② 미생물

된장중의 효모는 유포자효모로서 *Saccharomyces, Hansenula, Pseudohansenula, pichia, Debaryomyces* 등이 존재하며 무포자효모로는 Torulpsis 등이 알려져 있다. 또한 방향성의 *Hansenula* 속의 효모는 우량공장의 우량된장에서 발견되는 일이 많으며 숙성기간을 통하여 *Saccharomyces* 속과 *Torulopsis* 속이 전반적으로 존재한다. 된장중의 세균도 효모와 마찬가지로 숙성에 중요한 역할을 하는 것으로서 *Bacillus subtilis, Bacillus mesentericus, Bacillus megatherius* 등이 존재하며 *Bacillus mesentericus miso*가 전반적으로 존재한다.

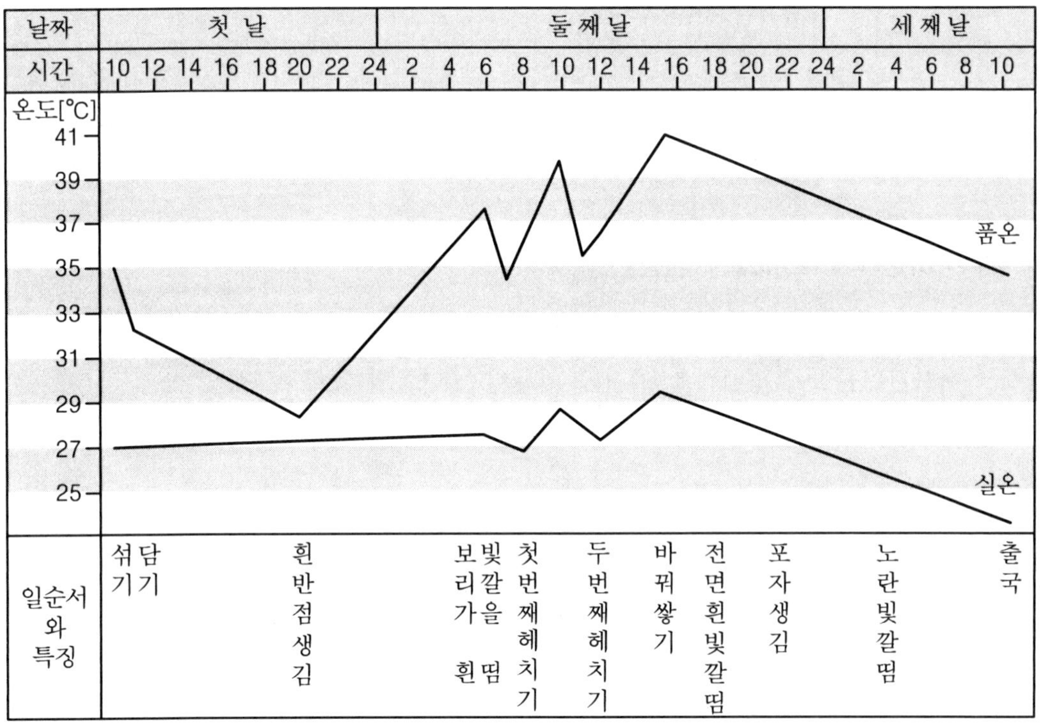

그림 4-5. 보리코오지 제조시 품온의 변화

6) 핵산 발효

(1) 핵산조미료

다시마의 정미성분인 GA의 발효생산법이 개발되고 수년 후에야 효모 RNA의 효소분해에 의한 가쓰오부시, 표고버섯 정미성분 5′-mononucleotide의 공업생산법이 개발되었다. 5′-inosinic acid(IMP)가 가쓰오부시의 정미성분이라는 것은 1913년에 밝혀졌지만 GA조미료처럼 공업화가 이루어진 것은 핵산의 구조, 분해효소의 작용방석, 분석방법 등의 생화학적 연구가 발전된 후였다. 또한 5′-guanylic acid(GMP)가 정미를 갖고 있음을 알게 된 것은 최근으로 GMP의 Na염이 정미를 갖고 있다. RNA분해법에 뒤이어 미생물 변이주를 이용하는 직접발효법 또는 발효와 유기합성의 조합법에 의해서도 정미성 5′ nucleotide의 공업생산이 이루어지고 있다. 최근에는 nucleoside, nucleotide와의 생합성, 상호변환 및 대사제어의 원리를 응용해서 정미성 nucleotide 뿐만 아니라 핵산관련물질을 공업 생산할 수 있을 만큼 연구가 현저하게 발전하고 있다.

(2) 정미성 nucleotide의 생산

① nucleotide의 화학구조와 정미성

핵산관련물질이 정미성을 가지기 위해서는 다음의 화학구조상의 조건을 갖추고 있어야 한다.

㉠ purine base를 가질 것

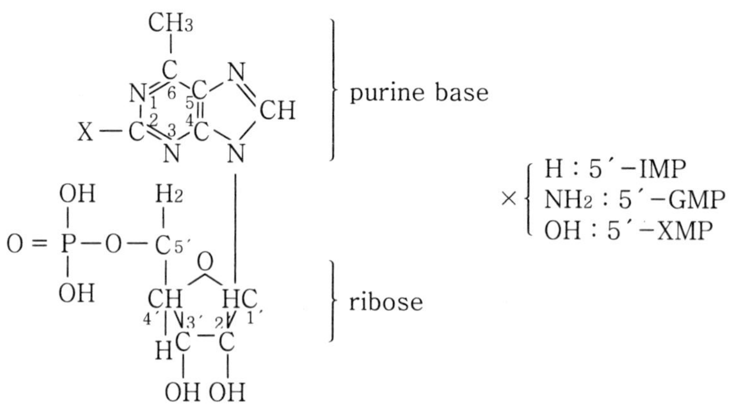

그림 4-6. purine base와 ribose의 화학구조식

㉡ purine base의 6′ 위치에 OH기를 가질 것
㉢ ribose의 5′ 위치에 인산기를 가질 것.

이상의 조건을 갖는 것은 5′-GMP, 5′-IMP, 5′-XMP으로서 맛의 세기는 GMP > IMP > XMP의 순이다. 당이 deoxyribose 경우에는 정미성이 다소 떨어진다.

nucleotide류의 정미성의 특징은 그것을 MSG와 혼합했을 때 단일품의 정미보다도 강한 정미가 나타난다는 점이다.

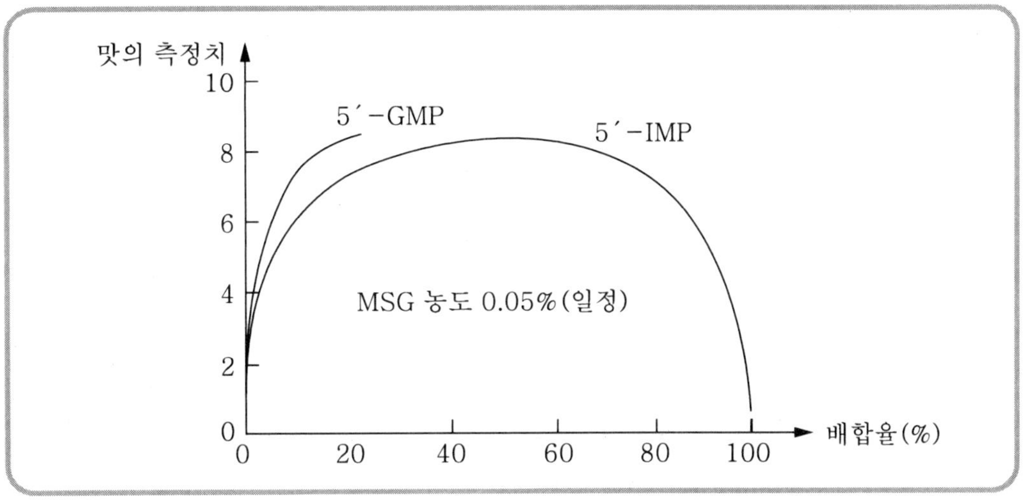

그림 4-7. MSG와 이노신산나트륨, 구아닐산나트륨의 배합비와 맛의 강화

이 상승효과 때문에 정미성 nucleotide의 Na염은 MSG와 혼합하여 이른바 복합조미료로서 시판되고 있다. 정미성 nucleotide의 생산방식에는 다음과 같은 세 가지 방법이 있다.

㉠ 리보핵산을 미생물효소나 화학적으로 분해하는 방법(RNA 분해법)
㉡ purine nucleotide 합성의 중간체를 배양액 중에 축적시키고 이것을 분리하여 화학적으로 합성하는 방법(발효와 합성의 혼합법).
㉢ 생화학적 변이균주를 이용해서 당으로부터 직접 nucleotide를 생산하는 방법(denovo합성), 이들 방법은 모두 공업적으로 이용되고 있다.

(3) 직접발효법에 의한 nucleotide의 생산

① IMP발효

아미노산발효와는 달리 nucleotide의 직접발효의 경우에는 생성물의 분해에 문제

점이 있다. 곧 IMP나 GMP를 축적하는 변이주가 조성되었다 하더라도 세포내에 phosphatase가 존재하기 때문에 배지 중에 실제 생성되는 것은 inosine이나 guanosine같은 nucleoside, 또는 분해가 계속 진행되어 hypoxanthine이나 guanine이 생성되는 경우가 많다.

최근에 feedback 조절기구와 세포막 투과성의 제어 기구를 교묘하게 해제하는 방법에 의해서 IMP수량 20㎎/㎖ 이상인 직접발효의 공업화가 가능하게 되었다.

여기서는 Furuya(1969) 등이 개발한 Brev, ammoniagenes의 변이주에 의한 5-IMP발효를 예로서 2종의 제어기구를 고찰해 보고자 한다.

상기균은 adenylosuccinate 합성효소가 결손된 adenine 요구주이다. 본 균에 의한 IMP발효를 지배하는 중요인자의 하나는 adenine첨가량이며, adenine 첨가농도가 높아짐에 따라서 균의 생육량은 증가하나 IMP의 축적량은 adenine 첨가량을 제한할 때 최대치를 나타내고 adenine 과잉 존재 하에서 생육량이 많을 때는 그 수량이 격감한다. 따라서 아데닌 첨가량이 제한되는 조건하에서만 IMP의 축적이 일어나는 것이 아데닌에 의한 본 효소의 feedback저해가 해제됨에 기인하는 것을 알게 되었다. IMP발효를 지배하는 제2인자는 세포막 투과성 인자로서 IMP 생산변이주이더라도 막의 투과성 장해 때문에 IMP를 세포 밖으로 분비하는 일이 제한을 받게 된다. Kishita 등은 IMP발효에 있어서 막투과성인자로서 Mn^{2+}의 중요성을 지적하고 있다. 아데닌이 적당량 존재하더라도 배지중에 Mn^{2+}이 과잉으로 존재하면 생육량이 현저히 증가하지만 IMP축적량은 반대로 감소한다. 이 경우에도 IMP의 최대축적은 Mn^{2+}첨가량이 제한된 조건하에서만 발생한다.

② GMP발효

최근에 이르러 XMP를 중간체로 하는 GMF발효가 현저히 발전되고 있다. Huruya 등은 Brev. ammoniagenes의 5′-IMP생산주로부터 유도된 5′-XMP생산주(adenine·guanine요구성변이주, KY13201)과 5′-XMP→5′-GMP전환균주(5′-nucleotide 분해능이 미약한 균주로부터 유도된 변이주 KY13503)를 혼합 배양하여 당질과 NH_3로부터 직접 GMP를 축적시키는 발효방식을 보고하였다. 그 발효공정은 그림 4-8과 같다.

발효조건으로서 2종의 균주의 혼합량비, glucose와 요소의 도중첨가가 매우 중요한 요소이다.

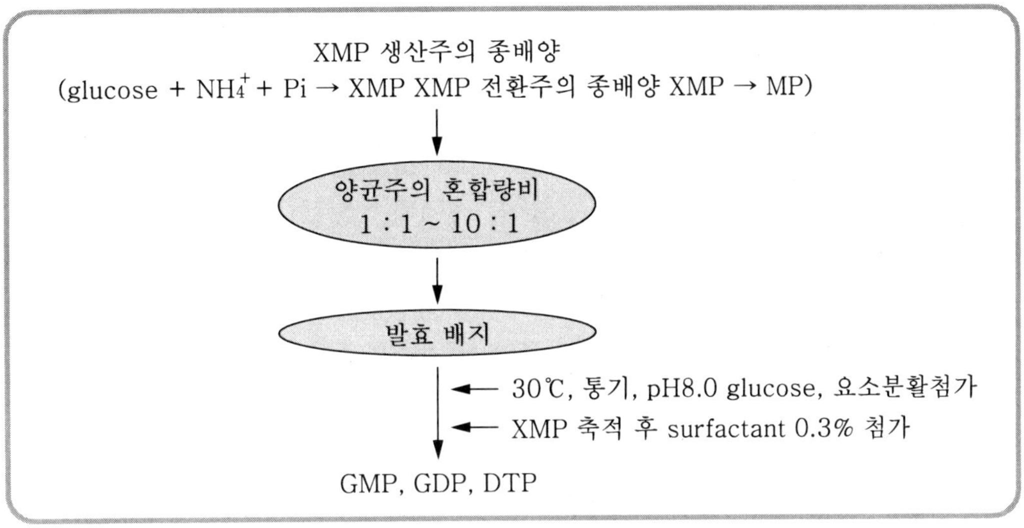

그림 4-8. GMP 발효 공정

4. 미생물 균체의 이용

1) 균체의 성분

균체를 구성하는 성분에는 세포를 구성하기 위한 필수적인 물질과 대사 과정 중 생성/저장/방출되는 물질의 두 가지가 있다. 특히 후자의 경우에 균체가 놓여진 환경과 영양 상태에 따라 그 함량은 커다란 변화를 보인다. 일부 미생물인 chlorella의 경우에는 곡물이나 동물의 간 같은 장기보다 더 높은 비율의 단백질 함량을 보여 주는 예도 있다.

(1) 단백질 및 아미노산

균체에는 2~12%의 질소화합물이 존재하며 이 중 60~75%가 단백태질소이다. 단백질의 함량은 하등 생물일수록 함량이 커지는 경향의 특징이 있으며 균체 단백의 아미노산 조성은 곡류에 결핍되기 쉬운 리진이 많다는 점이 특색이다.

(2) 탄수화물

탄수화물은 건조균체량의 10~60%를 차지한다. 글리코겐이나 레반 등이 에너지

표 4-11. 균체 성분표(수치는 건조물 100g에 대한 값)

	단백질(g)	지 질(g)	탄수화물(g)	회 분(g)	비타민			
					A(IU)	B_1(mg)	B_2(mg)	C(mg)
세 균	40~80	5~40	10 · 30	4.5~14	–	0.9~2.6	4~7	–
세 균 (기질: π–파라핀)	62~73	10~15	6~12	6~12	–	–	–	–
효 모	38~70	2~60	3~9	3~9	0	0.5~25	2.5~8.5	0
효 모 (기질: π–파라핀)	65~68.5	1.5~8.1	–	6~7.9	–	–	–	–
곰 팡 이	13~48	1~50	30~60	2.5~6.5	–	–	–	–
담 자 균 (양송이)	43.5	2.4	44.7	9.4	0	1.2	4.1	35
클로렐라	40~50	10~30	10~25	–	10,000~ 30,000	0.04~ 0.24	0.21~ 0.58	20~50
정 백 미	7.5	0.95	90.85	0.7	0	0.12	0.047	0
소의肝臟	73	12.4	8.9	5.7	18,000	1.1	7.8	107

저장물질로 세포 내에 저장되며 탄수화물과 같은 유사물질인 키틴 및 오탄당 등의 핵산의 일부인 리보오스, 데옥시리보오스도 존재하며 칠탄당 및 무람산(muramic acid) 등의 새로운 산성 아미노산도 발견되고 있다.

(3) 지 질

지질은 세포 성분 중에서 가장 함량 변화가 크며 보통 균체의 지질함량은 2~3%이나 특수한 경우에는 60%를 차지하는 균체도 있다. 균체의 지질은 식물유(油)와 비슷하며 구성 지방산에는 팔미트산, 스테아르산, 올레산, 리놀레산 등이 많다.

(4) 핵 산

핵산은 DNA와 RNA로 대별되며 생명유지에 있어 절대적인 존재이다. 특히 RNA 관련물질은 정미 작용이 좋다는 것이 알려진 후에 inosinic acid등의 조미료 원료에 사용되고 있다. 실제로 미생물 균체에는 핵산 함량이 많으며 효모균체에서 RNA를 대량으로 얻고 있다.

(5) 무기질

회분 중에는 P·K·Ca·Mg·Na·Fe·Mn·Zn·Cu·Co·Mo·Al·Cl 등 약 40여 종에 이르는 성분들이 알려져 있다.

(6) 비타민

균류는 일반적으로 비타민 B를 많이 함유하고 있다. 특히 효모에 비타민 B의 함량이 많으며 클로렐라는 비타민 A, C를 다량 함유하고 있다.

2) 식·사료용 미생물

(1) 식·사료로서의 효용성

건조 균체로부터 순수 분리한 단백질을 단세포 단백질(SCP)이라 하며 식용·사료용으로 사용되고 있다. 농업생산에 비하여 미생물 생산이 유리한 이유는 첫째 생산효율이 높으며, 둘째 공업적으로 대량 생산이 가능하다는 이점이 있기 때문에 세계적인 단백질 부족의 해결책으로 기대가 되고 있다.

(2) 식·사료용 효모

식·사료용으로 이용되고 있는 균주에는 효모와 담자균류 및 단세포 조류가 있다. 그러나 미생물의 경우에 증식 속도가 빠르며 단백질 함량도 좋으나 균체가 작아 그 생산물의 회수가 어려우며 안정성 확인이 불충분하다는 단점이 있다.

표 4-12. 탄화수소·메탄올 자화성의 식·사료용 균류

탄화수소 자화성균	효 모	*Candida, Lipolytica, Tropicalis, Intermedia, Petrophilum, Torulopsis, Brettanomyces*
	세 균	*Petrophilum, Corynebacterium, cerificans, Pseudomonas, Aeruginosa, Micrococcus, Methylococcus capsulatus, Methanica,*
메 탄 올 자화성균	효 모	*Saccharomyces sp., Pichia psatoris., Candida sp., Torulopsis glabrata, Kloeckera sp. Torulopsis methanovascence,*
	세 균	*Pseudomonas methanolica, Pseuomonas sp., Achromobacter methanolophila*

표 4-13. 식·사료용 균류 및 단세포 조류의 예

효 모	*Saccharomyces cerevisae, Saccharomyces carlsbergensis, Saccharomyces fragilis, Candida utilis, Candida tropicalis, Torulopsis pulcherima, Mycotorula japonica*
불완전균	*Oidium lactis, Fusarium lini*
곰 팡 이	*Rhizopus*속의 약간, *Aspergillus*속의 약간, *Penicillium*속의 약간,
세 균	*Escherichia coli, Aerobacter aerogens, Clostridium butylicum*
담 자 균	*Tricholoma matsutake*(송이버섯), *Lentinus edodes*(표고버섯) *Lyophyllum aggregatum*(방방이버섯), *Agaricus bisporus*(양송이)
단세포조류	*Chlorella pyenoidosa, Chlorella ellipsoidea, Spirulina Chlorella unlgaris*

① 효 모

현지 이용되는 균은 *Candida utilis*라는 무포자 효모이다. 이 균은 목재 당화액이나 펄프 폐액을 원료로 하여 생산이 가능하다.

② 식용버섯

버섯은 담자균에 속하는 것과 자낭균에 속하는 것 등이 있는데 대부분 전자에 속해있다. 자실체 배양은 아직 공업적 생산이 어려운 실정이다.

③ 단세포 조류

클로렐라와 세네데스무스 등의 단세포 조류가 이용되고 있다. 식물과 달리 효율이 쌀보다 3~5배의 효율을 가진 클로렐라는 세계 각국에서 양산체계로 배양되고 있다. 클로렐라는 단백 함량이 60~70% 높고 소화성도 높다.

(3) 식·사료용 미생물의 안전성

미생물 균체는 영양학의 문제도 중요하지만 식용으로 이용시의 안정성이 중요한 문제이며 균주의 특성인 방향족 탄화수소계의 발암물질이나 곰팡이 및 기타 독성 물질 검사가 필요하다.

Chapter

5 미생물과 신기술

1. 미생물의 유전자 조작

1) 유전자(gene)

유전인자라고도 한다. 유전에 관여하는 특정 물질의 존재에 대해서는 G.J.멘델이 1866년에 암시하였고 그의 가정에 의하여 멘델의 유전법칙이 성립된다. 유전적인 형질은 야생형(정상형)에 대하여 돌연변이형이 있을 때에 한해서 결정이 가능하기 때문에 유전자도 또 대립형질을 가진 형질에 대해서만 그 존재가 가정된다. 멘델은 그의 유전실험을 통하여 대립형질을 지배하는 데 우성인자나 열성인자가 있다는 것을 분명히 하였다.

1909년 W.L.요한센이 이 인자에 처음으로 유전자라고 명명하였다. 그러나 유전자의 개념은 초파리의 유전에 대하여 많은 연구를 한 T.H.모건에 의해서 확립되었다. 그는 유전현상은 염색체 위에 자리잡고 있는 유전자의 행동에 의해서 설명할 수 있다고 하는 전자설을 1926년에 제창하였다.

세포분열 때의 염색체의 행동, 염색체의 개체성, 유전자의 연관군과 염색체수의 일치, 전좌(轉座) 등 염색체의 세포학적 현상의 일치는 유전자가 염색체 위에 있을 것이라는 것을 믿게 해주고 있으며 감수분열 때 염색체 사이에서 일어나는 교차현상을 발견한 뒤, 모건은 유전자가 염색체에 선상으로 배열하고 있다는 것을 가정한다면 교차가 일어나는 빈도를 계산하여서 염색체 위의 유전자의 상호거리를 결정할 수 있을 것이라고 제창하였고 A.H.스터터터번트는 1913년에 3점시험에 의하여 염색체지도를 만들었다.

뒤에 초파리 침샘염색체가 발견됨으로써 염색체의 특정부위와 대응하는 형질의 발현이 잘 일치하고 있다는 것이 확인되었으며, 하나의 학설로 정착되었다.

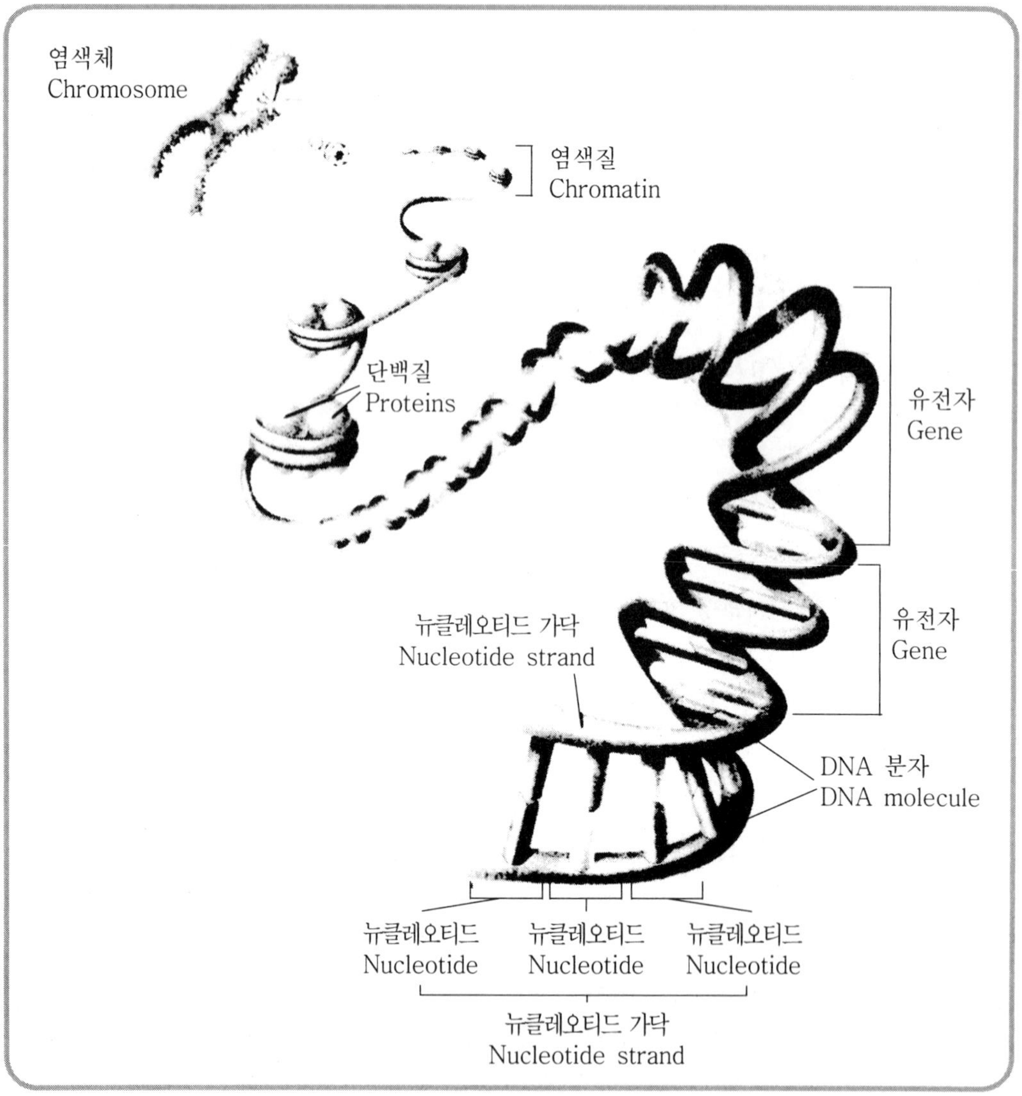

그림 5-1. DNA의 구조

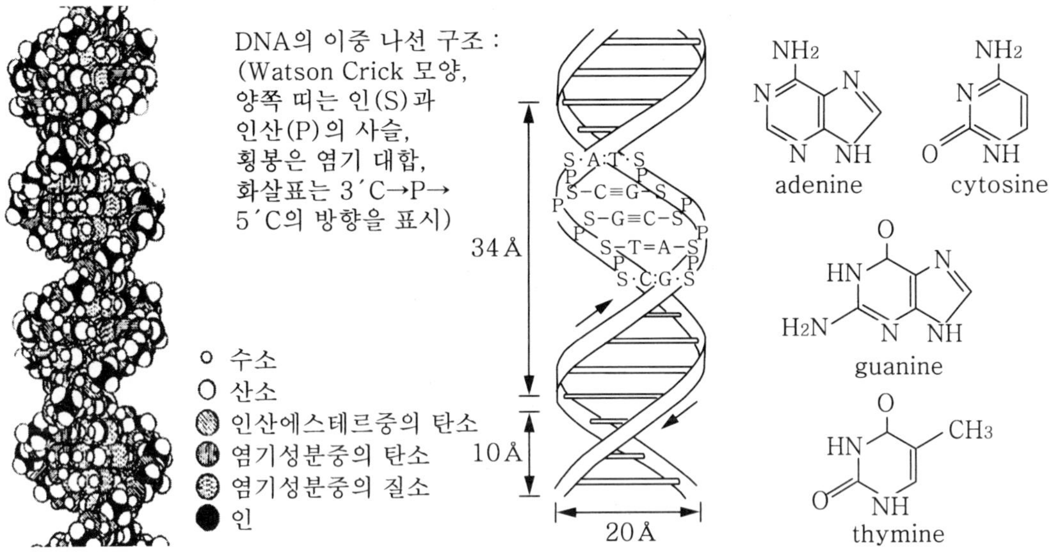

그림 5-2. 왓슨과 크랙의 DNA의 2본쇄 구조 모델과 각 염기의 화학식 구조

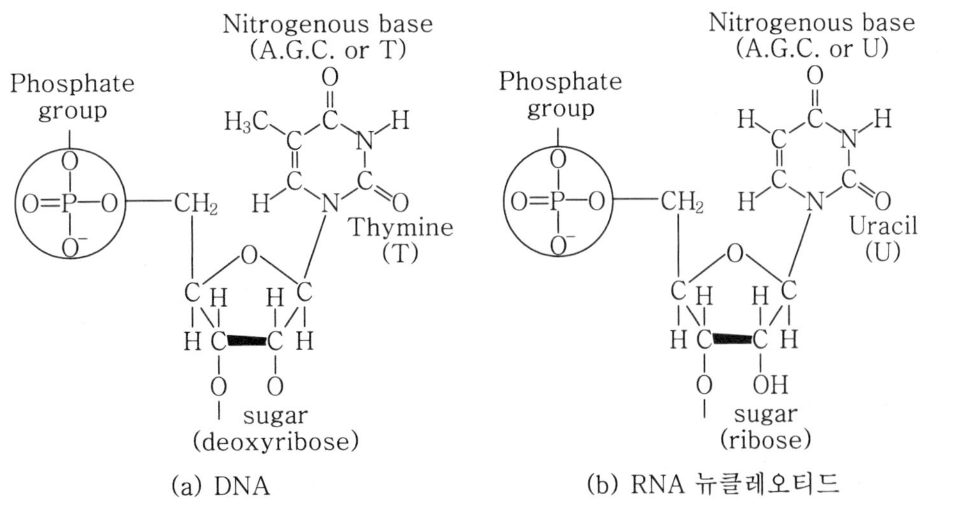

그림 5-3. DNA와 RNA의 구조

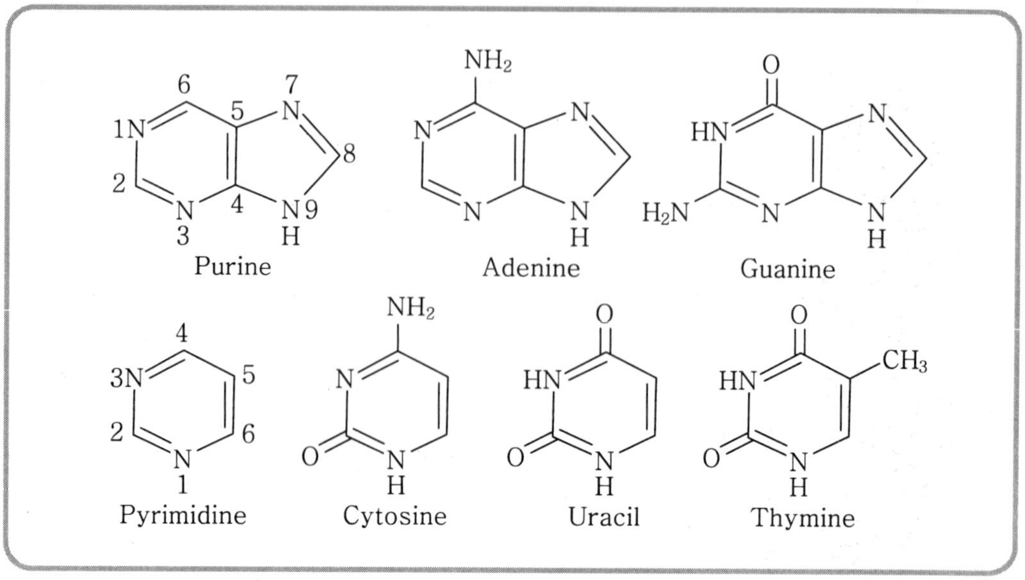

그림 5-4. DNA와 RNA의 염기 구조

(1) 1유전자 1효소설

유전자는 세포의 증식과 더불어 세포로부터 세포로 안정된 상태에서 전해지는 것이지만 때때로 여러 가지 원인에 의해서 유전자에 변화가 일어나게 되고 그 변화에 따라 변이체(돌연변이체)가 태어나게 된다. G.W.비들은 41년 E.L.테이텀과 함께 1유전자1효소설을 제창하여 유전자는 효소라는 단백질 분자의 생성과 관련이 있음을 내세웠다.

즉, 그들은 붉은빵곰팡이를 이용하여 유전자가 효소 생성에 관계하고 있다는 사실을 증명한 것이다. 붉은빵곰팡이의 야생종은 당분과 몇 가지의 무기염류 및 비오틴만을 포함시킨 최소배지에서도 생존에 필요한 양분을 합성하면서 잘 자란다. 그러나 X선조사를 받은 어떤 개체는 최소배지로만은 생존할 수 없고 다른 물질을 배지에 더 추가해 주어야 한다. 이런 변이종을 영양요구주라고 하는데, 최소배지에 아르기닌을 첨가하였을 때 잘 자란다면 이를 특히 아르기닌 요구주라고 한다.

비들 등은 붉은빵곰팡이가 아미노산이나 비타민을 합성하는 데 각 단계마다 각각 특정의 효소가 관계하고 있으며 영양요구주는 하나의 효소의 결여에서 온다는 것과 하나의 효소의 결여는 하나의 유전자의 부족에 기인한다는 것을 생각하여 결국 1유전자 1효소설을 제창하게 된 것이다.

(2) 발 견

유전자의 본체에 대한 연구는 여러 방면에서 이루어졌으나 그것이 DNA라고 하는 것이 밝혀진 것은 비교적 최근에 일이다. F.그리피스는 28년 폐렴을 일으키는 병원체인 폐렴균의 S형을 장기간 배양하던 중에 병을 일으킬만 한 능력을 상실한 R형이 생긴다는 것을 발견하였다. S형이란 폐렴균의 콜로니가 매끈한 다당류의 껍질을 가진 것으로 사람이나 쥐와 같은 동물의 체내에 들어갈 경우 폐렴을 일으키게 한다. 그리고 R형은 피막을 형성하지 않아 쭈글쭈글한 표면을 가지고 있으며 이것은 병을 유발하지 않는다. 또, S형이라도 이를 죽인 뒤 주사하면 발병하지 않는다. 그러나 죽인 피막의 균(S형)과 피막이 없는 균(R형)을 섞어서 쥐에 주사하면 그 쥐는 발병하고 쥐에서 피막이 있는 세균(S형)이 발견된다. 이 실험은 피막이 있는 세균의 DNA가 피막이 없는 세균 안에 들어가 피막을 만들고 독성을 가지게 한 것이라 하겠다. 이는 살아 있는 R형이 주입한 죽은 S형에 영향을 받아 R형에서 S형으로 변하게 되었고, 결국 병을 일으키게 한 것이다. 다음에 그리피스는 적은 분량의 R형이 들어있는 시험관에 죽은 S형의 추출액을 넣었을 경우에도 R형에서 S형으로의 변화가 일어난다는 것을 발견하였다. 이와 같이 변하는 것을 형질전환(形質轉換)이라고 한다.

O.T.애버리는 43년 S형으로부터 DNA를 순수분리하고 이를 R형인 폐렴균이 들어있는 배양액에 넣었을 때 역시 R형이 S형으로 전환하는 것을 관찰하였다. 또, 그는 DNA분자가 자기증식을 하여 그 특징을 다음 대에 물려준다는 것을 밝혔다. 이 실험결과는 유전물질이 바로 DNA라는 것을 뒷받침해 주는 것이다. 이와 같이 그동안 막연히 또는 추상적인 의미로서의 유전자가 구체적인 화학물질인 DNA로 밝혀진 것은 유전학 연구에 큰 발돋움이 될 수 있었다. 유전자의 본체가 DNA라는 것은 박테리오파지나 세균의 염색체로도 증명되었다.

즉, 세균에 감염되는 파지는 몸이 DNA와 그것을 둘러싸는 단백질로 된 막으로 이루어져 있는데 이것이 세균내로 침입할 때에는 피막을 벗어놓고 DNA만 들어간다. 세균의 체내로 들어간 박테리오파지의 DNA는 똑같은 형질을 가진 수많은 파지로 증식한 다음 박테리아의 세포막을 찢고 밖으로 나온다. 이것으로 보아 세균 체내의 파지 DNA는 새로운 DNA를 만들고 단백질로 된 피막까지도 만들어서 완전한 것이 된다. 이 현상 역시 DNA가 유전물질이라는 것을 가리켜 주는 것이다.

(3) 분 류

유전자가 세포내에 위치하는 장소에 따라 핵내유전자 · 염색체유전자 · 염색체외유전자 · 세포질유전자 · 엽록체유전자 · 미토콘드리아유전자 등으로 분류된다. 핵내유전자와 염색체유전자, 염색체외유전자와 세포질유전자는 같은 뜻으로 쓰인다. 엽록체유전자와 미토콘드리아유전자는 모두 세포질유전자에 포함된다. 이러한 유전자 사이에는 그 구조나 기능에 관해서 본질적인 차이는 없다. 그러나 염색체와 세포소기관 DNA의 사이에는 다음대로의 전달양식에 차이가 있다. 핵내유전자는 멘델의 유전법칙에 따라 유전하지만 세포질유전자의 전달은 이것에 따르지 않는다(1세포질유전).

(4) 작 용

유전자의 본체가 DNA라는 것이 여러 실험에 의해서 밝혀졌다. DNA의 분자구조는 53년 J.D.웟슨과 F.H.C.크릭에 의해서 밝혀졌다. 즉, DNA의 구성요소는 인산, 오탄당(디옥시리보오스)및 질소를 함유하는 염기성 고리화합물의 3가지가 결합해서 된 뉴클레오티드이다. 질소염기성분은 퓨린 유도체인 아데닌(A)과 구아닌(G), 그리고 피리미딘의 유도체인 티민(T)과 시토신(C)의 4가지가 있다.

DNA분자는 뉴클레오티드가 아래위로 연결된 이중나선 구조로 되어 있고 이중나선을 이루는 두 가닥의 사슬의 안쪽에 염기성분이 자리잡으며 상대방 사슬의 염기와 수소결합을 형성한다. 수소결합을 한 질소염기들은 그 상대방의 질소염기의 종류가 이미 정해져 있다. 즉, A는 T와, 그리고 G는 C와 상보적인 관계로 결합한다. 만일 질소염기 사이의 수소결합이 끊어지면 두 가닥의 사슬은 유리되고 서로 갈라지지만 뉴클레오티드들은 DNA사슬을 형성하고 있는 개개의 뉴클레오티드의 질소염기를 찾아 짝이 맞는 것끼리 서로 다시 수소결합을 하여 결국 2개의 꼭 같은 DNA의 이중나선구조를 형성하게 된다. 이것을 DNA의 복제라고 한다.

세포가 분열하여 새로운 세포를 만들 때마다 DNA들은 이와 같은 복제방법에 의해서 자기증식을 하고 이것들이 새 세포에 똑 같이 나누어 들어가기 때문에 어느 세포나 그 세포가 가진 DNA의 종류와 수는 꼭 같은 것이다. DNA가 주형(鑄型)이 되어 mRNA가 합성되고 mRNA의 질소염기의 배열순서에 맞는 단백질이 형성된다. 따라서 DNA를 구성하는 질소염기 가운데 한개의 염기라도 빠지거나 늘거나, 아니면 다른 것으로 바꾸어지면 mRNA의 질소염기의 배열에도 변화가 생기고, 따라서 단백질을 구성하는 아미노산의 종류가 달라지기 때문에 종전과는 다른 단백질이 형성된다. 이렇게 됨으로써 결국 돌연변이 현상이 나타나는데 이것은 바로 유전자의 변이가 일어난 것을 말한다. 어버이가 가지고 있는 무수한 형질은 유전정보로 유전자를 통하여 그대로 자식에게 전해진다.

한편, 생물로 체내에서 수없는 생화학반응을 일으켜서 생명을 유지하고 증식한다. 하나하나의 형질은 이들의 생화학반응의 결과 나타나는 것인데 이 반응의 대부분은 각각 특이적으로 작용하는 효소단백질에 의하여 촉매된다. 이 때문에 자식이 어버이와 같은 효소를 가지고 있으면 어버이와 같은 형질이 발현되는 것이 된다. 유전정보의 대부분은 이와 같은 단백질의 구조를 지시하는 처방선이며 이와 같은 단백질의 구조를 지시하는 정보의 단위가 바로 유전자이다.

유전자의 본체가 DNA이고 DNA는 결국 그 생물 특유의 형질을 지배하고 폴리펩티드를 합성하는 근본이 된다는 것이 밝혀짐에 따라 DNA의 조작에 의한 특정 단백질의 양산을 가능하게 하는 소위 유전공학적 응용분야가 발달하게 되었다. 어느 특정 단백질을 합성하는 데 근본이 되는 DNA부분을 잘라내서 세균이 가지고 있는 핵외염색체인 플라스미드를 빼내서 그 곳에 끼워 다시 세균으로 되돌려 보내면 세균의 증식과 더불어 플라스미드에 끼워 넣은 DNA에 의하여 그것이 지배하는 특정 단백질을 다량으로 생산하게 된다.

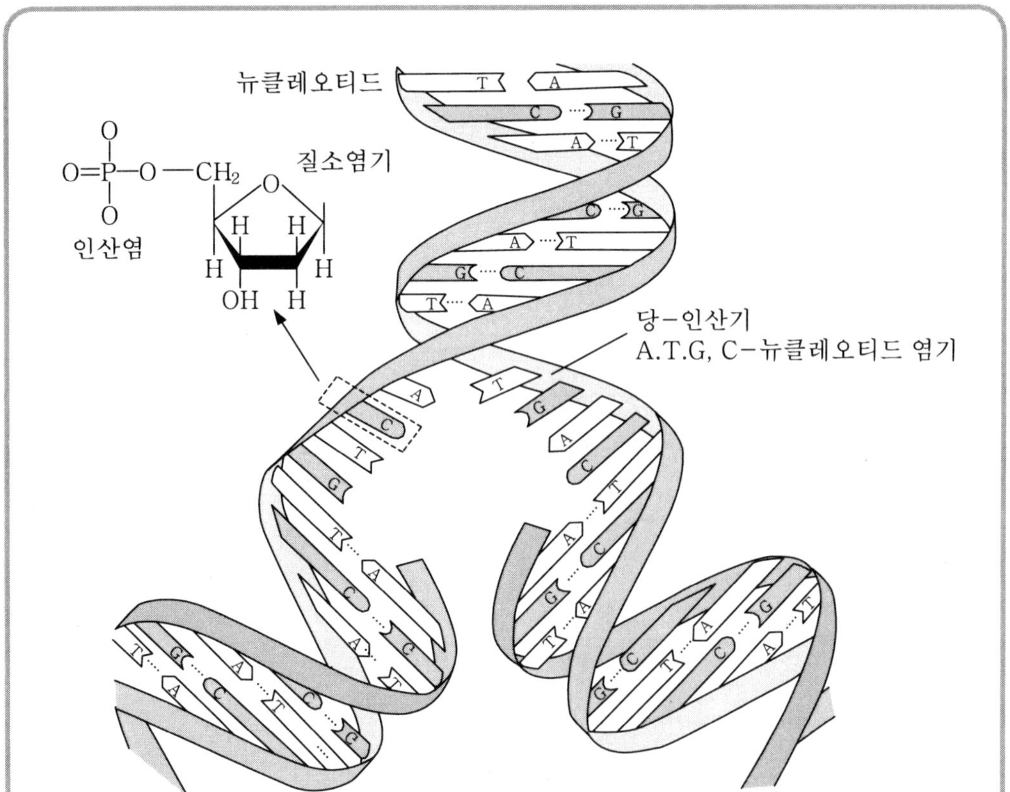

그림 5-5. DNA 가닥의 풀림과 복제

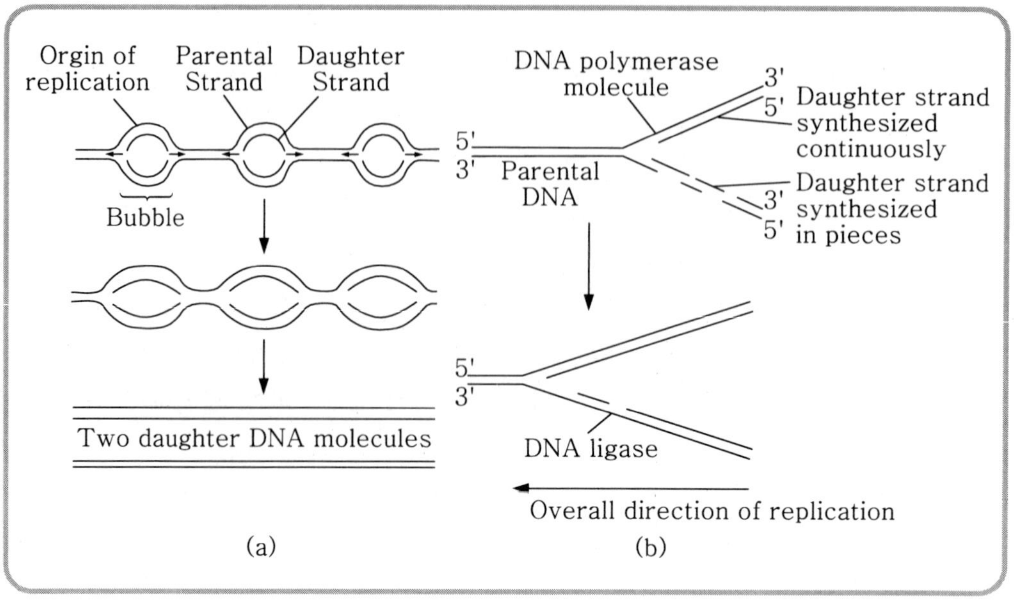

그림 5-6. 복제중인 DNA에 있는 여러 개의 복제 방울(a)과 DNA 딸가닥의 합성과정(b)

표 5-1. 유전암호의 사전

First Position (5 End)	Second Position: U		C		A		G		Third Position (3 End)
U	UUU	Phe	UCU	Ser	UAU	Tyr	UGU	Cys	U
	UUC		UCC		UAC		UGC		C
	UUC	Leu	UCA		UAA*	*Stop*	UGA*	*Stop*	A
	UUG		UCG		UAG*	*Stop*	UGG	Trp	G
C	CUU	Leu	CCU	Pro	CAU	His	CGU	Arg	U
	CUC		CCC		CAC		CGC		C
	CUA		CCA		CAA	Gin	CGA		A
	CUG		CCG		CAG		CGG		G
A	AUU	Ile	ACU	Thr	AAU	Asn	AGU	Ser	U
	AUC		ACC		AAC		AGC		C
	AUA		ACA		AAA	Lys	AGA	Arg	A
	AUG	Met	ACG		AAG		AGG		G
G	GUU	Val	GCU	Ala	GAU	Asp	GGU	Gly	U
	GUC		GCC		GAC		GGC		C
	GUA		GCA		GAA	Glu	GGA		A
	GUG+		GCG		GAG		GGG		G

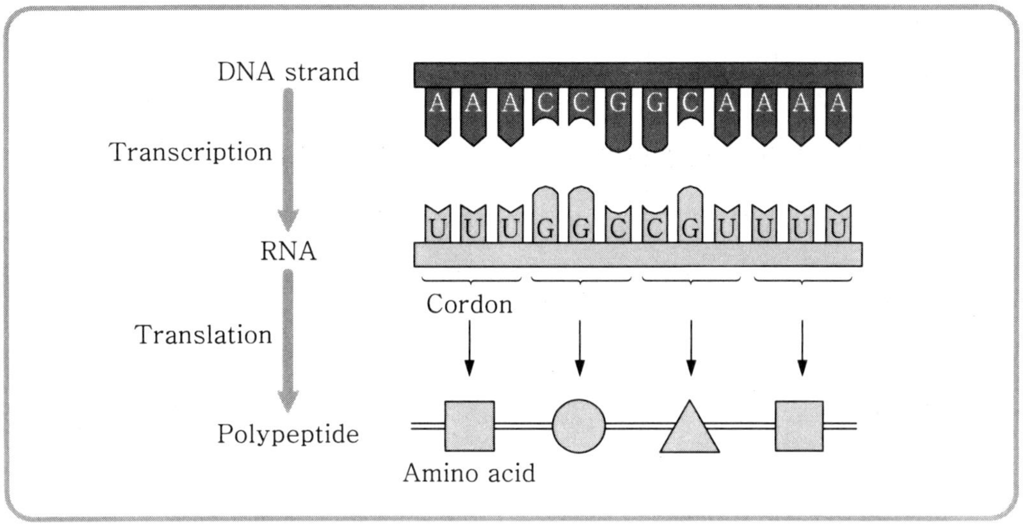

그림 5-7. 코돈의 전사와 해독과정

이와 같이 유전자의 조작에 의한 재조립의 기술은 장차 인류복지를 위하여 새로운 전기를 마련하게 되었다. 이와 같은 기술의 개발 가능성은 바로 그 동안의 유전자에 대한 획기적인 연구의 결과에 의한다. 유전자의 이용을 위한 꾸준한 연구의 결과는 장래 질병의 퇴치, 식량의 증산, 새로운 에너지 자원의 개발, 환경오염물질의 제거 등 오늘날의 문제를 해결하는 데 기여할 것이다.

2) 돌연 변이

(1) 돌연변이 유발인자(mutagen)

인공적으로 돌연 변이를 일어나도록 하는 자극을 변이유도제(mutagen)라고 한다.

표 5-2. 변이원의 종류

구 분	변 이 원
물리적 인자	방사선(X-선, γ-선, 중성자선), 고열처리, 자외선
Alkyl화제	Nitrogen mustard, methyl methane sulfate(MMS), ethyl sulfate(EMS), Methyl-N'-nitro sopguanidine(NTG)
염기 analog	5-Bromouracil(5-BU or BU), 2-aminopruine(2-AP or AP)
Acridine 색소류	Acriflavine(AF), proflavine(PF), acridine mustard(ICR 191)
기타 화합물	Mitrite(HNO2), hydroxylamine, 4-nitroqunolne(4NQO), sodium-p-dimethylamine-benzene-diazosulfonate(DAPA)

물리적 유도체로는 자외선(UV), X선, γ선 등이 있고, 화학적 유도제로는 nitrogen mustard나 과산화물, nitrosoguanidine, ethylmethane sulfonic acid가 있다.

(2) 유전적 조환(遺傳的 組換, genetic recombination)

이는 타세포 DNA의 삽입에 의한 변이라고도 하는데 이는 서로 다른 두 개체의 유전자가 조환되어 새로운 게놈(genome ; 하나의 세포가 가지는 유전자군)을 생성하는 것을 뜻하며, 이렇게 해서 생긴 세포는 양친으로부터 받은 복잡한 유전 정보를 지니게 된다.

진핵 생물에서는 유전적 조환은 유성 생식의 일환으로 흔히 볼 수 있으나 원핵 생물에서는 조건에 따라서는 빈번하지만 일반적으로는 드물게 볼 수 있는 현상이다.

원핵 생물에 있어서는 공여 세포의 유전자가 별도의 유전자형의 수용 세포내에 들어가서 수용 세포의 게놈에 휩싸이게 됨으로써 유전적 조환이 일어난다. 그 방법은 다음과 같다.

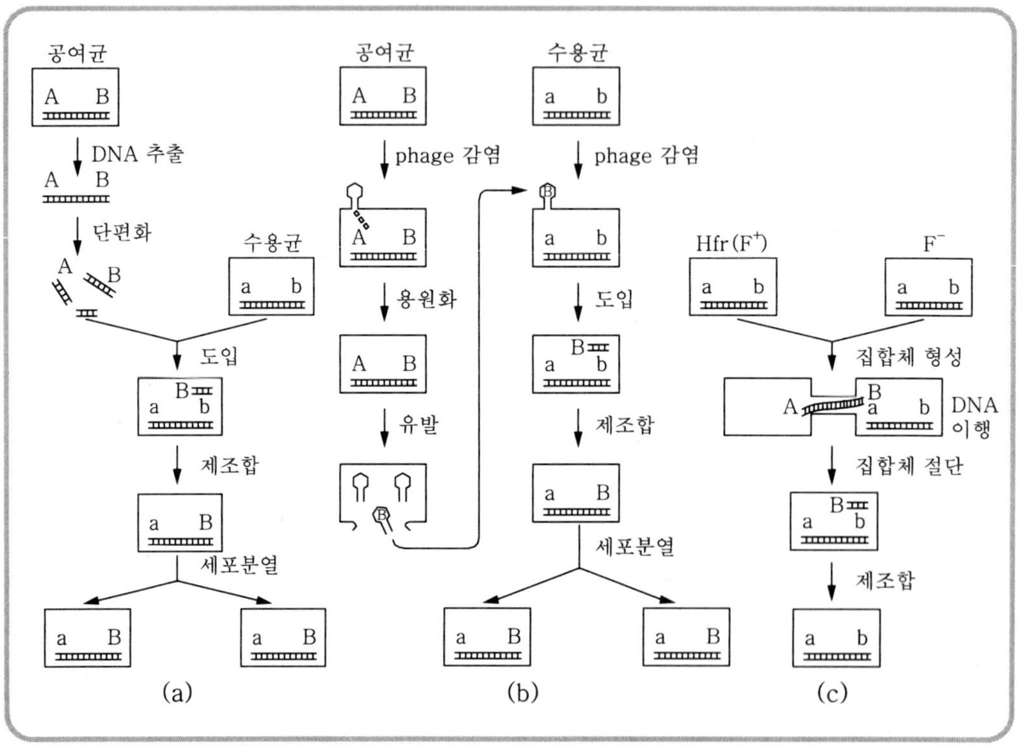

그림 5-8. 형질전화(a), 형질도입(b)과 접합(c)에 의한 유전정보의 전달

① 형질전환(transformation)

A라는 형질을 갖고 살아 있는 세균과 B라는 형질을 갖은 죽은 세균을 혼합하여 쥐에 주사하면 B라는 형질을 갖는 살아있는 세균이 나타나는 현상이다. 또는 B라는 유전형질을 갖는 세균의 DNA추출액을 A라는 유정형질을 갖는 세균에 혼합하면 B의 형질이 나타나기도 한다. 이것을 형질전환이라 한다.

② 형질도입(transduction)

A유전형질을 갖는 세균에 phage가 기생하면 그 phage는 A염색체의 일부를 가지고, 이것을 B유전형질을 갖는 세균에 이입시켜 새로운 세균의 유전형질로 변화시키는 현상이다. 단, 이 경우 숙주로 된 세균은 phage에 의하여 용균되지 않는 용원성 세균(溶原性 細菌, lysogenic bacteria)이어야 한다.

③ 접합(conjugation)

암수의 구별이 없는 생물이 세포의 융합이나 핵의 일부가 합체를 행하는 일.

3) 재조합(recombination)

이것은 2종의 세균이 접합하여 마치 고등생물과 같은 과정으로 염색체의 재조합을 일으키는 현상이다.

① 제한효소 이용

DNA의 특정의 염기배열의 부위를 끊어줌

② ligase

DNA를 연결해 주는 효소

③ plasmid

유전자의 운반체(vector)

④ 숙 주

유전자를 증폭시키는 생명체

⑤ cloning

유전자의 단편을 분리해서 증폭시키는 일

(1) 재조합 DNA기술

유전자재조합은 기본적으로 두 과정으로 이루어진다. 첫째는 DNA 단편을 플라스미드나 박테리오파지처럼 독자적 복제능력이 있는 적당한 유전인자 운반체(vector)에 연결시켜 주는 일이다. DNA 단편은 자기복제 능력이 없으므로 이것들이 새 숙주세포에 들어가서 유전자로서 기능을 할 수 있게 하기 위해서 작은 레플리콘(replicon : 플라스미드 또는 바이러스)에 연결시켜 그 숙주세포에서 자기복제할 수 있게 해 주어야 한다.

둘째 과정은 재조합된 DNA를 숙주세포 속에 주입하여 복제 및 유전정보를 발현시키게 하는 일이다. 이러한 두 과정을 합쳐서 재조합 DNA 기술 또는 유전자복제(遺傳子複製)라고 한다. 유전자 재조합은 크게 미생물유전자 재조합과 고등생물의 유전자 재조합의 두 가지로 나눈다. 이와 같은 구분은 유전자의 구조적 차이점으로 보나 기술적인 차이점으로 볼 때 합리적인 방법이라고 할 수 있다.

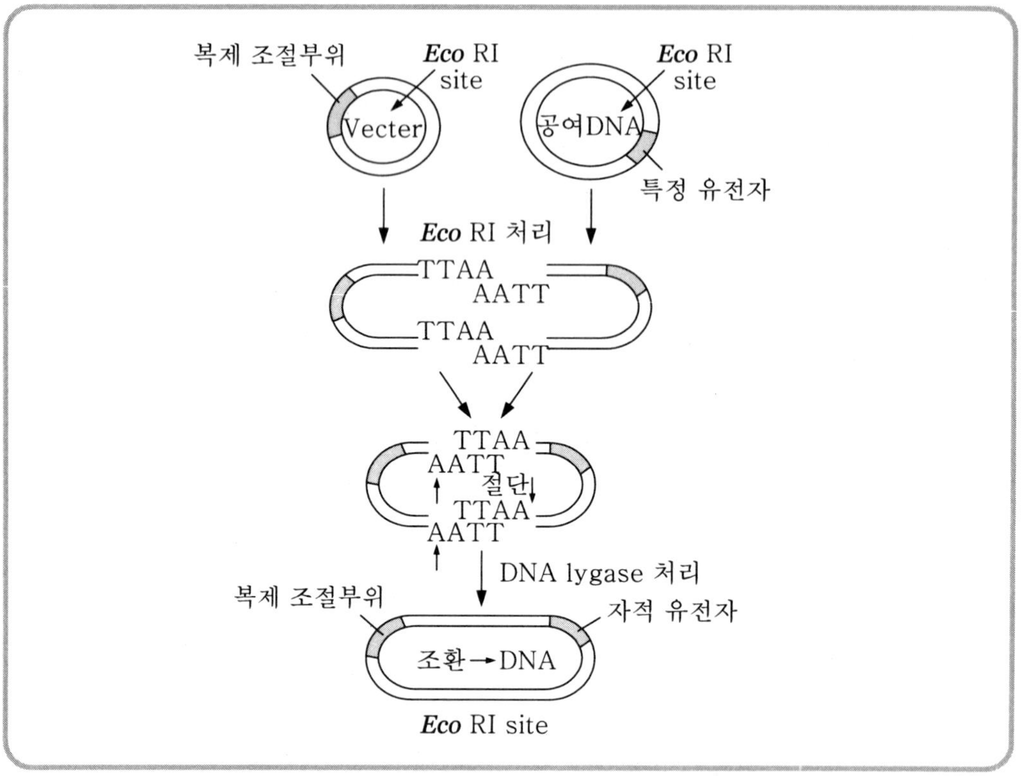

그림 5-9. 재한효소법에 의한 DNA 조합

(2) 유전자 재조합기술

① 미생물

현재 유전자조작에 대한 연구가 원핵·진핵세포를 재료로 해서 행해지고 있지만, 아직까지 대장균(*E.coli*)을 중심으로 한 몇 종의 원핵세포에서만 그 조작이 가능한 것으로 알려지고 있다. 대장균에 있는 플라스미드는 DNA고리로 된 핵외 염색체인데 자체가 복제할 수 있으며 몸 안팎으로 쉽게 출입할 수 있다. 플라스미드의 이 성질을 이용하여 다른 DNA 단편을 플라스미드의 DNA고리에 결합시켜 DNA의 운반체로 사용한다. 플라스미드를 세포 밖으로 끄집어낸 뒤 고리의 일부를 끊어야 한다. 이때 DNA 고리를 끊는 효소를 제한효소(制限酵素)라고 한다.

제한효소는 DNA의 구성성분인 뉴클레오티드의 질소 염기의 배열순서를 식별해서 작용하게 되므로 그 효소의 종류가 많다. 원래 제한효소는 박테리아의 체내에서 합성되는데, 이것은 원래 박테리아 체내에 들어온 외부의 DNA를 절단하여 변성시킴으로써 자신의 생존을 보위하는 기능을 가지고 있으며, 이 효소를 분리해 추출 정제해서 유전자 조작을 위한 DNA의 절단용으로 이용한다.

제한효소로 플라스미드의 고리를 끊고, 또 플라스미드 운반체에 끼울 유전자의 특정 부분의 DNA를 역시 제한효소로 끊어서 도막을 낸 뒤 이를 플라스미드의 끊어진 부분에 삽입하여 새로운 DNA의 고리를 만든다. 일반적으로 도막을 낸 DNA의 단편은 그대로 복제나 전사가 되지 않으나 이를 일단 플라스미드에 삽입하여 박테리아 체내에 도입하면 일단 DNA와 같이 자체가 복제를 하고 mRNA를 전사할 능력이 생긴다. 따라서, 플라스미드에 끼워 넣은 DNA의 단편이 인슐린이나 인터페론 등을 생성하는 것이면 박테리아가 증식할 때마다 인슐린이나 인터페론이 생성된다.

만일 배양액 내에 클로람페니콜(chloramphenicol)을 첨가하면 세포 내에 1,000~3,000개의 플라스미드를 복제하게 되므로 산물의 생산 수율을 크게 높일 수 있다. 플라스미드와 DNA 단편의 연결을 위해서는 리가아제라는 효소가 필요하며, 외부의 DNA 단편을 가지게 된 플라스미드는 DNA의 운반체로서 다시 세포의 체내로 도입된다. DNA의 운반체로 파지가 있는데, 박테리오파지 λ가 가장 널리 연구되었고 유전자 조작연구의 시초부터 운반체로의 이용 가능성이 고려되었다.

현재 많은 λ유도체가 운반체로 개발되고 있다. 즉, 이들 유도체들은 DNA 단편을 삽입할 수 있도록 1개의 제한효소 절단부위를 가지며, 또는 2개의 제한효소 절단부위를 가지므로 그 사이의 DNA 절편을 끊어 제거하고 다른 DNA 단편과 바꿔치기 할 수 있게 된 것이다. 파지운반체는 일반적으로 박테리아에로의 도입효율이 높고

파지플라크(phage plaque)에서 직접 재조합 DNA를 확인할 수 있다.

플라스미드 DNA와 λDNA를 묶는 데 필요한 부분(cos 부위)과의 재조합으로 만들어진 코스미드운반체(cosmid vector)들이 최근에 많이 이용되고 있다. DNA단편과 재조합된 코스미드 DNA는 배양상태에서 λ파지로 묶어서 선택적으로 대장균에 감염시킬 수 있으며, 일단 숙주 속으로 들어가서는 플라스미드처럼 복제되고 발현되는 이점이 있다.

일반적으로 DNA 단편은 제한효소나 기계적 방법으로 정제된 DNA를 20kb(1.4×10 7M.W)까지의 크기로 절단하여 얻거나, 또는 역전사효소(逆轉寫酵素)를 이용하여 mRNA를 역전사해서 얻거나 또는 직접 DNA를 화학적 합성에 의해서 얻게 된다. 이들 DNA단편들은 단리된 순수한 것을 사용하기도 하지만 단편들의 혼합물을 사용하여 숙주에 도입한 후 특징한 DNA단편이 삽입된 재조합체를 선별하기도 하는데 이를 쇼트건(shot-gun)방법이라고 한다. DNA단편들은 제한효소에 의해서 끊어져 나오는 것인데 각종 미생물로부터 100여 종이 분리 정제되었고, 이들 중 특이성이 다른 수십 종은 시판되고 있다.

제한효소에는 두 가지 형이 있는데, 그 가운데 하나는 Ⅰ형이다. 이는 DNA상에 특이적인 인식부위는 있어도 전달부위의 염기배열이 일정하지 않으므로 특정의 분자량을 가진 DNA단편의 생산이 어려워서 별로 이용되고 있지 않다. 한편, 다른 한 가지의 제한효소는 Ⅱ형이다. 이것은 Hpa I, Hae Ⅲ처럼 DNA의 2가닥 사슬을 동일지점에서 끊어 둔단(鈍端 : blunt-end)을 가진 DNA절편을 생성하는 것과, Eco R I, Pst I처럼 2가닥 DNA사슬을 몇 염기씩 떨어져서 한 가닥씩 절단하여 몇 개의 염기로 된 한가닥 상보적 부착단(附着端 : cohesive-end)을 가진 DNA의 절편을 만든다. 이 중 상보적 부분을 가진 DNA절편이 재조합하기가 쉬워 간단한 DNA의 합성에는 이것을 흔히 이용한다.

적당한 제한효소가 없을 때에는 기계적 절단방법을 이용하기도 한다. DNA의 단편을 플라스미드에 연결할 때에는 DNA를 절단한 방법에 따라 다르다. 부착단 방법에 의해서 DNA가 절단된 경우와, 둔단 방법에 의한 예는 다음과 같다. Eco R I에 의하여 절단된 DNA의 말단은 AATT의 염기순으로 되어 있고 Hind Ⅲ은 AGCT, Bam H I는 GATC의 염기순으로 되어 있다. 이들 말단 부위는 각각 분자의 반대쪽 말단의 상보적 사슬과 수소결합으로 결합하여 고리 모양 구조가 될 수도 있고, 또는 다른 DNA의 단편과 재결합 DNA를 형성할 수도 있다.

이들 결합은 DNA리가아제에 의해서 연결되든지, 숙주에 도입된 후 숙주세포의 효소계에 의해서 공유결합으로 연결된다. 이 방법은 DNA절편을 연결하여 재조합 DNA

를 만드는 데 가장 간단한 방법이며, 같은 제한효소를 이용함으로써 원래와 똑같은 DNA단편을 생산할 수 있다는 이점이 있다. 둔단 방법에 의해서 절단된 DNA의 절편은 T_4 DNA리가아제에 의해서 서로 연결시킨다. 이 방법은 DNA의 절편을 그들의 말단 염기 배열과는 관계없이 연결시킬 수 있어서 이점이 되고 있다.

또 다른 방법으로 호모폴리머 테일링(homopolymer tailing : 單獨重合體精製化)방법이 있다. 이것은 DNA단편들을 연결하기 위하여 일반적으로 가장 흔히 적용하는 방법이다. 한 DNA절편의 한 가닥사슬의 끝에는 올리고(dA)를, 상대편 사슬의 다른쪽 끝에는 올리고(dT)의 꼬리를 달아 이들의 상보적 염기쌍의 연결에 의해서 고리 모양의 재조합 DNA를 형성하는 방법이다. 호모폴리머 테일링에는 흔히 송아지의 흉선에서 추출한 터미널 뉴클레오티딜 트랜스퍼라아제(terminal nucleotidyl transferase)라는 효소가 사용된다. 이런 여러 가지 방법으로 플라스미드 운반체에 실린 재조합 DNA는 숙주세포로 들어간다.

대장균은 $CaCl_2$로 처리하면 외부의 DNA를 받아들인다. 이 방법에 의해서 대장균, 살모넬라, Enterobacter, 슈도모나스 등에도 DNA에 의한 형질전환이 가능하며 플라스미드를 운반체로 사용한다. 대장균을 숙주로 사용할 경우에는 박테리아를 Mg^{2+}을 함유한 용액으로 씻고 4℃에서 Ca^{2+}용액에 현탁시켜 재조합 DNA를 이에가하면 도입된 재조합 DNA에 의한 형질이 표현된다. 숙주세포는 재조합 DNA를 받아들일 수 있고, 도입된 재조합 DNA를 안전하게 복제하여야 하며, 또 재조합유전자의 유전정보를 발현시킬 수 있어야 한다.

대장균에서 핵산중간분해효소 I (endonuclease I)이 결여된 end A－ 변이주는 야생주(野生株)보다 형질전환 효율이 높다. 도입된 재조합 DNA가 숙주의 제한효소계에 의해서 파괴를 받을 수 있기 때문에 제한효소 결여주를 숙주로 써야 한다. 또는 숙주세포의 DNA회복 유전인자들(rec gene)에 의하여 재조합 플라스미드의 구조가 변할 수 있기 때문에 이를 방지하기 위하여 rec A－변이주가 숙주로 자주 쓰인다. 또, 재조합 DNA의 존재가 발현되어 RNA와 단백질이 합성될 경우 숙주세포의 생장을 저해하거나 숙주세포에 독성을 주거나 또는 돌연변이율(突然變異率)을 높이는 경우도 있다.

② 고등생물

고등생물의 핵 속에 들어 있는 거의 모든 유전자에는 중간에 쓸모없는 DNA조각들이 끼어 있으며, 이 점은 미생물의 유전자 구조와 다르다. 따라서, 유전정보가 전사되는 과정이 서로 다르다. 고등생물의 핵 안에서는 RNA중합효소(polymerase)에 의해서 pre-mRNA가 합성된다. 이 pre-mRNA에 들어 있는 쓸데없는 부분(cintron)을 스플라이싱 효소(splicing enzyme)가 제거하고 유전정보가 들어 있는 부분(exon)을 연결한다.

이 과정에서 mRNA의 5'-말단에는 7-메틸구아닐산염이 피로-인산 결합상태로 연결되며, 꼬리 부분인 3'-말단에는 폴리 A가 붙는다. 이와 같은 과정으로 합성된 고등생물의 mRNA는 핵막을 통해 세포질로 나와서 단백질합성에 참여한다. 7-메틸구아닐산염이나 폴리 A는 mRNA가 갖가지 파괴효소로부터 공격받는 것을 방어하는 것으로 알려져 있다. 미생물인 경우는 핵이 없으므로 mRNA는 즉시 전사되면서 단백질을 합성한다.

즉, 스플라이싱계가 미생물에는 없다. 따라서, 고등생물의 DNA를 고등생물의 핵 속에 있는 상태로 추출해서 미생물 속에 이주시키는 데는 여러 가지 문제점이 생긴다. 이 점을 보완하기 위하여 대개의 경우 mRNA로부터 거꾸로 전사한 상보 DNA(complementary DNA)를 만들어서 이것을 미생물에 주입시켜 형질을 발현시킨다. 대개의 경우 특정 세포에서 먼저 mRNA를 추출한다.

일반적으로 올리고(dT)-셀룰로오스나 폴리 U-세파로오스(sepharose)로 폴리 A가 붙은 mRNA를 뽑아서 이를 실험에 이용한다. 흔히 mRNA를 도롱뇽 알에 넣어서 단백질이 합성되게 한다. 원하는 단백질의 합성이 확인되면 그 mRNA를 역전사효소(reverse transcriptase)로 cDNA를 만들고, 알칼리 처리로 RNA를 제거한 뒤 한 가닥 사슬로 되어 있는 cDNA를 주형으로 하여 DNA 의존성 중합효소를 이용해 2가닥의 사슬로 된 cDNA를 합성한다. 이렇게 해서 된 cDNA는 원래의 유전자의 DNA(genonaic DNA)와 달리 인트론은 존재하지 않는다.

이와 같이 거의 순수하게 유전정보를 갖고 있는 cDNA를 합성한 뒤 플라스미드 등의 운반체에 끼워 박테리아에 도입한다. 박테리아는 체내에 들어온 이종 DNA의 유전정보를 그대로 발현하여야 하는데, 대개 이를 검정하기 위하여 유전자운반체에 유전적 표지, 즉 항생제에 대한 저항성, 영양요구형 또는 플라크 형성 등을 이용한다.

최종 생성물질을 선별하기 위해서는 일반적으로 면역학적 방법(radioimmunoassay) 또는 ELISA(enzyme-linked immunosorbent assay) 방법을 이용한다. 근래에 잘 알고 있는 사람의 인슐린, 인터페론 또는 소마토스타틴 등은 이런 방법에 의해서 생산이 시도되고 일부 성공하고 있다.

4) 세포 융합

인접한 세포들이 융합하여 격막이 소실된 결과 세포의 다핵화(多核化)가 일어나는 현상을 세포융합이라 하는데, 자연계에서는 생식세포의 수정, 또는 근원세포의 다핵 근육세포에로의 분화의 시기 등에서 볼 수 있다. 세포를 배양하는 과정에서 세포융합이 자연스럽게 일어나는 경우도 가끔 있다. 동물의 바이러스 가운데 숙주세포를 높은 빈도로 융합을 유발시키는 능력이 있는 것들이 알려져 있다.

DNA형인 천연두 바이러스와 헤르페스 바이러스(Herpesvirus), 그리고 RNA형인 파라믹소바이러스(Paramyxovirus) 등이 유명하다. 후자에 속하는 센다이바이러스(Sendaivirus : HVI)가 가장 잘 알려져 있으며 감염력을 없앤 HVI의 세포융합 활성을 이용하여 이종세포 상호간을 융합시켜서 잡종세포를 인공적으로 만들 수 있게 되었다. 또, 화학물질에 의해서도 세포융합을 유도할 수가 있으며, 가령 리졸레시틴(lysolecithin)이나 폴리에틸렌글리콜 6000(polyethylen glycol 6000) 등이 알려져 있다. 이것들을 이용하면 동물세포나 식물세포의 세포벽을 제거한 원형질체(protoplast)의 융합도 가능하다.

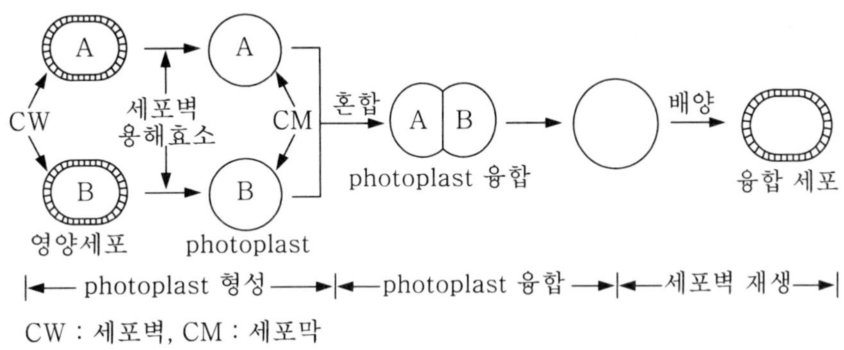

그림 5-10. 효모의 세포 융합

동물인 경우 쥐와 생쥐, 햄스터와 생쥐, 생쥐와 사람의 세포 사이에 세포융합을 하여 잡종세포를 만드는 데 성공하였다. 문제는 이렇게 융합된 잡종세포가 과연 정상적인 세포로서 기능을 다 할 수 있는지 하는 점이다. 세포가 융합하면 융합된 세포의 핵도 합쳐져서 단일의 핵을 만들고, 두 종류의 세포가 가진 염색체를 가지고 있으며 계속 분열을 하여 집단을 만든다. 그러나 장기간 계속 배양하면 일부의 염색체가 소실되고, 따라서 총염색체의 수가 감소하게 된다.

그런데 서로 다른 종의 세포가 세포주기를 통해서 일어나는 일련의 화학반응의 신호가 다른 쪽의 세포에서도 해독(解讀)된다는 것이 밝혀졌다. 이와 관련해서 잡종세포에서는 기능적으로도 정상인 잡종효소가 합성된다. 예를 들면, 쌍방의 원래 세포와 같은 형의 효소(예 : LDH)를 합성한다. 생물학적으로는 세포융합 방법을 통해 세포분화의 기작을 해명하는 데 도움이 된다.

생물공학적으로 가장 각광을 받는 세포융합의 응용은 바로 단일클론성 항체의 생산일 것이다. 즉, 림프잡종세포종(hybridoma)을 이용한다. 하이브리도마란 시험관 내에서 생존 증식이 되는 암세포와 생체로부터 추출한 어느 특정의 분화형질을 가진 대형세포와 융합시켜서 만든 잡종세포를 가리킨다. 이것의 대표적인 것은 림프구하이브리도마이며, 특히 골수종세포(myeloma cell)와 비장이나 림프절에 들어 있는 림프구 가운데 항체산생세포의 선구세포인 B세포를 융합한 잡종세포는 단일 클론항체를 만들며 연구와 임상에 널리 응용된다.

일반적으로 항체를 얻으려고 할 때에는 항원을 동물체에 주입하는 방법에 의하지만, 이때의 항체의 복합체가 만들어진다. 그러나 어느 1개의 항체산생세포는 1종류의 항체만을 만들게 되므로, 골수종세포와 항체산생세포와의 세포잡종으로 항체를 만들어 한 개 한 개의 잡종세포를 클론배양하면 1개의 클론 세포군은 단 한 가지 종류의 같은 항체를 만드는 세포들로만 된다.

이와 같이 해서 얻어지는 것이 단일클론항체이다. 이 항체는 생체, 또는 세포에 미량밖에 없는 물질을 검출하고 동정(同定)하며, 또 생체내에서의 소재를 알아보는 데 유용한 수단이 된다. 암을 비롯하여 간염 등 각종 질병의 진단·치료·독소의 중화 등에의 실용화도 이미 시작되고 있다. 세포융합에 의한 세포잡종의 이용은 식물체에까지 이르게 된다.

유성생식적으로는 교잡이 전혀 불가능한 이종속간에 세포융합의 방법에 의하여 잡종식물을 만들 수 있게 된 것이다. 식물의 세포잡종을 얻으려면 먼저 세포의 세포벽을 제거하여 원형질체인 프로토플라스트를 만들어야 한다. 원형질체는 세포막으로 싸여 있으며 동물세포와 같은 모양을 가진다. 세포를 고장액(高張液) 속에서 세포벽 분해효소로 처리함으로써 원형질체를 얻을 수 있다.

세포벽 분해효소로는, 세균에는 리소자임(lysozyme), 효모와 사상균에는 달팽이의 소화관액, 고등식물의 세포에는 셀룰라아제(cellulase : 섬유소분해효소)가 쓰인다. 세포벽으로부터 빼낸 원형질체는 원래의 세포 모양에 관계없이 구형이며 저장액(低張液)에 옮기면 흡수에 의하여 팽창하여 파열한다. 그러나 적당한 삼투압을 유지하는 배양액에서는 세포로서의 여러 가지 활성을 유지하고, 또 고분자물질이나 입자의 흡수, 세포융합 등 보통의 세포에서는 볼 수 없는 현상을 보여준다.

서로 다른 종의 세포잡종은 두 가지 세포의 유전형질을 동시에 발현한다고 믿어지고 있기 때문에 토마토의 세포와 감자세포를 융합시키면 줄기 위에는 토마토가, 땅 밑에는 감자가 달리는 이른바 포마토(pomato : potato와 tomato의 합성어)가 된다.

5) 핵치환

어떤 세포로부터 핵을 도려내어 이미 핵을 제거한 다른 세포에 옮기는 것을 핵치환이라 한다. 핵과 세포질과의 관계를 조사하는 수단으로 쓰인다. 이 방법은 발생 · 분화 과정에 있어서의 핵과 세포질의 역할을 알아내는 데 매우 유효하다. 개구리의 발생 도중에 있는 세포의 핵을 무핵란에 이식하면 핵 그 자체가 단계적인 분화를 하고 있음을 알게 되었으나, 이미 분화가 끝난 올챙이의 장의 핵을 자외선을 쬐어 핵을 죽였거나 핵을 도려낸 무핵란에 이식하여 완전한 개구리의 성체까지 발생시키는 데 성공한 예도 있다.

이로 보아 핵은 분화하더라도 그것은 비가역적이 아니라는 것을 알 수 있다. 포유류의 난자에 핵을 이식하려는 실험이 근래에도 활발히 행해지고 있으며, 쥐의 수정란에서 핵을 제거하고 대신 다른 쥐의 체세포핵을 집어넣어 발생시키는 데 성공하기도 하였다. 이로 보아 고등동물들도 핵을 바꿔치기 함으로써 복제가 가능해질 것이며, 이 방법이 보편화된다면 축산에 크게 기여할 것이다.

위에 설명한 여러 가지 방법은 근본적으로 핵내의 유전물질을 다루면서 그의 형질 발현을 이용하여 인류에게 도움이 되는 물질을 생산하게 하는 것이다. 가령 인슐린·인터페론·성장호르몬뿐만 아니라, 간염왁친 또는 인플루엔자의 왁친생산 등을 재조합 DNA 기술을 활용해서 값싸고 대량으로 얻을 수 있게 하며, 단일클론항체의 생산, 질소고정, 곡물질의 개량, 신품종의 제조, 내성작물의 개발, 광합성촉진 등을 세포융합 등의 방법을 써서 가능하게 하며, 또한 대체식물의 생산, 알코올·효소 등을 대량 생산할 수 있다.

그뿐 아니라 폐수의 정화와 대체에너지원의 개발 등 유전공학은 곧 직면하게 될 문제점을 해결하는 분야가 될 것이라고 예견하고 있다. 유전공학은 일반적으로 미생물의 유전자를 다루기 때문에 간혹 발생할지도 모를 잠재적인 위험성을 내포하고 있다. 독성이 있는 미생물이 실험과정에 공기 속으로 누출될 가능성이 있으며, 또한 악성(惡性)인 돌연변이종이 밖으로 누출되어 인간에게 해를 줄 수도 있다. 각국에서는 유전공학 안전지침을 제정, 미생물학자들이 지키도록 하고 있다.

2. 바이오테크놀로지

생물공학 또는 생명공학이라고도 한다. DNA 재조합 기술을 응용한 여러 가지 새로운 과학적 방법 등도 이에 속한다. 생물공학의 정의와 대상 내용은 시대에 따라 크게 변화되어 왔다. 현재는 생명과학의 전체 분야를 학제간의 구별없이 연구하는 기초적 학문과 이를 기반으로 새로운 기술의 개발을 목적으로 삼은 응용분야를 모두 내포하고 있다.

유전공학(genetic engineering)이 대두되면서 바이오테크놀로지란 용어를 쓰기 시작했지만 유전자 공학의 공업적 응용에 국한되지 않고 발효공학, 하이브리도마공학(모노클로난 항체 생산), 농업공학(동식물의 형질전환) 등 광범위한 내용을 포용한다.

1) 연구사

바이오테크놀로지의 시초는 생명체의 구조와 기능을 모방하여 공학적 기계생산 또는 그 공정을 응용해서 물질을 생산하는 데서 비롯되었다. 즉, 1960년대까지는 미생물을 이용한 발효공업과 같은 식품 · 조미료 · 알콜 생산의 산업적 공정 및 생산과 의약품을 개발하는 분야였다. 1960년대 이후 컴퓨터기술의 개발과 함께 로봇 제어기술을 뒷받침하는 인공지능에 관한 연구, 인간의 작동에 적합한 기계설계를 위한 인간공학의 연구 등이 등장했다.

특히 생물계에 존재하는 피드백 조절(feedback regulation)을 이용한 동물의 신경계와 운동의 조화를 적극적으로 활용하는 과학기술이 대두하여 이를 바이오닉스(bionics)라고도 한다. 병의 치료와 진단에 전자공학-기술을 활용한 분야를 의용공학(medical electronics 또는 medical engineering)이라 하며, 인체의 생리적 특성을 공학적 측면에서 연구하는 생체공학과 구별한다. 생체기능의 메커니즘이 분자 수준에서 이해되면서 생체공학 분야의 응용은 방대한 영역을 점유했다.

1970년대에는 생체의 기능조절을 공학에 응용하려는 시도가 도입되었으며, 1970년대 후반부터 바이오테크롤러지는 대상과 영역이 급속히 확대되어 생물공학의 전성기로 진입하였다. 종래의 미생물공학은 주로 유전공학으로 발전되었으나 현재는 그 외에 발생공학 · 세포공학 등과 같이 새로운 분야가 개척되었다.

이 분야에서는 생물 구조의 여러 단위 수준에서 인위적인 조작을 통해 인간의 입장에서 보다 더 편리한 특징과 성질을 지닌 생물체의 일부 또는 전 개체를 만들기 위한 연구가 진행되고 있다. 인공심장과 같은 인공장기나 조직의 개발도 재활의학

측면에서 연구 영역이 넓어지고 있다. 1980년대는 생물학 전체 분야가 생물공학과 연관되어 있다.

2) 이 용

특히 분자유전학적 연구 업적에 의해서 유전자 산업 · 유전(자)공학 등 생물산업의 분야는 새롭게 확장되고 있다. 생물산업의 한 가지 예를 들어보면 다음과 같다. 당뇨병 치료제인 인슐린은 생체 활성물질이므로 다량으로 생산할 수 있는 기술이 없었다. 우리는 대형동물을 이용해서 주로 인슐린을 생산했다. 그러나 분자의 아미노산 서열이 밝혀졌고, 바이오테크놀로지가 발전하여 사람의 인슐린 유전자를 클로닝하는 데 성공했으며, 그 유전자의 염기 배열순서도 정확히 밝혀졌다. 이처럼 클로닝된 인슐린 유전자는 플라스미드(plasmied)라는 작은 DNA단편에 붙여서 미생물 체내에 옮겨주면 그 미생물 체내에서 도입된 유전자 발현이 일어나서 사람의 인슐린을 사람이 아닌 미생물이 합성해 낸다.

이와 같은 과정을 밟아서 합성된 인슐린을 잘 정제하여 새로운 의약품 개발산업이 된 것이다. 인슐린 생산을 위한 연구가 단기간 내에 이루어진 것은 아니다. 연구진행의 여러 단계에서 나타났던 문제들을 기초과학적 연구로서 해결했기 때문에 성공한 것이다. 이런 점에서 볼 때 기술개발에 관련된 기초과학적 연구는 매우 필수적이다. 이와 같이 DNA 재조합 기술의 이용은 농학 및 축산학 분야에서 새로운 품종개량을 적극적으로 추진하는 데 매우 유용하다. 뿐만 아니라 유전적 질병의 진단과 유전자 치료법의 개발에도 바이오테크놀로지는 무한한 가능성을 제시한다.

유전병은 종류에 따라서 사람의 발생 초기에 발병하는 경우도 있고, 소년기 · 청년기, 혹은 장년기에 가서야 발병하는 경우도 있다. 발생 초기에 발병하면 일반적으로 태아는 유산 또는 사산된다. 그래서 출생전 진단법도 다양하게 발전되었고, 출생 후에 진단하는 방법도 개발되었다. 뿐만 아니라 발병은 하지 않더라도 유전병의 원인이 되는 유전자를 가지고 있는 보인자 여부의 검사도 바이오테크놀로지에 의해 가능하다. 의학에서 관심깊은 과제 중의 하나는 유전자 치료이다. 건강한 사람의 DNA(유전자) 또는 mRNA와 상보적인 cDNA를 만들어 이것을 DNA 재조합법으로 레트로바이러스 벡터와 결합시키고, 그것은 그 DNA 결합으로 생긴 유전병 환자의 세포에 효율적으로 도입시키는 방안이 고안되어 있다.

그러나 현재는 배양세포를 이용한 실험적 단계에 있지만 응용될 수 있는 시기가 곧 올 것이다. 그런데 실제 응용할 단계에 이르면 윤리적 문제를 포함하여 많은 문제가 제기될 가능성도 있다. 순수 분자생물학의 연구에서도 DNA의 구조 비교, 생물의 특성에 대한 동질성과 이질성의 원인, 종의 특성과 분화, 생물의 진화 등 생명현상의 해석에 한 차원 높은 연구가 실시되고 있는데 대부분 바이오테크놀로지를 이용하고 있다.

(1) PCR(polymerase chain reaction)

DNA polymerase로 target 시료의 염기서열을 효소로 증폭하여 시료 내 세균의 감지 및 동정할 수 있다. 또한 PCR법에 의해 세포·조직에서 아주 미량의 DNA를 추출해 특정영역 DNA를 증폭해 유전자 진단 등에 이용하는 것이 가능하다.

① PCR법의 원리

주형이 되는 double strand DNA의 표적 부분의 양끝 염기 배열 정보로부터 상류와 하류의 DNA primer를 합성하고 내열성 DNApolymerase(Taq polymerase)와 thermocycler를 이용해 PCR반응에 따른 특정 유전자 영역의 증폭을 실시한다. 이론적으로는 반응 사이클의 2n으로 증폭이 가능하다.

PCR법의 기본 조작은 다음과 같다.

㉠ 반응액을 가열(94℃)하여 주형 DNA를 single strand로 한다.
㉡ 냉각(55℃)하여 상하 DNA primer를 표적 배열의 양단에 결합시킨다.
㉢ 가열(72℃)하여 Taq polymerase가 주형 DNA로부터 상보적인 새로운 DNA 사슬을 합성하도록 한다.
㉣ 다시 반응액을 가열해 합성된 double strand DNA를 single strand로 한다. 이 공정을 thermocycler에서 반복한다.

② PCR의 응용 예

돈적리의 원인균인 *Serpuliina hyodysenteriae*를 진단하기 위한 Polymerase Chain Reaction기법을 개발하였다. *S. hyodysenteriae*에 특이적인 primer는 B204 균주에서 개발된 *S. hyodysenteriae*에 특이적인 1,700kb의 진단용 소식자에서 얻어진 배열의 일부로부터 작성되었다. 이 염기서열은 약 320bp였으며 BGC sequence라 명명하고 이 염기배열의 정보를 이용하여 primer의 염기서열을 작성하였다. 이 primer는 예상했던 180bp정도의 특이 band를 증폭시켰다. 작성된 primer의 특이성은 *S. hyodysenteriae*균주와 다른 관련 장관내 스피로헤타로부터 분리한 DNA를 비교하여 실험한 결과 이 PCR은 *S. hyodysenteriae*에 특이적이었다. PCR의 민감도를 측정하기 위해 A1균주로부터 추출된 DNA를 계단희석하여 최저 진단 한계를 검사하였으며 그 결과 1pg 내지 100pg까지의 DNA까지의 진단이 가능하였다.

(2) GMO(genetically modified objects)

일반적으로 생산량 증대 또는 유통·가공상의 편의를 위하여 유전공학기술을 이용, 기존의 번식방법으로는 나타날 수 없는 형질이나 유전자를 지니도록 개발된 생물체로 정의된다. WTO 및 OECD 등에서 일반적으로 사용하는 용어이다.

유전자재조합에 의한 품종개량과 종래의 품종개량은 유용한 유전자를 서로 재조합시켜 원하는 성질을 갖는 품종을 만든다는 공통점을 갖는다. 그러나 종래의 품종개량 기술은 각각 원하는 특성을 지닌 유사한 종들을 교배하여 생성된 잡종 중 목적하는 품종만을 찾아내는 것으로, 한 품종을 개발하기 위해서는 많은 시행착오와 시간이 소요되는 것이 일반적이다. 이에 비해 유전자재조합 기술은 원하는 특성을 지닌 유전자를 다른 생물체에 직접 삽입함으로써 목적하는 품종만을 바로 얻을 수 있다. 또한 삽입하고자하는 유전자는 같은 생물종에서 뿐만 아니라 서로 다른 생물종에서도 얻을 수 있어, 품종개량의 폭이 넓은 것이 특징이다. 즉 유전자재조합 기술을 이용함으로써 다양한 유전자를 직접 도입하여 목적한 새로운 작물을 생산할 수 있으며, 종래의 품종개량에 비하여 그 소요시간이 짧다는 것이 특징이다.

생물로부터 목적하는 유용한 유전자를 취하여, 이를 품종개량 하고자하는 농작물의 세포에 삽입한 후 재배한 것을 유전자재조합 농작물(혹은 생물체)이라 부른다. 유전자재조합 농작물의 생산방법에는 '아그로박테리움법', '원형질세포법' 과 '입자총법'이 있다.

아그로박테리움법은 아그로박테리움(Agrobacterium)이라는 미생물이 식물세포에 자신의 유전자를 삽입시키는 성질을 이용한 것으로, 아그로박테리움의 유전자에 목적하는 유용한 유전자를 삽입시킨 후 이것을 식물체에 감염시켜 궁극적으로 식물체내에 그 유전자가 들어가도록 하는 방법이다.

원형질세포법은 식물체의 세포벽을 효소나 화학물질로 용해시켜 유전자가 들어가기 쉽도록 세포벽이 없는 원형질체를 만들어, 미생물에 의한 유전자 도입과 같은 방법으로 목적하는 유용한 유전자를 식물에 들어가게 하는 것이다.

입자총(Particle-gun)법은 금속의 미립자에 유용한 유전자를 결합시켜, 그 미립자를 고압가스의 힘으로 농작물의 잎절편 등에 밀어 넣어 유전자가 들어가도록 하는 방법이다.

(3) 효소면역기법(ELISA)

ELISA는 Enzyme-Linked Immunosorbent Assay 의 약자로 곰팡이독소, 잔류 항생물질의 신속검사 등에 이용된다.

이는 antibody를 이용해서 antigen이나 protein을 detection하고 그 양을 quantify 하는 방법이다. 예를 들어 antibody 1의 양을 quantify한다고 하면 antigen 을 시험관 벽 등에 고정시킨 후 여기에 antigen과 결합하는 antibody 1를 넣어준다. 다음 여기에 enzyme-liked antibody를 넣어준다. 이것은 antibody 1에 결합한다. 다음 washig 한 후 substrate를 넣어준다. 그러면 enzyme이 substrate를 색을 띤 product로 만든다. 색이 형성된 정도를 통해서 antibody 1의 양을 알 수 있다.

3. 미생물과 건강

1) 젖산균과 건강

식품 미생물이란 우리 일상의 식품을 통해서 사람의 건강에 깊이 관계하는 미생물의 총칭이다. 이와 같은 미생물에는 자연 환경 중에서 식품에 부착되거나, 식품의 제조·가공시에 특정 균주를 접종·증식시켜 이용하는 발효 식품중의 유용 미생물, 식품 중에 증식해서 독소를 생산하여 식중독이나 건강 장해를 일으키는 병원성 미생물, 부패나 변패를 일으켜 식품의 질을 떨어뜨리는 유해 미생물 등이 있다. 한편 사람의 장내, 특히 대장에 서식하는 세균은 100종류 이상에 이르며, 사람의 질병에 관계하는 것과 그것을 방어하는 유용 세균으로 나누어진다. 사람의 장내 균총은 섭취하는 식품 성분, 약물, 기후, 감염, 스트레스 및 장내균의 상호 작용 등에 의해서 변동한다.

사람의 건강에 관련된 미생물을 논할 경우, 병원성·유해성 미생물이 관련된 식품위생이라고 하는 입장도 있겠으나 그와 같은 미생물과 관련을 가지면서 주로 식품 및 장내에 있어서 유용 미생물로서의 젖산균 및 일부는 효모에 대하여 기술하고자 한다. 따라서 생체방어계 미생물은 장내세균중 유용 세균을 가리킨다.

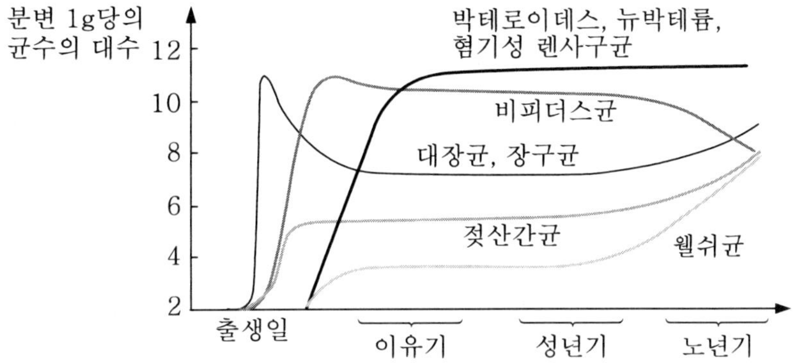

그림 5-11. 연령에 따라 변하는 장내세균

2) 식품 · 생체 방어계 젖산균

일정 조건을 갖춘 식품에는 그 식품에 적합한 균종(菌種)이 우세종으로서 자라게 되며, 경우에 따라서는 균총(菌叢)을 구성하여 식품으로서의 부가가치를 높이게 된다. 발효유, 치즈, 김치류, 된장, 간장, 빵, 청주 및 포도주 등을 예로 들 수 있다. 이들 중에서도 널리 분포해 있는 미생물은 젖산균이며, 다음으로 효모가 그 뒤를 따르고 있다.

젖산균은 분류상의 정식 명칭이 아니라, 일반적으로 그람양성세균으로, 당을 자화하여 최종 대사산물의 50% 이상 젖산을 산생하는 세균을 가리킨다. 이 세균은 단백질을 분해하더라도 부패산물을 산생하지 않는 등의 특수성이 있으며, 사람이나 동식물계와도 공존해 온 미생물이기도 하다. 젖산균을 이용한 식품의 종류와 이용되고 있는 주요 균종은 표 5-3과 같다.

젖산균은 이전부터 장수촌으로 알려진 지방에서 발효음료와 발효식품의 제조에 일반적으로 이용되어 온 미생물이다. 젖산균은 식품 분야에서 폭 넓은 이용 확대가 보여지고 있는데, 그 이유로는 젖산균이 많은 뛰어난 대사 기능과 그의 증식이나 발효에 따른 저장적, 영양적 효과와 보건 치료적 효과를 가지고 있기 때문이다. 젖산균의 발효에 따른 영양적 효과로서는 제품 자체의 풍부한 영양소, 아미노산이나 일부 비타민의 증가, 단백질 분해 등에 의한 소화 흡수의 개선, 풍미 개량에 의한 식욕 증진 등이 있다.

표 5-3. 젖산균의 이용과 균종

식품의 종류		사용되거나 함유되어 있는 주요 균종
유제품	산 유 (비발효유도 포함) 요구르트, 케피르 액시도필러스 밀크 비피도스 밀크, 쿠미스 각종 젖산균 음료	*Lactobacillus bulgaricus, L. helveticus subsp. jugurti, L. acidophilus, L. casei, L. kefir Streptococcus thermophilus, S. lactis, S. cremoris, Leuconostoc dextranicum, Bifidobacterium longum, B. bifidum, B. breve*
	치 즈	*S. lactis, S. cremoris, S. helveticus, S. casei, S. lactis subsp. diacetylactis*
	발효 버터	*S. lactis, S. lactis subsp. diacetylatis*
양조 제품	된 장	*Enterococcus faecalis*
	간 장	*Pediococcus halophilus*
	청 주	*Leuc. mesenteroides, L. sake*
	포도주 (감산)	*Leuc. oenos, L. hilgardii*
	침지류	*L. plantarum, E. faecalis, Leuc. mesenteroides Lactobacillus spp.*
기타 식품	발효 소시지	*L. plantarum, P. acidilactis, P. cerevisiae, Lactobacillus spp.*
	발효 두유	*L. bulgaricus, L. jugurti, S. thermophilus*
	건강 식품	*Bifidobacterium L. acidophilus, E. faecalis*

현재는 젖산균의 분류학 및 장내 균총에 대한 연구가 진전되어, 장내에서 생육할 수 있는 균과 생육할 수 없는 균이 명확하게 구분되고 있다. 사람의 장내 균총을 형성하는 젖산균의 균종과 장내에서의 검출 상황을 표 5-4에 표시하였다. *L. acidophilus*는 장내의 대표적인 젖산 간균이며, *L. salivarius*와 *L. fermentum*이 뒤를 잇고 있다. 유제품의 스타터로서 이용되고 있는 *L. bulgaricus, L. helveticus* 및 *L. jugurti* 등은 장내에서는 검출되지 않는 균종이다. 젖산 간균으로서는 *Str. faecalis*가 장내에서 잘 검출되고 있으나, 다른 구균류는 검출되지 않는다. 식품 유래의 젖산균이 사균으로서 장내에 도달하거나 생균으로서 들어온 후, 위산, 담즙, 장액 등으로 살균된 경우에도 젖산균의 균체 성분이 몸에 흡수되어 면역 기능의 증강이나 간 기능의 촉진 작용을 발휘한다.

표 5-4. 장내에서 검출되는, 검출되지 않는 젖산균

균 종 명		장내에서의 검출 상황
Bifidobacterium	*B. bifidum* *B. infantis* *B. breve* *B. adolescentis* *B. longum*	장내에서 가장 많이 검출되며, 살아있는 채로 장내에 도달할 수 있다.
Lactobacillus	*L. acidophilus* *L. salivarius* *L. fermentum*	장내에서 잘 검출되며, 살아있는 채로 장내에 도달할 수 있다.
	L. casei *L. platarum* *L. brevis* *L. bufneri*	장내에서 검출되며, 살아있는 채로 장내에 도달할 수 있으나, 장내에 서식하지 않는다.
	L. bulgaricus *L. helveticus* *L. cremoris*	장내로부터 검출되지 않는다.
Streptococcus	*Str. thermophilus* *Str. diacetylactis*	장내로 부터 검출되지 않는다.
Str. faecalis		장내로부터 잘 검출된다.

3) 젖산균의 항균 활성

숙성 치즈는 일반적으로 약 40% 이상의 수분을 함유하고 있다. 그러나 치즈가 부패하기 어렵고, 식중독도 그다지 일으키지 않는 것은 젖산균 등의 미생물과 그들이 산생하는 항균성 물질에 의하는 것으로 생각되고 있다. 더욱이 건강한 사람의 장관, 구강, 질에 서식하는 젖산균이 외래 병원균의 침입을 억제하여, 숙주에 대해서 생체 방어적 역할을 하고 있음은 정설로 굳어 있다. 아무튼 사람의 장관 내에서는 장관내의 특이적인 환경에 순화한 젖산균이 그곳에 서식하는 상주성 세균총과 비상주성 세균총의 균형과 유지에 큰 역할을 하고 있으며, 사람의 건강 유지상 빼놓을 수 없는 요인으로 되어 있다.

젖산균은 당을 젖산, 초산 등의 유기산으로 전환하고, 그의 유기산 작용에 의해서 발효식품을 보존하거나, 생체를 방어하기도 한다고 한다. 이와 같은 pH의 저하라든가, 다량의 당 제거가 젖산균이 갖는 제 1차적 작용이라고 말할 수 있다. 이밖에도 젖산균은 다른 미생물에 대해서 적대하는 저해물질을 생산함이 인정되어져 왔다. 이들 저해물질에는 과산화수소, 디아세칠, 박테리온(bacteriocin, 세균이 생산하는 단백질성 항균성 물질의 총칭) 및 제 2차적 반응생성물(예를 들면 항균성 효소로서의 락토퍼옥시데이스 · 치오시안 염산 · 과산화수소계) 등이 있다. 이들 중 몇 가지 예를 표 5-5에 제시하였다.

표 5-5. *L. acidophilus* 에 의해서 산생되는 천연 항균성물질

항균성 물질	성 질
Acidolin	분자량 200, 열에 안정, 포자형성균을 비롯해서 광범위하게 항균성을 갖는다.
Acidophilin	저분자 펩타이드, 산성하에서 열에 안정, in vitro에서 병원균에 항균성을 갖는다.
Lactocidin	에테르 가용성, 불휘발성의 비투석성 물질, 넓은 항균성 스펙트럼을 갖는다.
Lactosin B	분자량 약 6,000~6,500의 펩타이드 유사물질, *Lactobacillaceae* 에 항균성을 나타낸다.
단백질 유사물질	분자량 5,400과 5,200, *E. coli* 등에 항균성을 갖는다.
펩타이드	분자량 약 3,500, *E. coli* 에 대해서 항균성을 갖는다.

(1) 항균 활성의 식품에의 응용

젖산균의 항균활성의 식품에의 응용은 치즈 이외에 육 · 육제품 및 난 · 난제품에서 볼 수 있다. 세미 드라이 또는 드라이 소시지 제조 시에 젖산균을 주체로 한 스타터를 첨가해서 건조공정중의 오염을 방지하고 있다. 스타터로서는 *L. plantarum* 과 *Ped. cerevisiae* 의 단용 또는 혼용이 이용되고 있다. 젖산균 첨가의 효과로서는 유해균의 억제에 의한 보존성의 향상이 주된 것이나, 보투리누스균의 독소 산생을 억제하여 보존성을 높일 수 있기 때문에, 제조 시에 사용하는 식염이나 아질산염의 첨가량을 줄일 수도 있다. 또한 소시지용 스타터를 살균 난액(卵液)에 첨가하면, 쥐 티푸스균(*Sal. typimurium*)이나 저온세균(*Ps. fragi*)과 같은 유해세균에 대해서 억제효과 있음도 보고되어 있다.

4) 락토오스의 생리 작용과 젖산균

우유를 섭취했을 경우 락토오스는 위에서 거의 변화를 받지 않은 채로 소장에 도달하며, 그대로는 체내에 흡수되지 않고 소장점막 상피세포중에 존재하는 락테이스(β-갈락토시데이스)에 의해서, 글루코오스와 갈락토오스로 분해된 후에야 비로소

흡수된다. 선천성 락테이스 결손증이라는 유전적 질환을 가지고 있는 사람은 예외로 하고, 일반적으로 포유기의 포유동물에 있어서는 소장의 락테이스 활성이 높다. 그러나 이 락테이스의 활성은 이유기 이후부터 저하한다.

만약 락테이스 활성이 저하하거나 혹은 결손 되어 있을 경우에는 우유 유래의 락토오스는 장관내에 쌓여져, 장관내의 침투압을 증가시켜 수분의 흡수를 방해함과 아울러 장벽을 자극해서 유동운동을 활발하게 하기 때문에 설사 증상을 일으킨다. 더 나아가 흡수되지 않은 채 대장에 도달한 락토오스는 장내세균에 의해 분해되어져, 다량의 초산과 젖산 등을 산생하여 분변을 산성을 띠우게 한다. 이 산에 의해서 생기는 침투압 불평형이 새롭게 수분을 장내에 불러들이게 된다. 그리고 대장내의 세균 발효에 의해서 다량의 탄산가스나 수소가스가 발생한다. 복통, 설사, 복부의 팽만감과 같은 증상은 이상과 같은 현상들의 결과이다.

락토오스 비내증인 사람을 위해서 미생물 기원의 β-갈락토시데이스로 우유를 미리 처리하여 락토오스의 일부를 갈락토오스와 글루코오스로 분해해서, 락토오스 함량을 저하시킨 우유가 제조되고 있다. 제조법의 개략은 다음과 같다. 살균 우유에 미생물 기원의 β-갈락토시데이스를 10℃ 이하에서 10~15 시간 작용시키어, 락토오스의 75%를 갈락토오스와 글루코오스로 분해시킨 단계에서 가열하여 효소를 실활시켜서 상품화한다. β-갈락토시데이스 활성이 높은 미생물로서는 *Aspergillus, Mucor, Penicillium, Rhizopus* 등의 곰팡이, *Candida, Kluyveromyces, Torulopsis* 등의 효모, *Lactobacillus, Streptococcus* 등의 세균이 있다.

5) 젖산균의 혈중 콜레스테롤 저하작용

발효 유제품의 혈중 콜레스테롤의 저하작용에 관해서, 많은 견해가 발표되어 왔다. 발효유의 섭취가 사람의 혈청 콜레스테롤치를 저하시킨다든가, *Str. thermophilus* 및 *L. acidophilus* 를 사용하여 제조한 발효유를 공여한 래트에 있어서, 혈중 콜레스테롤를 저하시키는 현상이 발견되어 있다. 그러나 이들 결과는 어느 것도 장관내 콜레스테롤 저하에 젖산균이 직접적으로 작용하고 있다는 근거가 되지 못한다.

사람에 있어서 장내세균 균총과 고지혈증에 관한 역학조사에서, 건강한 사람(성인 및 유아)의 신선한 분변으로부터 약 1,500주의 *Streptcoccus* 를 분리 동정하여, 이들 생균을 무균 마우스나 무균 래트에 경구투여해서 혈중 콜레스테롤 값과의 상관성에 대해서 검토하였다. 그 결과 혈중 콜레스테롤 값을 낮추는 데에 강한 효과를 나타내는 *Str. faecalis* AD 1001주가 분리되었다. 이 균주의 열수처리 분말균체를 토

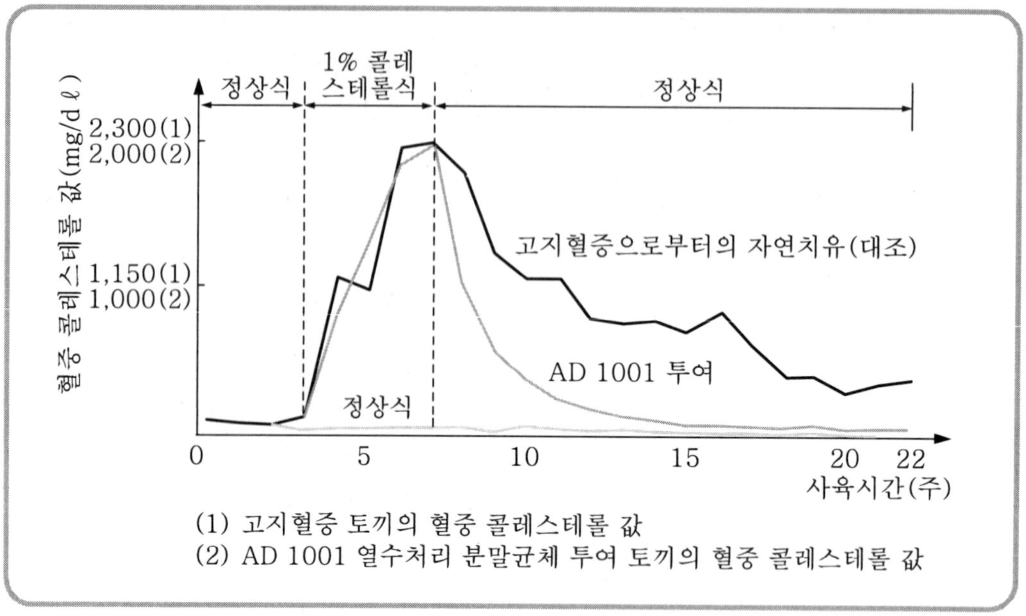

그림 5-12. 고지혈증 토끼의 혈중 콜레스테롤 값에 미치는 AD 1001 열수처리 균체 투여 토끼의 경구 투여 효과

끼에 주었을 경우, 고지혈증에 대한 자연치유력에 비해서 혈중 콜레스테롤 값이 낮아져 있음이 인정되었다(그림 5-12). 동맥경화증 발병방지에 대해서 장관내의 *Str. faecalis*의 균수 수준도 중요한 요인으로 작용한다.

6) 젖산균, 효모의 항종양 · 감염방지 활성

식품에는 식품의 조리 · 가공과정에서 생성된 변이원성, 발암성 물질이 함유되어 있다. 한편 장내세균도 식품 유래의 성분을 변이원성 · 발암성 물질로 전환한다는 사실도 밝혀져 있다. 식품 · 생체방어계 미생물은 발암성 전구물질의 분해, 장내세균총의 개선 및 숙주의 면역부활 작용의 강화 등을 통해서 항종양 · 감염방어 활성을 나타내고 있다.

(1) 발암성물질의 생성 및 그의 불활성화

한국인이나 일본인의 위암 발생율이 세계적으로 높은 이유의 하나로서 질산염의 섭취량이 많다는 것이다. 질산염은 위안에서 아질산염으로 변화하고, 이것이 2급 아민과 반응해서 강력한 발암성 물질로서 알려져 있는 N-니트로소 화합물을 생성하기 때문이다. 일본인의 경우, 1 인당 질산염 총섭취량의 약 70%는 야채, 약 20%는 타액, 약 10%는 야채 이외의 식품이 차지하고 있다.

균체 세포벽에의 변이원성·발암성 물질 및 그들의 전구물질의 흡착 기구는 주로 양이온 교환 반응에 의한다고 한다. *Str. faecalis* 세포벽에 의한 니트로소아민 변이원성의 감소 효과를 표 5-6에 제시하였다.

표 5-6. 아민-아질산 나트리윰 반응물의 변이원성에 대한 *Streptococcus faecalis* 12965 세포벽의 감소 효과

반 응 물	변이원성, 복귀변이 콜로니 / plate	
	대 조	시 험
m-페닐렌디아민-$NaNO_2$	144	1
모노에칠아민-$NaNO_2$	101	5

(2) 기타 작용

장내세균에 의한 콜레스테롤의 대사 반응에 관여하는 세균을 검토한 결과에 의하면 *Eubacterium*속의 균주가 활성을 갖는 유일한 장내세균으로 인정되었다.

콜레스테롤은 생체내에서 각종 호르몬으로 변환되어진다. 이 반응에 관여하는 콜레스테롤 량은 미량이기는 하나 매우 중요하다. 생성되는 스테로이드 호르몬에는 안드로겐, 에스트로겐, 게그타겐 및 코르티코이드 등이 있다. 이들은 간장에서 A환의 환원을 받아, 황산염 또는 글루쿠로니드와 포합한 형태로 담즙으로 배설된다. 사람의 결장에 있어서 술파데이스(sulphadase) 또는 글루쿠로니데이스(glucuronidase)의 작용에 의해서 탈포합된다. 탈포합에 관여하는 효소를 산생하는 장내세균으로서, *Bacteroides sp., E. coli* 등을 들 수가 있다.

7) 암세포 증식 억제 효과와 면역 기능

(1) 항종양 활성과 면역 기능

노화와 함께 생체의 저항력은 떨어지게 된다. 또한 생체에 암이 발생하면 암의 진행과 함께 한층 더 생체의 저항력이 떨어지게 된다. 암환자의 떨어진 저항력을 비특이적으로 높여서, 암의 증식 억제, 재발 방지, 연명을 꾀할 목적으로 세균류(BCG, *Corynebacterium, Nocardia rubra*-CWS, *Str. hemolyticus* Su주 : OK-432), 다당류(자이모산 : 효모, 렌티난 : 표고버섯, PS-K : 팽이버섯, 리포폴리사카라이드 : *Proteus vulgaris* OX 19), 화학물질(레바미졸) 등이 사용되어지고 있다. 더욱이 발효유와 젖산균에 대해서도 비특이적 면역부활 효과가 검토되고 있다. 젖산균은 안정성 면에서 유리하기 때문에 면역부활제로서의 응용이 시도되어지고 있으며, 젖산균의 균체 세포, 균체의 세포벽 성분 혹은 균체 밖의 대사산물인 다당류 등에 그와 같은 활성이 인정되고 있다.

젖산균을 포함한 그람양성 세균의 세포벽은 두께가 20~30 μm로 견고한 구조를 가지며, 펩티도글리칸 이외에 타이코인산과 같은 산성 다당, 글리코리피드 및 단백질 등으로 이루어져 있다. 이 펩티도글리칸은 적당한 조건하에서 면역원성을 나타낼 뿐만 아니라, 여러 항원에 대한 체액성 면역 응답을 증강시키며, 세포성 면역을 유도하는 아쥬번트 (adjuvant)항원에 대한 면역반응을 양적, 질적으로 강화하는 작용이 있는 물질)의 작용이 있다. 이 활성 발현에 필요한 펩티도글리칸의 최소 구조 단위는 무람산에 아미노산이 2분자 결합한 무라밀 디펩타이드(muramyl dipeptide, MDP)이다124). 이 MDP는 분자량 약 500의 당펩타이드이며, 경구 투여에 의해서도 소화관을 경유해서 면역기능을 증강시킨다는 것도 시사되고 있다.

(2) 젖산균과 항종양 활성

젖산균중 *L. acidophilus*가 잠재적 항종양 활성을 갖고 있음이 처음으로 보고되었다. 그후 항종양 활성에 관여하는 젖산 간균 균체성분에 대해서 검토가 이루어졌다. 그 중의 하나로 *L. bulgaricus*의 세포벽에 대한 연구를 들 수가 있다.

L. bulgaricus 이외에도 *L. acidophilus var. tumoronecroticans*, *L. bulgaricus var. tumoronecroticans*, *L. casei var. tumoronecroticans* 및 *L. helveticus var. tumoronecroticans*로부터의 조제품도 S-180이나 에루릿히 복수암에 대해서 *in vitro* 증식저해 활성을 가지고 있다고 한다.

LC 9018의 항종양 작용기구로서, *in vitro*에서는 암세포 증식에 대한 억제 효과가 없고, 항마크로파아지로서 알려진 캐라기난 처리에 의해 항종양 효과가 감소하며, T세포 기능이 결손된 누드 마우스에 대해서도 효과가 있는 것 등이 알려져 있다. 결국 젖산균의 항종양 작용은 종양세포에의 직접적인 상해작용이 아니라, 숙주를 통해서의 간접적인 작용이며, 마크로파아지나 내츄럴 킬러 세포(NK세포)의 활성화가 중요함이 인정되고 있다. *L. casei*(LC 9018)의 마우스에의 투여가 마크로파아지 (접착성 복강 침출세포)의 종양 상해 활성을 증강시킨다고 한다. 이 결과를 표 5-7에 나타내었다.

표 5-7. *L. casei* (LC 9018) 복강 투여 마우스로부터 얻은 복강 침출 세포의 Meth A 종양 세포에 대한 *in vitro* 상해 활성

복강 침출세포	Meth A 종양세포 상해활성(^{51}Cr 방출%)
무처리 세균	5.0 ± 0.7
L. casei 투여 전세포	22.8 ± 3.4
비접착성 세포	0.6 ± 2.7
접착성 세포	21.8 ± 4.0

표 5-8. 에루릿히 복수암 세포의 증식에 미치는 젖산, 우유, 발효유 및 초유와 그의 발효유의 사양에 미치는 영향

	암세포(×10^8/마우스)		저해(%)	DNA(μg/ml)		저해(%)
	대 조	시 험		대 조	시 험	
젖 산	26.5	28.1	0	370	380	0
소의 일반 우유(常乳)	26.1	30.6	0	350	370	0
소의 초유	24.0	24.9	0	184	184	0
요쿠루트(소의 상유)	44.2	31.8*	28.0	470	325*	30.8
요구르트(소의 초유)	31.2	21.9*	29.8	362	245*	32.4
L. acidophilus 발효유(상유)	32.1	23.3*	27.4	302	202*	33.0
L. bulgaricus 발효유(상유)	27.3	18.4*	32.6	263	170*	35.3
L. acidophilus 발효유(초유)	28.1	22.5*	19.9	218	175	19.5
L. bulgaricus 발효유(초유)	24.1	16.2*	32.7	252	184*	27.0

젖산 : 1.5% 젖산 용액　요구르트 : L. bulgaricus와 Str. thermophilus의 혼용균으로 제조
1군 : 6마리의 평균값　* : 대조에 대한 유의값 ($p<0.05$)

마우스의 에루릿히 복수암 세포의 증식에 미치는 젖산, 생유와 발효유, 더 나아가 소의 초유(初乳)와 초유를 이용해서 만든 발효유의 사양 효과도 검토되어 있다. 표 5-8에서 볼 수 있는 바와 같이 젖산, 신선유와 신선초유를 마우스에 섭취시키더라도 암세포에 대해서 어떤 영향도 미치지 않았지만, 발효유와 발효초유을 섭취했을 경우 암세포에 대한 증식 저해 효과를 볼 수 있었다. 에루릿히 복수형 종양을 이환시킨 마우스에 이용해서 *L. bulgaricus* 와 *Str. thermophilus* 를 스타터로 해서 제조한 요구르트를 제한 없이 먹게 한 그룹과 주지 않은 그룹으로 나누어서 사육하였다. 그 결과 요구르트를 급식해 준 마우스에서 종양세포의 감소가 인정되었다. 이어서 요구르트로부터 항종양성 획분의 분리를 시도하여, 그들 획분의 항종양 활성을 조사한 결과, 요구르트의 투석 획분을 급식시킨 마우스에 있어서 종양세포 증식 저해율과 종양세포 부유액중의 DNA 함량 감소율이 모두 38.5%이었다.

8) 미생물을 이용한 건강식품

(1) 조류 식품

① 클로렐라(Chlorella)

클로렐라는 번식력이 왕성하고 광합성에 의해 양질의 단백질을 다량 함유하여 수 주일 내에 수확이 가능한 단세포의 녹색조류이다. 따라서 반복 배양함에 따라 단위 면적당 연간 칼로리나 단백질의 수량은 쌀, 보리 등의 곡류에 비하여 단연 높아 미래의 식량 또는 단백질원으로서 유망하다.

엽록소는 사람의 헤모글로빈과 유사한 단백구조를 가지며 엽록소가 마그네슘의 핵을 가지고 있다 하여 클로렐라 녹혈(綠血)이라고도 한다.

클로렐라는 50% 이상의 양질의 단백질, 20%의 탄수화물, 보통 푸른 채소보다 비교가 안 될 정도로 많은 5%의 엽록소, 풍부한 핵산(DNA, RNA), 그리고 베타카로틴, 비타민 B_1, B_2, B_6, 나이아신, 판토텐산, 엽산, 비타민 C, E, K, 등과 칼슘, 칼륨, 마그네슘, 철, 동, 크롬 등의 미네랄을 함유하고 있다. 이밖에 클로렐라의 특효성분으로 알려진 C.G.F.(Chlorella Growth Factor)와 β-글루칸이 있다.

② 스피루리나(Spirulina)

스피루리나는 다른 해조류에 비해 훨씬 효과적으로 높은 비율의 양질 영양을 합성하는 능력 때문에 「미래의 식품」으로 각광을 받고 있다.

특이할 만한 것은 스피루리나의 65~70%가 필수아미노산의 조성이 극히 우수한 완전 단백질이고, 비타민 B_{12}를 함유하는 몇 가지 않되는 소수의 식물성 식품 중에서 최고의 함수율을 지니고 있다.

스피루리나는 아미노산, 킬레이트 미네랄, 색소류, 당류, 효소 등으로 흡수되기 쉬운 형태로 되어 있다. 클로렐라와는 달리 딱딱한 세포벽이 없기 때문에 스피루리나의 단백질은 그것을 섭취할 경우 빠르고 쉽게 흡수된다. 이 단백질은 8종의 필수아미노산이 이상적인 수준으로 함유된 완전단백식품으로 식물성 단백질이 몇 가지 필수아미노산의 수준이 낮은 상태인 것과는 대조적이다.

스피루리나는 필요한 모든 필수아미노산을 고기나 콩단백질보다는 5배 이상 쉽게 소화할 수 있게 구성되어 있으며 함유된 미네랄(무기질)은 특별히 흡수되기 용이한 형태로 되어 있다. 아미노산과 킬레이트된 유기미네랄은 생리적 활성이 매우 좋고 무기미네랄 제제보다는 우수하다.

(2) 효모 식품

식용 효모에는 맥주효모, 빵효모, 유(乳)효모 등 3가지 종류가 있는데 이중 맥주효모가 건강보조식품의 소재로 많이 이용되고 있다. 맥주효모는 길이 10μm의 레몬형으로 맥주를 발효시키는 과정에서 얻어진다. 발효 후 맥주효모를 수분 9% 이하로 특수하게 건조시킨 것이 건조 맥주효모이다. 대개 영양가가 높은 일차 발효 탱크의 효모만을 식품으로 이용하고 이차 발효 탱크의 효모는 사료로 쓰인다.

빵효모, 펄프효모와는 달리 맥주효모만을 영양효모라고 부르고 임상 영양학적으로 이용하는데 이것은 맥주효모가 자라는 배지의 특이성 때문이다. 그러므로 맥주효모는 다른 효모와는 달리 쓴맛을 보유하고 있는 까닭은 바로 맥주속의 호프 성분 때문이다.

맥주효모의 성분중 약 50%는 단백질이다. 천연비타민 B 제품은 주로 맥주효모에서 추출하거나 맥주효모를 캐리어(carrier)로 이용할 정도로 비타민 B군이 풍부하다. 맥주효모의 약 6~10%는 미네랄이고 킬레이트화되어 있어 약 80% 이상 흡수된다. 특히 혈당내성인자의 주성분인 크롬의 희귀한 공급원이고 모든 셀레늄 제품이 맥주효모를 이용하고 있을 정도로 셀레늄 함유량이 뛰어나다. 또한 인슐린 활성의 관건이 되는 아연의 완벽한 공급원으로 널리 인정되고 있다. 맥주효모의 약 20%를 점하는 세포벽은 장내 이용도가 높은 식이섬유로 되어 있는데 특히 세포외벽에 만난과 세포내벽에 글루칸으로 구성되어 있다.

(3) 식물추출물 발효 식품

식물추출물 발효식품에는 현대인의 식생활에서 부족되기 쉬운 비타민, 미네랄 및 효소가 풍부하여 소화를 돕고 신진대사를 활발하게 하여 섭취 음식물의 이용률을 높여 주고 신체를 정상화시켜 주므로 사람을 건강하게 만들어 주는데 도움이 된다.

요즘 신선한 생채소의 섭취를 위해서 기계를 이용하여 녹즙을 짜서 먹는 사람이 늘고 있지만 쓴맛과 역겨운 냄새 때문에 과일을 섞어서 즙을 만들거나 아예 포기하는 경우도 있다. 그러나 식물추출물 발효식품은 원료인 야채, 과일, 해조류 등을 발효시킨 것으로 맛이 우수하며 마시는데 부담감이 적다. 또한 비타민, 무기질, 엽록소, 효소 등과 우리 몸에 유익한 균체나 분비물이 함유되어 있다.

(4) 유산균 식품

「유산균 식품이라 함은 유산간균, 유산균, 비피더스균 등의 식품위생상 안전하고 유익한 식용가능 생균을 배양한 것 또는 이를 주원료로 하여 식품에 혼합한 것을 안정하고 섭취가 용이하도록 분말, 과립, 정제, 캅셀 등으로 만든 것을 말한다. 단, 식품공전에서 개별 규격기준이 정하여진 것은 제외한다.」로 식품공전상의 기준, 규격에 정의되어 있다.

(5) 버섯가공 식품

식품 공전상의 정의는 다음과 같다. 즉, 「버섯가공 식품이라 함은 영지, 운지, 또는 표고 등 버섯 자실체의 건조물을 분말로 한 것, 또는 자실체나 이들의 균사체 배양물을 물 또는 물과 에타놀 혼합액으로 추출하여 얻은 성분을 식용에 적합하도록 가공한 것을 주원료로 하여 섭취가 용이하도록 액상, 페이스트상, 분말, 과립, 정제, 캅셀 등으로 가공한 것을 말한다.」

영지, 표고버섯의 주요 성분과 특징은 다음과 같다.

① 영지버섯

건조한 영지버섯의 일반성분은 수분 12.9~13.5%, 단백질 15.2~15.6%, 지질 14.0~4.4%, 섬유 47.2~49.9%, 회분 1.3~1.7%이다. 무기질 성분으로는 칼륨이 274.2~484.3mg%으로 가장 많고 인, 마그네슘, 칼슘, 나트륨의 차례로 많다.

영지버섯의 효능에 대해서는 2200년 전 중국 최고의 목초서인 이시진의 「본초강목」과 「신농본초경」에 의하면 오래 전부터 최고의 상약으로 산삼과 더불어 환상의 버섯으로 불려 왔다. 상약이란 매일 사용하여도 부작용이 전혀 없고 쇠약한 체질을 저항력 있는 체질로 바꾸어 주는 본초를 말한다.

② 표고버섯

건조한 것의 일반성분은 단백질 18.7%, 지질 1.7%, 당질 60.1%, 섬유 5.7%, 미네랄 약 256mg%, 그리고 비타민 B류 및 나이아신, 비타민 C 등이 들어 있다. 맛있는 성분인 5′-구아닐산과 글루탐산 등의 유리 아미노산이 많아 이들이 맛의 상승효과를 일으킨다. 표고버섯의 특이한 향기성분은 렌티오닌(lenthionine)이다. 또한 생 표고버섯으로부터 열수 추출하여 얻을 수 있는 다당류인 렌티난(lentinan)은 항종양 특성이 있으며, 원생동물과 기생충에 대해서도 억제작용이 있다.

Chapter 6

미생물 실험법

1. 실험 기구

1) 유리 기구

시험관, 패트리 접시(petri dish, schale), 스프레더(spreader) 등이 있다. (그림 6-1)

2) 주요 기구와 기기

백금이·백금선, 무균상·클린 벤치(clean bench), 항온기, 건열기, 고압 살균솥 등이 있다.

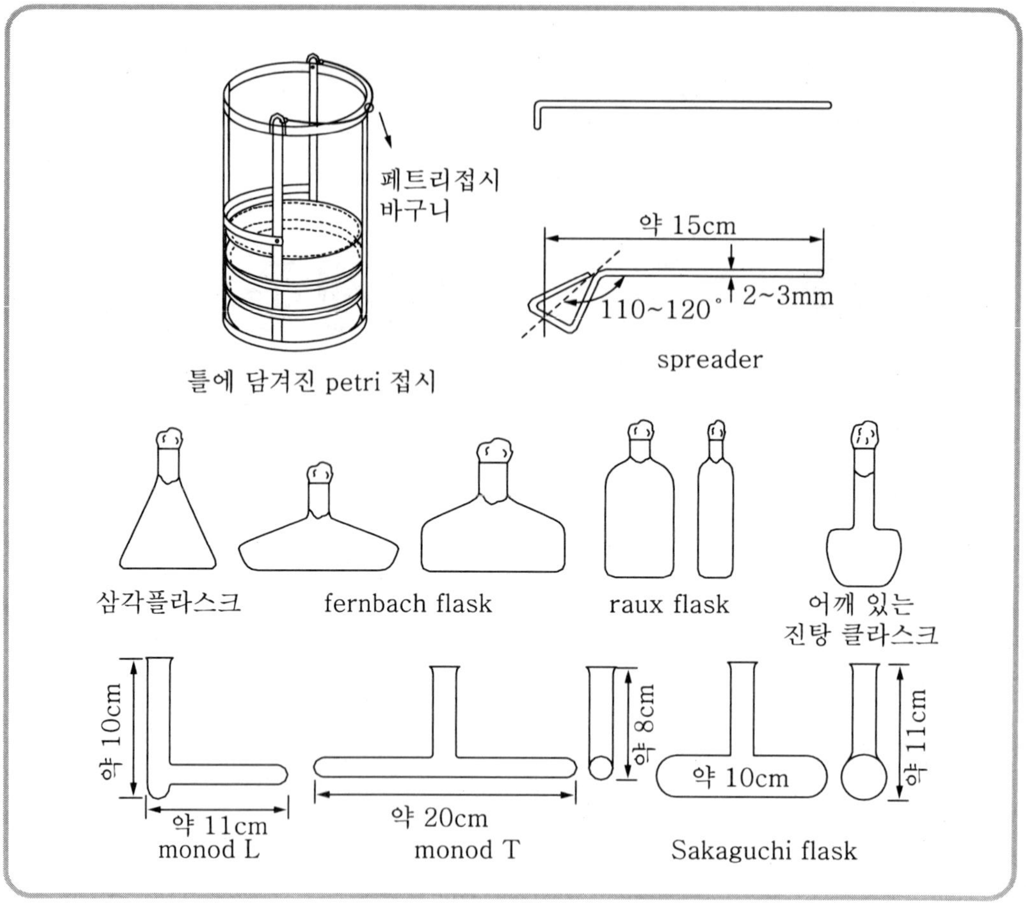

그림 6-1. 각종 배양용 플라스크

2. 검체의 채취 및 취급

자연계의 미생물상을 알고자 할 때 도는 자연물에서 미생물을 분리하고자 할 때 시료의 채취 방법은 매우 중요한 문제이다. 즉, 그 방법 여하에 따라서 데이터가 달라질 수도 있고 목적 외의 미생물이 분리될 수도 있으므로 사전에 이에 관한 지식을 충분히 습득한다.

1) 채취방법

① 검체가 균질한 상태일 때에는 어느 일부분을 채취하여도 무방하나 불균질한 상

태일 때에는 일반적으로 많은 양의 검체를 채취하여야 한다.

② 미생물학적검사를 하는 검체는 잘 섞어도 균질하게 되지 않을 수 있기 때문에 실제와는 다른 검사 결과를 가져올 경우가 많다. 예를 들면 우유 한병(180㎖)에서 검체 1㎖를 취하여 대장균군시험을 할 때 이 한 병중에 90개의 대장균군이 있어도 검출되지 않을 확률이 60.7%나 된다. 그러므로 가능한 한 검체를 잘 섞어 균질에 가깝도록 하여 검체를 채취하여야 한다.

③ 미생물학적 검사를 위한 검체의 채취는 반드시 무균적으로 행하여야 하며 멸균한 용기(유리제용기, 페트리접시 등)에 넣어 원칙적으로 저온(5±3℃)으로 유지시키면서 빨리(검체 채취 후 4시간이내) 검사기관에 운반하여야 하며 될 수 있는 대로 빨리 시험에 착수하여야 한다. 부득이 저온으로 검체를 유지할 수 없거나 즉시 운반이 곤란할 경우에는 반드시 채취일시 및 채취 당시의 검체 상태를 상세히 기록하여야 한다. 특히 신선한 어패류와 같이 세균의 증식이 적당한 검체는 채취와 운반에 특히 주의하여야 한다.

④ 검체 채취기구는 미리 핀셋, 스푼, 스파테르 등을 몇 개씩 건열 및 화염 멸균을 한 다음 검체 1건마다 바꾸어 가면서 사용하여야 한다.

⑤ 미생물학적 검사용 검체일지라도 곡분이나 분유와 같이 건조되어 잘 변질 또는 부패되지 않는 검체는 냉장상태에서 운반할 필요는 없으나 2차오염을 방지하기 위하여 밀봉 또는 밀폐하여야 한다.

⑥ 냉장운반을 위하여 얼음을 사용할 때에는 2차오염을 방지하기 위하여 얼음이나 그 녹은 물이 검체에 직접 접촉되지 않도록 하여야 한다.

⑦ 시험에 사용되는 검체의 균질화를 위하여 액상검체인 경우에는 강하게 진탕하여 균질화하고 고형 및 반고형인 검체는 균질기(homogenizer 또는 stomacher)를 이용하여 적당량의 희석액과 혼합하여 균질화한 것을 검액으로 사용한다.

⑧ 칼 · 도마 및 식기류에서 검체를 채취할 때에는 멸균한 탈지면에 멸균생리 식염수를 적셔, 검사하고자 하는 기구의 표면을 완전히 닦아낸 탈지면을 무균용기에 넣어 시험용액으로 사용한다.

2) 시험용액의 조제

일반적인 주의사항으로서는 검체를 무균적으로 취급하는 것이다. 미생물의 수가 적은 것으로 예상되는 검체에 대해서는 특히 신중히 취급하여야 한다.

① 액상검체

채취된 검체를 강하게 진탕하여 혼합한 것을 시험용액으로 한다.

② 반유동상검체

채취된 검체를 멸균유리봉과 멸균스파테르 등으로 잘 혼합한 후 그 일정량(10~25㎖)을 멸균용기에 취해 9배 양의 멸균생리식염수와 혼합한 것을 시험용액으로 한다.

③ 고체검체

채취된 검체의 일정량(10~25g)을 멸균된 가위와 칼 등으로 잘게 자른 후 멸균생리식염수를 가해 균질기를 이용해서 가능한 한 저온으로 균질화한다. 여기에 멸균생리식염수를 가해서 일정량(100~250㎖)으로 한 것을 시험용액으로 한다.

④ 고체표면검체

검체표면의 일정면적(보통 100cm^2)을 일정량(1~5㎖)의 멸균 생리식염수로 습한 멸균가제와 면봉 등으로 닦아내어 일정량(10~100㎖)의 멸균생리식염수를 넣고 세게 진탕하여 부착균의 현탁액을 조제하여 시험용액으로 한다.

⑤ 분말상검체

검체를 멸균유리봉과 멸균스파테르 등으로 잘 혼합한 후 그 일정량(10g)을 멸균용기에 취해 9배 양의 멸균생리식염수와 혼합한 것을 시험용액으로 한다.

⑥ 버터와 아이스크림류

버터와 아이스크림류는 40℃이하의 온탕에서 15분내에 용해시켜 10㎖를 취한 후 멸균생리식염수를 가하여 100㎖로 한 것을 시험용액으로 한다.

⑦ 캅셀제품류

캅셀을 포함하여 검체의 일정량(10~25g)을 취한 후 9배 양의 멸균생리식염수를 가해 균질기와 스토마커 등을 이용하여 균질화한 것을 시험용액으로 한다. 이와같이 조제된 시험원액에 대해서는 멸균생리식염수를 이용하여 필요에 따라 10배, 100배, 1,000배… 희석액을 만들어 사용한다. 시험용액의 조제시 검체를 용기 포장한 대로 채취할 때에는 그 외부를 물로 씻고 자연건조시킨 다음 마개 및 그 하부 5~10cm

의 부근까지 70% 알콜 탈지면으로 닦고, 화염멸균한 후 냉각하고 멸균한 기구로 개봉, 또는 개관하여 2차 오염을 방지하여야 한다. 지방분이 많은 시료의 경우는 Tween 80과 같은 세균에 독성이 없는 계면활성제를 첨가하는 것이 좋다.

⑧ 냉동식품은 냉동상태의 검체를 포장된 상태 그대로 40℃이하에서 될 수 있는 대로 단시간에 녹여 용기, 포장의 표면을 70% 알코올 솜으로 잘 닦은 후 상기 ①~⑦의 방법으로 시험용액을 조제한다.

3. 살균 및 소독

1) 물리적 살균

① 화염살균 : 백금선, 면전멸균시

② 건열살균 : petri dish 및 유리기구 멸균시 전기건조기에서 150℃로 40~50분간 행한다.

③ 증기살균

㉠ 평압간헐살균-영양소 파괴우려가 있는 배지 멸균시 100℃에서 40~50분간 3일 3회 실시.

㉡ 가압살균-보통 배지 살균시 120℃(1kg/cm^2)에서 15분간 행한다.

④ 기타 : 여과살균법, 일광조사법, 건조법, 자외선조사멸균법

(1) 여과법

① 여과살균법(Sterilization by filtration)

열, 화학물질, 방사선에 파괴되기 쉬운 성분이나 함유된 배지가 당, 혈청, 요소 등을 살균할 때나 바이러스의 분리, 세균의 대사산물을 균체에서 분리, 입자의 크기를 측정하는 경우 등에 사용하는 방법으로 석면 디스크, 초산화 섬유막(cellulose acetate membrane)으로 여과해서 멸균하는 방법이다.

여과살균을 할 때는 재료를 미리 여과지로 여과하거나, 침전 등에 의해서 침전물을 제거한 후 사용하여야 하며 여과지, 기구 등은 미리 멸균한 것을 사용하고, 점조

성이 있는 액체를 여과할 때는 멸균 증류수 또는 멸균 생리 식염수 등을 통과시켜 젖은 상태에서 여과한다.

여과 살균법의 종류는 다음과 같다.

㉠ 액체 여과법

액체는 점토나 종이, 석면, 유리, 규조토 그리고 초산섬유소 같은 여러 가지 종류의 물질들에 의해 여과 될 수 있다.

㉡ 석면과 종이 여과법

압축된 종이나 석면의 패드는 원반형태로서 두 부분으로 구성된 깔대기 버팀대에 단단히 고정시켜 사용될 수 있다. 흔히 사용하는 여과기는 seitz 여과기로 석면 패드를 이용한다. 여과기의 두 부분 사이에 패드를 놓고 단단히 고정시키기 위하여 물림쇠로 고정시킨다.

㉢ 초산 섬유소막 여과법

초산 섬유소의 막여과는 seitz가 약 5㎜의 두께를 가지는데 비해 0.1㎜ 정도의 두께로 평균 pore size는 0.22㎛ 정도이며 필요에 따라 더 세밀한 여과지를 사용할 수 있으며, 비흡착적인 성질을 가지고 있어 여러 가지 약품의 공정과 맥주나 포도주와 같은 알코올 음료의 공정에도 응용된다.

㉣ 공기 여과법

미생물 오염을 감소시키기 위한 공기 여과법은 다른 용도보다도 병원의 수술실과 무균 실험시, 우주선 조립실 등에서 특히 많이 사용된다. 멸균된 비흡착성 솜이 이러한 목적을 위해 가장 많이 사용되며 대표적이다. 배양액을 담은 시험관이나 플라스크에 솜으로 입구를 막으면 솜이 타거나 축축해지지 않으면 멸균된 내용물은 멸균상태로 잔존한다.

그러나 젖은 솜마개는 세균이 침입할 수 있다. 천이나 종이 또는 섬유유리로 만든 수술용 마스크도 이와 같은 방식으로 작용한다. 젖은 마스크는 세균이 침범할 수 있으므로 20~30분 이상 착용해서는 안되며 필요하다면 보다 자주 바꿔야 한다.

㉤ 고효율성 입자 공기여과법

공기 조절을 위해 상품화된 공기여과 시스템은 효율에 따라 여러 종류가 있다. 공기 오염을 철저하게 제거할 목적으로 사용되는 이 시스템은 고효율성 입자

공기 여과기(HEPA 여과법)를 사용하게끔 되어 있다. 이 방법은 지름 0.3㎛인 입자를 제거하는 데 99.97%의 효율성을 가진다.

HEPA 여과기는 알루미늄호일 주위에 주름을 잡은 초산섬유소막으로 구성되며, 이용 목적에 따라 여러 가지 크기로 제작된다.

② 여과 살균기의 일반적 종류

㉠ 챔버랜드(Chamberland)형 여과기

카올린(kaolin)과 규사를 혼합 가열하여 만든 것인데, 여과공의 크기에 따라 L1, L2, L3,…L13의 종류가 있는데, 그 숫자가 작을수록 여과공이 크다.

㉡ 세이츠(Seitz)형 여과기

석면제의 여과판을 금속제의 기구에 끼워서 만든 석면 여과기이다. 여과는 비교적 간단하며 무균실, 골수이식환자, 백혈병의 치료에 사용된다.

㉢ millipore 여과기

최근에 많이 사용되는 초산 섬유막을 이용한다. 여과는 가능한 단시간에 행하고, 여과시 진공펌프를 사용하는 경우에는 20~30mmHg 정도의 감압이 적당하다. 흡인이 너무 강하면 거품을 일으키며, 너무 약하면 여과시간이 길어진다.

(2) 일광조사법

직사광선은 살균력이 있으며 이렇게 소독하는 것을 흔히 일광소독이라 한다. 이 작용은 주로 2,600Å~2,800Å의 자외선에 의하여 대장균이나 장티푸스균은 4시간 이면 사멸된다.

(3) 건조법

세균의 약 70~80%가 수분으로 구성되어 있으므로 생존에 필요한 수분을 건조시켜 살균하는 방법이다. 건조에 대한 저항력은 각 균주마다 다르며 습기가 많은 계절에는 건조에 의한 살균이 효과를 거두기 어렵다.

(4) 건열법

① 화염멸균법

분젠버너 혹은 알코올 램프의 화염 중에서 직접 살균하는 방법으로 백금선, 백금이 핀셋 등의 실험 기구를 들 수 있다. 백금선은 백금 부분을 비스듬이 하여 화염 중에 넣어 달구고, 다음에 손잡이의 부분도 살균한다. 백금선, 백금이는 사용 전후에 꼭 화염 살균을 행하여야 한다.

미생물 이식을 행할 때도 먼저 시험관의 silistopper를 뺀 후 시험관 상등부를 화염멸균하여 이식하고 다시 화염멸균 후 silistopper를 넣어 막는다.

② 건열멸균법

유리기구, 금속기구, 도자기 등 고온에 견디는 것을 살균하는 방법으로 수증기에 의한 멸균보다 고온과 오랜 시간이 필요하다. 건조 공기는 150~160℃에서 90분 가열하면 미생물 및 포자가 완전 살균된다. 이에 사용하는 기구를 건열살균기라고 한다. 가스용과 전기용이 있다.

살균이 끝나면 불을 끄고 내부가 식은 후에 문을 연다. 식기 전에 문을 열면 급격히 냉각되므로 기구가 파손되기 쉽고, 간혹 공기가 들어가므로 솜마개, 포장지 등이 발화되기도 한다.

(5) 습열법

일반적으로 건열법에 비하여 멸균 소독이 빠르므로 많이 이용된다. 포자를 형성하지 않는 중온성 세균은 60℃의 습열에서 30분간 노출하면 충분히 멸균된다.

① 자비살균법(Sterilization by boilling)

가위, 핀셋, 매스 및 주사기 등의 기구의 살균에 사용한다. 100℃의 끓는 물에서 살균하는 방법이다. 영양세포(vegetative cell)는 수초~수분에서 사멸한다. 또 아포(spore)는 5~10~30분 저항하므로 장시간 살균하여야 한다. 자비살균기는 보통 Schimmerbusch 자비살균기를 사용한다.

② 저온살균법

62℃에서 30분간 또는 75℃에서 15분간 가열해서 포자를 형성하지 않는 세균을 사멸시키는 소독법이다. 유산균, 살모넬라균, 구균, 결핵균 등의 감염 방지를 목적으로 우유를 소독하는 데 이용되며 또 주류의 부패 방지에도 이용된다.

③ 간헐살균법(Sterilization by intermittent method, Tyndallization)

포자를 열에 저항성이 약한 발육형으로 발아시킨 다음 살균시키는 방법이다. 즉 하루에 한번씩 100℃에서 30분간의 가열을 3일간 연속 반복 살균한다. 이렇게 연속하는 살균방법을 간헐살균법이라고 하며, 당분이나 비타민이 많은 배지의 살균에 사용된다. 당류는 100℃에서 30분씩 3일간 가열하면 배지가 변질하므로 15~20분 가열한다. 100℃에서 변하는 것은 55~85℃에서 30분간 4~6회 살균한다.

④ 고압증기멸균법

고압증기살균은 고압솥(autoclave)을 사용한다. 고압, 고온, 습열(moist heat)에서 살균하는 방법인데 보통 2기압, 121℃에서 15분간 살균되면 벨이 울리고 서서히 온도와 압력이 떨어진다.

멸균시간은 기구의 크기, 양에 따라서 보다 시간은 연장하지 않으면 멸균이 되지 않을 수도 있고, 멸균시간을 너무 적게 하면, 멸균이 충분히 되지 않고, 너무 과열시키면 배지성분이 분해되어 균이 발육하지 않을 때가 있다. 멸균기를 사용할 때는 반드시 멸균기 속에 물이 충분히 채워져 있는지 확인하고, 종이 마개 또는 silistopper의 멸균시 수증기에 의해 마개가 젖으면 잡균이 부착하기 쉬우므로 유산지 또는 알루미늄 호일 등으로 마개 부분을 덮어서 넣는다.

표 6-1. 여러 가지 온도에서 고압증기 멸균시 필요한 최소시간

온 도(℃)	시 간(분)	압 력(Lb/㎠)
121	15	15
126	10	20
140	3	30

표 6-2. Autoclave steam 압력과 온도와의 관계

Steam 압력 lbs./sq. in.	온도 ℃	Steam 압력 lbs./sq. in.	온도 ℃	Steam 압력 lbs./sq. in.	온도 ℃	Steam 압력 lbs./sq. in.	온도 ℃
0	100.0	8	112.6	16	122.0	24	129.6
1	101.9	9	113.9	17	123.0	25	130.4
2	103.6	10	115.2	18	124.1	26	131.3
3	105.3	11	116.4	19	125.0	27	132.1
4	106.9	12	117.4	20	126.0	28	132.9
5	108.4	13	117.6	21	126.9	29	133.7
6	109.8	14	116.8	22	127.8	30	134.5
7	111.3	15	119.9	23	128.7		

(6) 자외선조사멸균법

가장 살균력이 강한 260~280nm의 자외선 파장을 발생시켜 무균실, 표면에 부착된 곰팡이 및 기타 미생물을 살균하는데 이용되며 공기 중에 있는 미생물을 파괴시킬 목적으로도 사용한다. 조사거리에 따라 살균력과 살균에 필요한 시간이 다르다. 식품저장고, 살균조작실, 수술실, 병원에서도 널리 사용된다. 이 경우는 자외선이 직접 눈이나 피부에 닿지 않게 주의해야 한다.

(7) 화학제를 이용한 멸균

① 산화에틸렌에 의한 멸균법

폭발성이며 자극성이 심한 기체인 산화에틸렌(CH_2CH_2O)으로 가압기(autoclave)나 이와 비슷한 밀폐 용기에 정밀하게 조절된 온도 및 습도 조건에서 멸균하는 방법이다. 이와 같은 기체 소독법은 최근 널리 보급되었으며, 미국에서는 carboxide 산화에틸렌(10% 탄산가스 90%의 혼합기체), 또는 oxyform(산화에틸렌 20%와 이산화탄소 80%의 혼합기체)등이 상품으로 시판되고 있다. Carboxide는 고압하에서, oxyform은 보통기압에서 멸균하며 carboxide에 비하여 멸균력이 대단히 빠르고 강하지만 독성이 강하고 가연성이 크다.

② 베타 크로피오락톤(Beta-propiolactone)에 의한 멸균법

베타 프로피오락톤은 20℃에서 무색 투명한 액체이며, 온도가 올라가면 기화한다. 보통 냉장고에 보관한다. 이 약제는 가연성은 없으나 자극성이 심하여 피부에 접촉하면 수분 내에 수포를 형성한다. 그러나 실온에서 사용할 수 있는 이점이 있으며 산화에틸렌과 같은 침투력이 없기 때문에 수술실, 연구실 등의 건물과 가구 냉장실 등을 훈연법으로 소독에 사용할 수 있다. 특히 베타 프로피오락톤은 액체 상태로 폴리오(polio), 바이러스와 세균아포를 사멸할 수 있으며 바이러스, 백신, 혈장, 기타 생물학 제품과 이식용 조직도 같은 영향을 미칠 수 있다.

2) 화학적 소독

화학적 소독에 사용되는 약품을 소독제라 하며 부패, 발효를 막을 목적으로 사용하는 것을 방부제라 부른다. 소독약의 이상적인 조건은 아래와 같다.

① 높은 석탄산 계수(phenol coefficient)를 가질 것

② 안전성(stability)이 있을 것

③ 용해성(solubility)이 높을 것
④ 고등동물조직에 대한 독성(toxicity)이 낮을 것
⑤ 부식성과 표백성이 없을 것
⑥ 침투력이 강할 것
⑦ 가격이 사고 사용이 용이할 것
⑧ 냄새가 적을 것

(1) 소독제의 작용기전

미생물 세포에 대한 소독제의 작용기전은 소독제의 종류에 따라 다음과 같이 다양하다.

① 원형질 중의 단백질과 결합하여 세포기능을 장해한다.
예) 승홍, 옥시시안화수은 등

② 산화에 의해 세포기능을 장해한다.
예) 과산화수소, 과망간산칼륨, 요오드 등

③ 세포성분을 분해하여 기능을 장해한다.
예) 강산, 강알칼리 등

④ 세포벽, 세포질막을 통과하여 원형질을 용해한다.
예) ethanol, methanol, ether 등

⑤ 단백질을 응고, 또는 변성시켜 세포의 기능을 장해한다.
예) phenol, cresol, isopropanol, formalin 등

⑥ 필수 효소계를 저해한다.
예) 양성비누, 색소계 살균제, 붕산 등

이상의 작용기전은 영양형 세균에 대한 작용이며 아포에 대해서는 단백질의 변성, 응고에 의한 것이 많은 데 기타의 요인도 있을 것으로 생각된다. 소독제는 농도의 증가와 함께 정균적에서 살균적으로 작용이 급속히 변화한다. 항생물질은 미생물에 대해 선택독성을 나타내는데 소독제는 비선택적으로 작용한다. 소독제는 반드시 일정 농도로 희석하고 일정 시간 작용시킨다. 소독제에 대한 저항성도 염두에 둘 필요가 있다.

(2) 소독 효력의 평가

다양한 방법이 있으나 가장 많이 사용하는 것은 석탄산 계수이다.

① 석탄산 계수(phenol coefficient)

소독약의 살균력을 비교하는 양적 표시이다. 즉 어떤균주(Salmonella typi)을 20℃에서 5~10분 동안에 사멸시킬 수 있는 살균력을 페놀 계수 1이라 정의한다.

$$\text{석탄산계수} = \frac{\text{소독약의 희석배수}}{\text{석탄산의 희석배수}}$$

이 계수를 산정할 때에는 일정한 온도, 광선, pH, 습도, 시간 및 농도를 정확히 맞추어야 한다

예)

소독약	희석배수	작용시간			
		2.5	5.0	10	12.5
	40	+	−	−	−
페놀	50	+	+	−	−
	60	+	+	+	+
A	500	+	+	−	−
B	200	+	+	−	−

A의 석탄산 계수= 500/50=10

B의 석탄산 계수= 200/50=4

② D값(D-value, decimal reduction time)

일정한 조건에서 최초에 존재한 균수를 1/10로 감소(90%를 사멸)시키는 데 소요되는 시간을 분 단위로 나타내는 수치이다.

(3) 소독제의 종류와 특징

① Alcohol류

㉠ Ethylalcohol(Ethanol : C_2H_5OH)

100%액(순액)에서는 탈수작용 때문에 살균력이 저하되며. 70% 수용액에서 살균력이 가장 강하다. 작용기전은 균체의 단백질 변성, 지질의 용해, 효소활성 저해에 의한다. 영양형 세균, 많은 바이러스에 효과가 있다. 아포에는 살균성이

약하다. 유리 및 금속기구, 피부소독 등의 소독에 사용한다.

② Phenol과 그 유도체

㉠ 석탄산(Phenol)

균체 단백질을 변성시켜 세포를 용해시키는 작용을 한다. 신경독으로 작용하므로 현재는 사용되지 않고 혈청, 백신 등에 0.5% 농도로 제조하여 사용한다. 결점은 피부 점막에 자극성과 마비성이 있으며 또한 금속제품을 부식시키는 것이다.

㉡ 크레졸(Cresol)

손에는 1%의 농도의 용액을 사용하고, 기구, 천, 객담, 분변에는 3%의 용액을 사용한다. 보통 비눗물에 50%로 썩은 크레졸 비눗물로 사용한다. 손, 오물 소독에 사용하는 농도는 1~2% 수용액이며, 3~5% 수용액은 객담, 분뇨 등의 소독에 사용한다.

③ 산화제

㉠ 과산화수소(Hydrogen peroxide : H_2O_2)

3% 수용액을 사용하며 발생기 산소를 발생하여 상처 표면, 구강, 인두 등의 소독에 사용한다.

㉡ 과망간산칼륨(Potassium permanganate : $KMnO_4$)

유기물과 작용하여 발생기 산소를 발생하여 살균작용을 한다. 뱀의 물린 상처에 대해 0.1% 세정액을, 구내염에는 0.02~0.05%의 양치액을 사용한다.

④ 할로겐과 그 화합물

㉠ 염소(Chlorine)

상수 및 하수의 소독에 주로 이용된다. 상수에서는 염수 주입 10분 후에 잔류 염소가 0.1~0.2ppm이 되도록 규정하고 있다. 염소는 산화되는 물질이 있으면 발생기 산소의 산화작용으로 살균작용을 하고 균체 단백질을 변성시키기도 한다. 수영장에는 1ppm이 되도록 한다. 염소는 값이 싸고 소독력이 강한 장점이 있으나 독특한 냄새가 단점이다.

㉡ 차아염소산나트륨(Sodium hypochloride : NaOCl)

용액 중에서 발생하는 염소에 의해 살균작용을 한다. 이 물질은 분해하기 쉬운 단점이 있으나, 최근에는 안정제를 첨가해서 분해를 방지하여 사용하고 있다.

㉢ 표백분(Calcium hypochloride : CaOCl)

물 속에서 발생기산소를 내어 살균작용을 한다. 자극성이 있어 의료용으로 사용할 수 없으며, 음료수나 수영장 소독에 쓰인다. 음료수 소독 때는 0.2~0.4ppm 정도를 사용한다.

㉣ 루골액(Lugol's solution)

요오드, 요오드칼륨을 glycerin과 물에 용해시켜 구강 및 인후의 소독에 사용한다.

㉤ 옥도정기(Iodine tincture)

요오드 6g, 요오드칼륨 4g을 70% ethanol 100㎖에 용해한 것으로, 강한 살균력이 있어 외과 수술시의 피부소독 등에 사용한다. 자극성이 강하기 때문에 70% ethanol로 닦아낼 필요가 있다. 일반 피부상처에는 2배 이상 희석한 묽은 요오드팅크를 사용한다.

⑤ Alkyl화제

㉠ Formaldehyde(HCHO)

높은 희석농도의 용액에서도 단백질에 작용하여 다시 회복할 수 없을 정도의 살균 효과를 나타내며, 특히 아포에 대한 살균력이 강하다.

- 포르말린 : 포름알데히드가 37% 이상 포함된 수용액으로 보통 1~1.5% 수용액이 일반 소독용으로 사용된다. 가옥 소독에 포르말린 증기와 수증기에 의한 증기 소독법이 이용된다.

⑥ 계면활성제

㉠ 음성비누(Anionic soap)

보통 비누로 (-) 하전되며 살균효과는 약하나 세척에 의한 균의 제거에 사용한다.

㉡ 양성비누(역성비누, cationic soap, invert soap)

보통 비누와는 반대로 양성(+)으로 하전된 계면활성제이다. 일반세균, 진균, 바이러스에 유효하다. 아포, 결핵균에는 무효하다. 보통 0.05~0.1%액이 손, 피부점막 그리고 식기, 금속기구 등의 소독에 사용한다. 보통 비누와 병용은 살균력을 현저히 저하시키며 분뇨 등의 소독에는 소독력이 떨어지므로 부적당하다.

3) 식품의 가열살균

가열살균은 열처리를 통하여 식품중의 미생물을 사멸시킴으로써 식품에 안전성과 저장성을 부여하는 식품가공의 한 수단이다. 식품을 가열살균하는 동안에는 미생물의 사멸이외에도 효소 및 독성분의 파괴에 같은 긍정적인 변화와 영양성분, 색소, 조직, 향미성분 등의 파괴 또는 불황성화를 최대화하고 식품의 영양성분과 관능적 특성의 소실을 최소화하기 위해서는 개개의 식품에 알맞는 살균공정의 선택에 유의해야 한다.

표 6-3. 가열살균법의 종류

종 류	온도 및 시간	특 징
저온살균법 (pasteurization)	60~65℃ 30분 68.3℃ 20분	· 시유와 같이 결핵균 같은 병원균을 사멸시킬 때 · 주된 변패 미생물이 열 저항성이 크지 않을 때 · 시유 과즙과 같이 가열처리로 품질손상 우려 시 · 저온 살균 후 보존법 적용(시유 냉장 보관)
고온순간살균법 (HTST법)	71.1℃ 15초 75℃ 15초	우유나 과즙처럼 신선미와 비타민 등의 영양소의 보존을 중요시하는 법. 병원균을 사멸
초고온살균법 (UHT법)	130~150℃ 0.75~2초	내열성 세균의 포자를 완전히 사멸…(우유살균) 비타민 C는 저온살균 보다 더 안전하고 신선함.
병장 살균법	96~98℃ 15분	액체 우유를 병에 넣고 가열살균 살균 후 오염은 없으나 누른 냄새와 갈변 우려
열탕 살균법	100℃ 30분	포자를 완전히 죽일 수 없기 때문에 완전 살균이 어려우나 병원성 화농균이나 기생충의 알은 쉽게 사멸…(조리시기, 조리용구, 살균 사용)
증기 살균법	100℃ 30분	수증기를 이용하여 가열살균하는 방법이며 물이 끓어서 수증기가 발생할 때 내용물을 넣고 살균
간헐적 살균법 (Intermittent sterilization)	1일 1회씩 100℃ 20~50분 연속 3~4일 계속	열처리와 열처리 사이 잔존하는 아포를 발아시켜 열 저항성이 약한 번식체로 만들어 완전살균. 아포의 발아 시간이 일정치 않아 기대가 어렵고, 조작이 어렵고 및 경비가 많아서 거의 이용 안 됨.
상업적 살균법 (commercial st.)	100℃ 이하 70℃ 이상 (기능적)	통조림 제품에 미생물이 존재한다 해도 세균이 통조림의 상업적 품질을 장기간 유지하는 데 유해한 영향을 미치지 않을 정도로 살균(주로 산성의 과일통조림)
동요식 살균법 (agitating st)	127~132℃ 3~4 분	열전달을 효과적으로 하기 위해 내용물이 담긴 용기 자체를 회전시키거나 전체 살균솥을 회전시켜 고온살균을 효과적으로 달성
정치식 살균법	116~121℃	고정된 레토르트에 통조림을 넣고 포화증기로 가열하는 방법. 통조림 중심부까지 열전달을 위해 장시간 고온가열로 식품 품질이 변할 염려가 많다.

가열살균은 열처리의 온도 범위에 따라서 저온살균(pasteurization)과 고온살균(sterilization)으로 구분된다. 저온살균은 식품중의 병원성 미생물과 효모, 곰팡이 등의 포자를 포함한 모든 미생물을 완전히 사멸시키기 위하여 100℃이상의 높은 온도에서 열처리를 행하는 방법이다. 그러나 고온살균이라 하더라도 이론적으로는 식품 중의 모든 미생물을 완전히 사멸시키기는 불가능하며, 또 식품을 고온에서 비교적 장시간 가열처리하여야 하기 때문에 영양학적인 면에서나 관능적인 면에서 식품의 품질이 저하되기 쉽다. 그러므로 식품산업에서는 가열처리 공장을 거쳤더라도 저장 중에 다시 생육하여 부패 또는 식중독의 원인이 될 수 있는 미생물만을 일정한 수준까지 사멸시키는 방법을 택하고 있으며 이를 상업적 살균(commercial sterilization)이라 한다. 최근에는 이러한 식품을 'appertized foods' 이라고도 한다.

4. 배 지

1) 배지의 종류

(1) 천연 배지와 인공 배지

표 6-4. 배양기의 종류

천 연 배 양 기		합 성 배 양 기	
명 칭	적 용 미 생 물	명 칭	적 용 미 생 물
1. 고기즙(bouillon)	세균 일반	1. Uschinsky씨 액	일반 세균
2. 효모즙	세균 일반	2. Fränkel씨 액	일반 세균
3. 두부 분해액	세균 일반	3. Moassen씨 액	일반 세균
4. 펩톤수	세균 일반	4. Cohn씨 액	일반 세균
5. 맥주	식초산균	5. Henneberg씨 액	식초산균
6. 청주	식초산균, 젖산균	6. Takahashi씨 액	글루콘산 세균
7. 코지즙	효모, 곰팡이	7. 미생물 정량용 배지	젖산균
8. 맥아즙	효모, 곰팡이	8. Henneberg b 액	세균, 효모
	젖산균, 버섯	9. Hayduck씨 액	효모
9. 싸라기(진쌀)	곰팡이	10. Mayer씨 액	효모
10. 빵	곰팡이, 효모, 세균	11. Knopp씨 액	효모
11. 간장	곰팡이, 효모, 버섯	12. Henneberg c 액	곰팡이
12. 과즙	곰팡이, 효모	13. Nägali씨 액	곰팡이
13. 고지수	곰팡이, 효모, 세균	14. Czapeck Dox씨 액	곰팡이, 버섯
14. 감자	곰팡이, 효모, 세균	15. Ricccards 액	버섯
15. litmus milk	젖산균		
16. 톱밥 배양기	버섯		

(2) 고체 배지와 액체 배지

① 고체 배지

액체 배지에 한천(agar)을 1.5~3.0% 넣어 고체화시킨 배지로 균주의 보존, 순수 분리 배양에 이용된다.

② 액체 배지

미생물의 생리, 생태, 생산물, 화학적 연구, 대량 배양 및 새로운 세포 육성시 사용된다.

(3) 보통 배지와 특수 배지

① 보통 배지

일반적으로 여러 미생물을 기를 수 있는 배지. 국즙, 맥아즙 배지 등

② 특수 배지

특정한 균만을 생육시키는 배지. 증균 배지(enrichment media), 선택 배지(selective media), 확인 배지(differential media) 등으로 구분.

(3) 완전 배지와 최소 배지

완전 배지 : 미생물의 생활에 필요한 모든 성분을 공급할 수 있는 조성을 가진 배지. 육즙 배지-세균, 맥아즙-효모, 곰팡이

(4) 사면 배지와 고층 배지

① 사면 배지

시험관에 든 고체 배지의 살균 직후 그림 6-2처럼 입구인 면전부분을 약간 높게 하여 응고시키면 배지가 사면(斜面)의 모양으로 굳어진다. 이런 모양을 사면 배지(slant media)라 하고 호기성균의 배양에 쓰인다.

② 고층 배지

보통대로 세워서 굳힌 상태를 고층 배지(stab media)라 하며 혐기성균 배양이나 평판 배양용으로 이용된다.

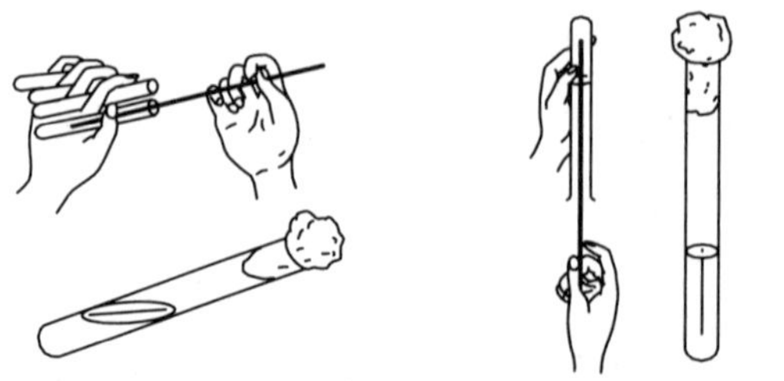

그림 6-2. 배지 응고 방법

2) 배지의 조제

① 곰팡이용 배지 : Czapek-Dox액
② 곰팡이, 효모용 배지 : 맥아배지, 국즙배지
③ 효모용 배지 : Henneberg액, Havduck액, Knopp액
④ 세균용 배지 : bouillon, nutrient broth, yeast extract, peptone water

배지 조제시 조성분은 액체 배지인 경우 용질이 20%를 넘으면 삼투압 때문에 균 생육에 지장을 줄 수 있고, pH는 균의 종류와 배양 목적에 따라 다르게 유지시켜 주어야 한다. 배지는 투명한 것이 좋고, 분주(分注)할 때는 유리 기구의 입구나 면전에 묻지 않도록 주의 한다.

면전(綿栓, 솜마개)은 목화솜으로 배지가 담긴 시험관이나 플라스크는 면전을 한다. 배지의 분주에 앞서 깨끗하게 씻은 빈 시험관이나 빈 플라스크에는 면전을 하고 건열기에서 건열 살균을 해 둔다.

면전을 하는 목적은 기체는 통과하면서도 잡균은 통과하지 못하게 하는 데 있으므로 너무 딱딱해서도 안되고(기체 통과 지장) 너무 물러서도 안 된다(잡균 통과).

면전의 요령은 같이 머리가 둥글고 알맞으며 단단하고 보기가 좋아야 하며 시험관 속으로 2~3㎝ 꽂히게 한다. 먼저 솜을 적당히 오려 가장 자리에서 조금씩 뜯어 중심에 놓고 심을 만들고 이것을 에워싸는 것처럼 하여 비틀면서 용기의 입구에 꽂는다.

5. 순수 분리 및 배양법

1) 순수 분리

집식 배양된 배양액은 아직 순수하지 못하며 각종 잡균이 함께 존재하므로 목적균을 얻으려면 다음과 같은 순수부리법의 조작을 반복해야 한다.

(1) 평판배양법(平板培養法, plate culture)

배양액 중에 무수히 존재하는 미생물도 이것을 적당히 희석하면 하나의 평판이 소수의 독립된 큰 집락을 형성시킬 수 있고, 평판배양 위의 독립된 하나의 집락은 보통 하나의 미생물이 번식하여 육안으로 볼 수 있을 정도의 집단까지 증식된 것으로 생각할 수 있다. 그러므로 이 집락을 따서 순수하게 분리하는 것이 평판배양법의 원리이다. 그러나 이때 나타나는 집락은 사용한 배지 성분으로 생육할 수 있는 균에 한정되므로 목적균에 따라 적당한 배지를 선택해야 한다.

평판배양은 클린벤치(clean bench, 과거는 무균상자)와 필요한 기구 그리고 손을 완전히 살균한 다음 시작한다. 우선 건열멸균된 페트리접시 3매, 항온수조에서 가열용해한 한천고층배지(한천농도는 약간 낮게 하는 것이 조작이 편리) 3개, 무균적으로 면전시험관에 분주한 희석용 멸균수 1개이며, 클린벤치 내에서의 조작은 다음과 같다

① 불꽃으로 살균한 백금이로 미생물이 들어 있는 시료에서 1백금이량을 취하여 멸균수에 넣고 잘 흔들어 섞어준다.

② 한천고층배지의 온도가 45~50℃로 되었을 때에 위의 미생물을 희석한 멸균수로부터 1백금이량을 취하여 미리 준비한 액체상태의 한천배지(A)에 옮겨 잘 섞어 놓는다.

③ 다른 배지(B)에 앞의 배지(A)로부터 살균한 백금이로 1백금이량을 취해서 옮긴다. 다시 같은 조작을 반복하면 단계적으로 희석된 3개의 액체상태의 한천고층배지가 얻어진다.

④ 이 3개의 액체상태 배지를 흔들어서 충분히 섞고 3개의 멸균된 페트리접시에 각각 흘러내리게 하여 한천이 응고하면 응축수의 낙하와 잡균의 오염을 막기 위하여 페트리접시를 거꾸로 하여 항온기 내에서 1~3일간 배양한다.

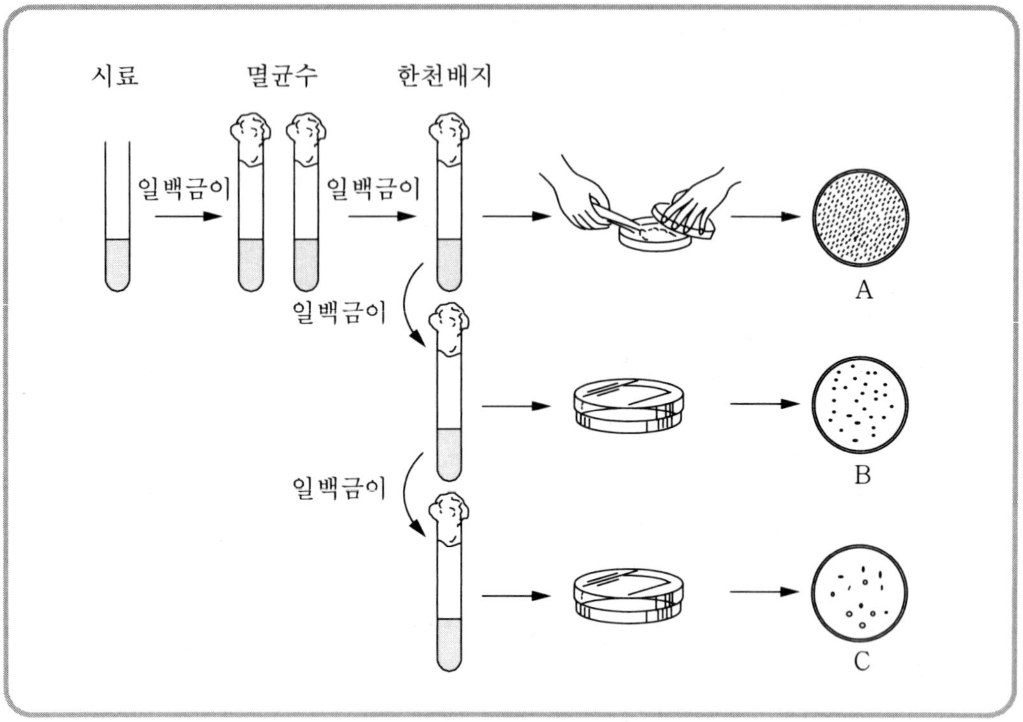

그림 6-3. 희석법에 의한 미생물의 분리

3개의 페트리접시중 집락이 적당히 분산되어 있는 접시에서 형태나 색깔로 보아 같은 종류의 집락이 가장 많은 한 집락의 균체를 백금이로 따서 액체배지에 접종 배양한다. 이렇게 하여 얻은 배양은 반드시 순수하다고 할 수 없으므로 다시 평판배양을 2~3회 반복하고 현미경으로 관찰하여 순수여부를 조사한다.

이 평판배양법은 식품이나 물의 세균수 측정에도 이용된다. 이때의 조작은 정량적이며 일정량의 시료를 일정량의 멸균수(예로 10mℓ)로 희석하여 100(10^2)배, 1,000(10^3)배, 10,000(10^4)배, 100,000(10^5)배 등의 정확한 희석액을 만든다. 희석에는 건열멸균한 메스피펫을 사용한다. 각 희석액에서 정확히 0.1~1.0mℓ를 멸균된 페트리접시에 취하고 여기에 용해한 한천배지를 부어서 충분히 혼합하여 평판을 만든다. 항온기에서 일정시간 배양하여 나타난 집락수를 측정하여 원시료중의 세균수를 계산할 수 있다. 1개의 평판에 30~300개의 집락수가 있는 것이 가장 믿을 수 있는 세균수를 나타낸다.

(2) 평판도말법(平板塗抹法, streak plate method)

미생물 순수분리에 평판배양법의 변법인 평판도말법도 곧잘 사용된다. 용해한 2% 한천배지 약 10㎖를 건열멸균한 페트리접시에 부어 고화시켜 평판을 만든다. 이것을 방치하여 응축수를 증발시킨 다음 미리 희석한 시료에서 1 백금이 양을 취하여 그림 6-4와 같이 평판의 일단에서 표면을 상하지 않게 가볍게 평행으로 도말한다. 1장의 평판이 끝나면 2번째의 평판에 같은 요령으로 도말하여 도합 3장의 평판을 연속적으로 도말한다. 이 도말법을 실시하면 도말 최초의 부분은 많은 수의 미생물에 의해서 연결된 집락을 형성하나 도말한 끝으로 갈수록 독립된 집락이 나타난다. 시료의 희석을 알맞게 하면 1장의 평판으로도 목적을 달성할 수가 있으므로 간편하다.

(3) 린트너의 소적배양법(小滴培養法, drop culture)

평판배양법에 의한 순수배양은 실요적이긴 하지만 단일세포에서 출발했다는 보장이 없다. 따라서 보다 엄격한 순수분리를 하기 위하여 린드너(Lindner)의 소적배양법을 사용한다.

무균상자 내에서 건열멸균한 페트리접시에 살균된 맥아즙을 소량 옮겨두고 따로 배양한 효모의 액체배양액에서 1 백금이 양을 취하여 섞는다. 다음 멸균한 소형 pen의 끝으로 페트리접시 안의 효모 희석액을 취하여 불꽃으로 살균한 카바 글라스(cover glass) 위에 수 개의 점을 찍는다. 점을 찍은 면을 밑으로 하여 멸균한 홈이 파진 슬라이드 글라스(hollow slide glass)의 오목 부위에 덮어 고정시킨다(그림 6-5).

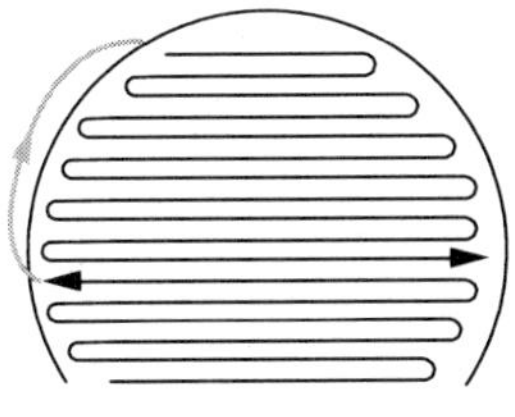

그림 6-4. 평판 도말법.

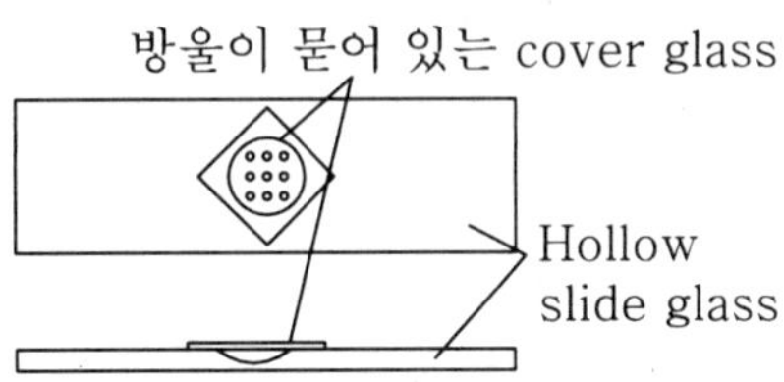

그림 6-5. 소적배양법

(4) 현미해부기(micromanipulator)에 의한 순수분리법

주로 효모나 곰팡이의 분리배양에 쓰이는 린드너의 소적배양법, 세균류의 순수분리에 시용되는 묵즙점적배양법(墨汁點滴培養法)에 의해서 다수의 세포 중에서 희망하는 특정세포를 현미경으로 보면서 선정하여 분리하기란 극히 곤란하다. 그러나 현미해부기를 사용하면 현미경을 통하여 세포를 직접 관찰하면서 다수의 세포 중에서 형태학적으로 또는 특징에 따라서 희망하는 1개의 세포를 모세관으로 빨아 올려 분리할 수 있다.

2) 통성 및 혐기성 세균의 순수분리법

(1) 뷰리(Burri)씨관에 의한 중층법

Clostridium과 같은 혐기성균은 산소가 존재하면 생육하지 않으므로 무산소 상태에서 배양해야 한다. 따라서 순수분리의 수단으로 보통 쓰여지는 일반적인 평판배양법은 이용할 수 없으며 다음과 같이 Buri씨관을 사용하여 배양해야 한다.

깨끗이 씻어 건조한 Buri씨관 2개를 준비하여 각 관의 한쪽에는 고무마개를, 다른 반대쪽은 솜마개를 하여 120℃에서 20분간 고압멸균한다. 따로 육즙한천(bouillon agar)이나 가당육즙한천(glucose bouillon agar)를 3개씩 용해시켜 40~45℃(세균포자의 경우는 이것보다 고온이 편리하다)로 냉각하여 평판배양의 조작과 같은 방법으로 세균을 희석 접종하고 뷰리씨관의 고무마개쪽을 밑으로 하여 솜마개를 뽑은 다음, 가장 희석이 많이 된 3번째의 희석배지를 뷰리씨관에 부어 넣고 급속히 냉수에 넣어서 응고시킨다. 이 응고한 한천배지 위에 2번째와 첫 번째의 희석배지를 같은 방법으로 차례로 부어 넣고 응고시킨다.

솜마개를 하여 정온기에서 일정기간 배양하면 집락이 발생한다.

균종에 따라서는 가당육즙한천을 사용했을 때 내부에 가스가 발생하여 한천에 금이생겨 갈라지는 수가 있으나 육즙한천에서는 가스발생이 거의 없다. 집락은 상중하의 3층 고체배지 중 하층으로 갈수록 집락수가 적어지며 보다 큰 집락이 얻어진다. 최상부는 공기와 접촉되어 있으므로 균이 생육하지 않는다(그림 6-6)

혐기성균은 산소를 제거하면 뷰리씨관을 사용하지 않아도 배양이 가능하므로 평판을 만든 다음 알칼리성 피로가롤(pyrogarol)이 든 진공데시케이터 안에서 배양하면 무산소상태로 되어 혐기성균의 순수분리가 가능하다.

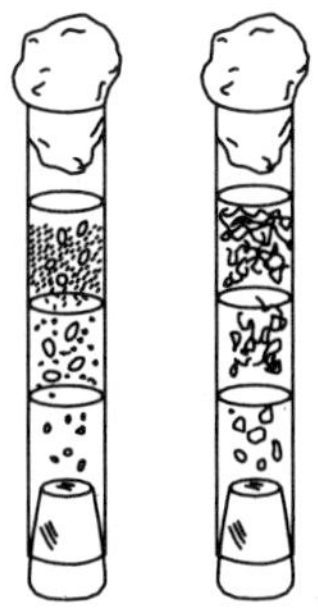

그림 6-6. Buri씨관

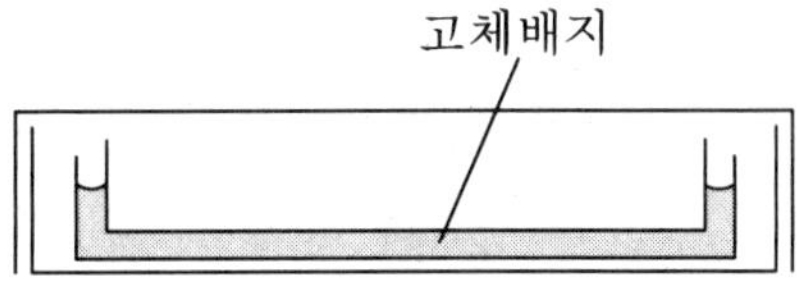

그림 6-7. 이중 접시 평판 배양법

① 이중접시법

살균된 페트리 접시를 그림 6-7과 같이 뚜껑과 밑짝을 반대로 이용한다. 120℃에서 20~30분 살균된 배지에 균을 접종하여 페트리 접시 뚜껑에 붓고 즉시 밑짝을 거꾸로 해서 배지에 밀착시켜 산소의 접촉을 막는다. 필요하면 접시가 포개진 사이를 용융 파라핀이나 유동 파라핀으로 채워서 산소를 더욱 완벽하게 차단한다. 그리고 이것을 더 큰 접시에 담아서 항온기에 넣는다.

3) 순수 배양법

(1) 고체 배양법

종균의 보존, 생태 및 생리의 관찰에 이용하며 사면배양법과 천자배양법이 있다.

① 사면배양(斜面培養, slant culture, streak culture)

호기성균의 배양에 이용된다. 백금선으로 종균을 취해서 사면 위에, 밑에서 위로 가볍게 직선 또는 지그재그로 선을 긋는다(그림 6-6의 왼쪽). 세균은 보통 백금선을 사용하나 효모의 경우는 백금이를, 곰팡이나 버섯 같은 경우는 백금구를 사용하는 것이 편리하다.

② 천자배양(穿刺, stab culture)

혐기성균의 배양에 이용된다. 백금선의 끝에 종균을 묻혀서 한천고층배지의 시험관의 주둥이를 아래로 하여 배지의 표면 중앙에서 내부로 향해 찌른다(그림 6-6의 오른쪽).

(2) 액체 배양법

미생물의 생태적 시험, 균의 검경, 발효 생산물의 시험, 균체를 대량으로 얻고자 하는 경우, 배양액 중에 통기를 할 필요가 있을 경우 등에 보통 이용된다.

① 정치배양(靜置培養, stationary culture)

호기성균은 생육에 산소를 요구하므로 배양용기의 크기에 비하여 배부의 배지량은 적게 하고 액층을 얇게 하여 산소 공급이 잘 되도록 하여야 한다. 그러므로 플라스크와 같이 액면이 넓은 용기들이 사용된다. 시험관을 사용할 때는 한천사면배지처럼 눕혀서 배양하는 것이 효과적이다. 젖산균이나 낙산균 등의 혐기성균은 호기성균의 경우와는 반대로 될 수 있는 한 액층을 깊게 하면 특별히 혐기적 상태로 하지 않아도 왕성하게 증식한다. 이때 균종은 될 수 있는 대로 많이 접종하는 것이 좋다.

② 진탕배양(振盪培養, shaking culture)

호기성균을 보다 활발하게 증식시키기 위해서 액체 배지에 통기하는 방법이 이용된다. 이것은 완복진탕기나 회전진탕기 위에 배지가 든 면전플라스크를 고정시켜 놓고 항온에서 진탕하면서 배양한다. 회전진탕기에는 주로 삼각플라스크를, 왕복진탕기에는 사카구치(坂口)플라스크가 쓰인다. 또 효모나 세균의 생육증식곡선의 측정에는 모노관(Monod tube)이 편리하다.

③ Jar fermentor에 의한 통기교반배양

발효조 내의 배양액은 스파저(sparger, 節管)를 통해서 무균공기가 주입되는 동시에 교반되어 충분히 호기적인 상태가 이루어진다. 자켓(jacket)do 냉각수(또는 수증기)를 흘려보내 배양 온도를 일정하게 유지하며 때때로 pH를 측정 조절하여 최적 pH 범위 내에서 지속되도록 한다. 온도, pH등의 자동조절이 가능하고 기록되는 장치가 있는 것이 대부분이다. 실험실에서 다량의 배지에 배야하려면 jar fermentor를 이용하여 통기교반배양을 한다. 공업적으로는 더욱 대형인 통기교반탱크를 쓴다.

④ 혐기성 균의 배양

㉠ 진공 배양법

진공건조기 내에 배양 용기를 넣고 펌프로 진공시킨 후 일정 온도로 배양한다.

㉡ 산소 흡수 또는 가스 치환법

화학용 건조기 바닥에 피로갈롤(pyrogallol)과 LOH를 고체 상태로 넣고 뚜껑을 닫으면 피로갈롤이 산소를 흡수해서 무산소 상태가 된다. 또 공기를 진공

펌프로 제거한 후 수소를 치환해서 무산소 공간을 만드는 방법도 있다.

그 외에 환원성 물질을 배지에 첨가해서 산소를 흡수하는 방법도 있다.

그림 6-8. Jar fermentor

6. 대장균군의 동정

대장균군이라 함은 그람음성, 무아포성 간균으로서 젖당을 분해하여 가스를 발생하는 모든 호기성 또는 통성혐기성균을 말한다. 대장군균 정성시험과 정량시험이 있다.

1) 정성시험

(1) 젖당 부이온법

완전멸균된 채수병에 음용수를 무균적으로 채수한 후 채취 용액 10mℓ를 2배 농도의 젖당 부이온배지에 가하고 시험용액 1mℓ 및 0.1mℓ를 2개 이상의 젖당 부이온배지에 가한다.

① 추정시험

젖당 부이온배지를 가한 발효관에 검체를 넣어 35±1℃에서 48±3시간 동안 배양하여 가스 발생이 있으면 대장균군의 존재가 추정된다.

시험에 사용하는 발효관은 듀람(durham)관으로서 희석액을 가하여 젖당 부이온의 농도가 되도록 한다. 발효관의 수는 각 희석액에 따라 5개씩을 사용한다. 즉, 검액을 10, 1, 0.1㎖씩 접종하여 35±1℃에서 24±2시간 배양하여 발효관 내에 가스가 발생하면 추정시험 양성이고 만약 24±2시간 내에 가스가 발생하지 아니할 경우에는 후 배양을 계속하여 48±3시간까지 관찰한다.

이 때까지 가스가 발생되지 않으면 추정시험 음성이고 가스가 발생될 경우에는 추정시험 양성으로 판정하고 다음의 확정시험을 실시한다.

② 확정시험

추정시험에서 가스발생이 있는 발효관으로부터 BGLB배지에 이식하여 35±1℃에서 48±3시간 동안 배양하였을 때에 가스발생을 보거나 가스를 발생한 BGLB배지로부터 평판배지에 획선분리 배양하여 전형적인 대장균군 집락이 확인될 경우에는 확정시험 양성으로 하고 비전형적인 집락의 경우에는 완전시험을 하지 않으면 안된다.

확정시험에는 BGLB 배지, Endo 평판배지, 또는 EMB 한천평판배지를 사용한다. 평판배양의 경우에는 35±1℃에서 48±3시간 동안 배양하였을 때 배지의 색이 갈색으로 되었을 때에는 완전시험을 하지 않으면 안 된다.

③ 완전시험

대장균군의 존재를 완전히 증명하기 위하여 위의 평판상의 집락이 그람음성, 무아포성의 간균임을 확인하고, 젖당을 분해하여 가스의 발생 여부를 재확인한다. 확정시험 때 Endo 평판배지, 또는 EMB 한천평판배지 상에서 전형적인 집락을 인정하였을 때에는 1개 또는 비전형적인 집락일 경우에는 2개 이상을 따서 각각 젖당 부이온발효관과 보통한천사면배지에 이식하여 35±1℃에서 48±3시간 동안 배양하였을 때에 가스를 발생한 발효관에 해당되는 한천사면배지의 집락에 대하여 그람염색을 실시하였을 때에 그람음성, 무아포성 간균이 증명되면 완전시험은 양성이며 대장균군 양성으로 판정한다.

(2) BGLB 배지법

검체 채취용액 1~0.1㎖를 2개의 BGLB발효관에 가한다.

◎ 정성시험

검체는 필요에 따라 적당한 전처리를 하고 1~0.1㎖의 희석액을 2개씩 BGLB 발효관에 가한다. 대량의 검체를 가할 필요가 있을 때에는 대량의 배지를 넣은 발효관을 사용한다.

검체를 가한 배지는 35±1℃에서 48±3 시간까지 관찰하고 가스의 발생을 인정하였을 때에는(배지를 흔들 때 거품 모양의 가스의 존재를 인정하였을 때에도) Endo 평판배지 또는 EMB 한천평판배지에 획선 도말하고 분리 배양한다. 이하의 조작은 젖당 부이온을 사용한 시험법의 확정시험 또는 완전시험 때와 같이 행하고 대장균군의 유·무를 시험한다.

(3) 데스옥시콜레이트 젖당 한천 배지법

시료 채취용액 1mℓ와 각 단계 희석액 1mℓ씩을 2매 이상의 멸균 페트리접시에 취하고 미리 가온 용액하여 약 50℃에 보존한 데스옥시콜레이트 젖당 한천배지 약 15mℓ를 무균적으로 분주하고 페트리 접시 뚜껑에 부착하지 않도록 주의하면서 조용히 회전하며 좌우로 기울이면서 시료와 배지를 잘 혼합시켜 냉각 응고시킨다.

◎ 정성시험

시료를 필요에 따라 적당한 전 처리를 행하고 희석한 검체 1mℓ씩을 2매 이상의 멸균 페트리 접시에 취하여 미리 가온 용해하여 약 50℃에 보존한 데스옥시콜레이트 젖당 한천배지 약 15mℓ를 무균적으로 분주하고 페트리 접시 뚜껑에 부착하지 않도록 주의하면서 조용히 회전하여 좌우로 기울이면서 시료와 배지를 잘 혼합한 후 냉각 응고시킨다.

그리고 그 표면에 동일한 배지 또는 보통한천 배지를 3~5mℓ를 가하여 중첩시킨다(평판상에 배지를 중첩하는 방법을 생략할 수 있다). 이것을 35±1℃에서 20±2시간 배양하여 전형적인 암적색의 집락을 인정하였을 때에는 1개 이상의 집락을 의심스러운 집락일 경우에는 2개 이상을 Endo 평판배지, 또는 EMB 한천평판배지에서 분리 배양한다. 이것을 35±1℃에서 20±2시간 배양한다. 이하의 조작은 젖당 부이온을 사용한 시험법의 확정시험 또는 완전시험 때와 같이 행하고 대장균군의 유·무를 시험한다.

2) 정량시험

(1) 최확수법

최확수법이란 수단계의 연속한 동일희석도의 검체를 수 개씩 젖당 부이온 발효관에 접종하여 대장균군의 존재 여부를 시험하고 그 결과로부터 확률론적인 대장균군의 수치를 산출하여 이것을 최확수(MPN)로 표시하는 방법이다.

최확수는 검체 10, 1 및 0.1㎖씩을 각각 5개씩 또는 3개씩의 발효관에 가하여 배양 후 얻은 결과에 의하여 검체 100㎖ 중 또는 100g 중에 존재하는 대장균군수를 표시하는 것이다. 최확수란 이론상 가장 가능한 수치를 말한다.

◎ 시험조작

대장균군의 정량시험에는 희석검체(0.1㎖ 이하의 경우에는 10배수 희석액 1㎖씩을 사용한다) 10, 1, 0.1, 0.01㎖와 같이 연속해서 4단계 이상을 5개 또는 3개씩의 젖당 부이온발효관에 접종시킨다. 이때 시료의 최대량을 가한 발효관의 대다수 또는 전부에서 가스를 발생하고 최소량을 접종한 발효관의 전부 또는 대다수가 가스를 발생하지 않도록 적당히 희석하고 사용한다. 가스발생 발효관 각각에 대하여 추정, 확정, 완전시험을 행하고 대장균군의 유·무를 확인한 다음 최확수표로부터 검체 100㎖ 중의 최확수를 구한다. 예로써 대장균군의 최확수법에 의한 정량시험에 의하여 검체 또는 희석검체의 각각의 발효관을 5개씩 사용하여 다음과 같은 결과를 얻었다면

검체접종량	10㎖	1㎖	0.1㎖
가스양성관수	5개	3개	1개

최확수표에 의한 검체 100㎖ 중의 MPN은 110으로 된다.

이때 검체접종량이 1, 0.1, 0.01㎖일 때에는 110×10=1,000으로 한다. 검체의 3 접종이 3단계 이상으로 행하여졌을 때에는 다음 표와 같이 취급한다. 이때의 숫자는 양성관수, ○ 내의 숫자는 유효숫자이다.

	1㎖	0.1㎖	0.01㎖	0.001㎖
Ⅰ	5	⑤	②	⓪
Ⅱ	⑤	④	③	0
Ⅲ	⓪	①	⓪	0
	(5	3	1	1)
Ⅳ	⑤	③	②	

- 예 Ⅰ, Ⅱ : 5개 양성을 표시한 최소 접종량으로부터 시작한다.
- 예 Ⅲ : 양성을 인정한 접종량을 중간으로 한다.
- 예 Ⅳ : 최소유효 접종량(이 경우는 0.01㎖)보다 1단계 적은 접종량(0.001㎖)일 때에는 양성관을 인정할 경우 최초 접종량에 의한 양성관수(이 경우 1)를 상단 위에 가한다. 즉 접종량 0.01㎖ 양성관수 1에 접종량 0.001㎖의 양성관수를 가하여 2로 한다.

최확수표

별표 1에 의하여 또 3개식 접종했을 때에는 위 5개 법에 준하여 별표 2에 따라 최확수를 구한다.

(2) BGLB배지에 의한 정량법

시험용액 10, 1 또는 0.1㎖를 5개식의 BGLB 배지에 접종한다. 0.1㎖ 이하를 접종할 필요가 있을 때에는 10배 희석 단계액을 각각 1㎖씩 사용한다. 이때에 시험용액의 최대량을 가한 배지의 전부 또는 대부분에서 가스 발생을 인정하고 최소량을 가한 배지의 전부 또는 대부분이 가스를 발생하지 않도록 접종량과 희석도를 고려하여야 한다. 이하의 조작은 각 발효관에 대하여 BGLB 배지에 의한 정성시험법에 따라 수행하고 대장균군의 유·무를 조사하여 최확수표에 따라 검체 100㎖ 또는 100g 중의 대장균군수를 산출한다.

(3) 데옥시콜레이트 젖당한천배지에 의한 정량법

시료 채취용액 1㎖와 각 단계 희석액 1㎖에 대하여 이 배지에 의한 정성시험법과 같은 조작으로 37℃에서 20±2시간 배양한 후 생성된 집락 중 전형적인 집락 또는 의심스러운 집락에 대하여 정성 시험 때와 같은 조작으로 대장균군의 유무를 결정한다. 균수 산출은 세균수(일반세균수) 측정법에 따라 한다.

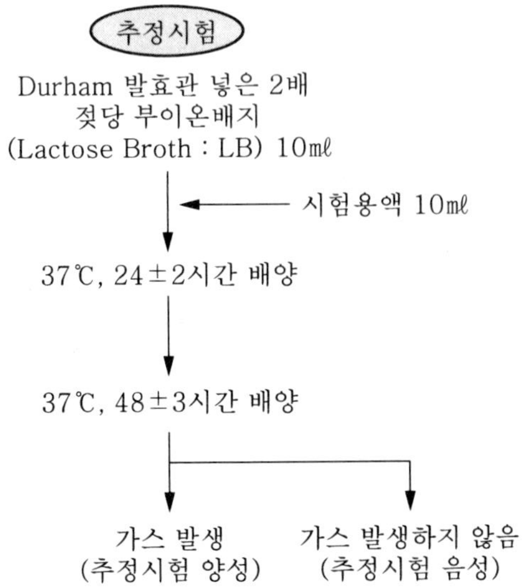

대장균 추정시험

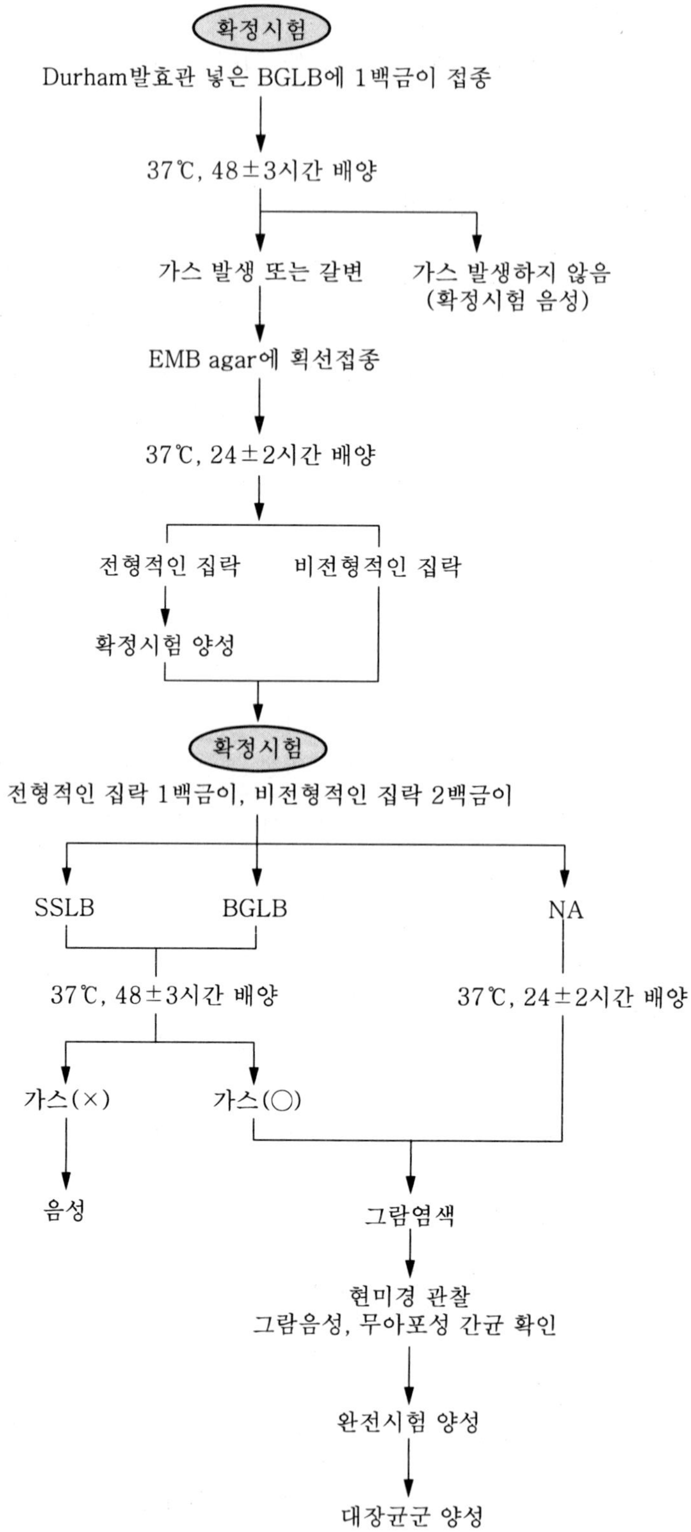
확정시험
Durham발효관 넣은 BGLB에 1백금이 접종
37℃, 48±3시간 배양
가스 발생 또는 갈변
가스 발생하지 않음
(확정시험 음성)
EMB agar에 획선접종
37℃, 24±2시간 배양
전형적인 집락
비전형적인 집락
확정시험 양성
확정시험
전형적인 집락 1백금이, 비전형적인 집락 2백금이
SSLB
BGLB
NA
37℃, 48±3시간 배양
37℃, 24±2시간 배양
가스(×)
가스(○)
음성
그람염색
현미경 관찰
그람음성, 무아포성 간균 확인
완전시험 양성
대장균군 양성

대장균 확정시험

별표 1. 대장균군시험의 최확수표 다음의 희석과 시험관수에 의한 양성수에 대한 최확수와 95%의 신뢰한계 A 10㎖씩 5개, B 10㎖씩 5개, 1㎖씩 5개, 0.1㎖씩 5개

양성관수 A 10㎖씩 5개	MPN 10㎖	MPN의 신뢰한계	
		하한	상한
0	<2.2	0	6.0
1	2.2	0.1	12.6
2	5.1	0.5	19.2
3	9.2	1.6	29.4
4	16	3.3	52.9
5	<16	8.0	

B 10㎖씩 5개	B 1㎖씩 5개	B 0.1㎖씩 5개	MPN 100㎖	MPN의 신뢰한계 하한	MPN의 신뢰한계 상한
0	0	1	2	<0.5	7
0	0	2	4	<0.5	11
0	1	0	2	<0.5	7
0	1	1	4	<0.5	11
0	1	2	6	<0.5	15
0	2	0	4	<0.5	11
0	2	1	6	<0.5	15
0	3	0	6	<0.5	15
1	0	0	2	<0.5	7
1	0	1	4	<0.5	11
2	2	2	14	4	34
2	3	0	12	3	28
2	3	1	14	4	34
2	4	0	15	4	37
3	0	0	8	1	19
3	0	1	11	2	25
3	1	2	13	3	31
3	1	0	11	2	25
3	1	1	14	4	34
3	1	2	17	5	46

B 10㎖씩 5개	B 1㎖씩 5개	B 0.1㎖씩 5개	MPN 100㎖	MPN의 신뢰한계 하한	MPN의 신뢰한계 상한
1	0	2	6	<0.5	15
1	0	3	8	1	19
1	1	0	4	<0.5	11
1	1	1	6	<0.5	15
1	1	2	8	1	19
1	2	0	6	<0.5	15
1	2	1	8	1	19
1	2	2	10	2	23
1	3	0	8	1	19
1	3	1	10	2	23
1	4	0	11	2	25
2	0	0	5	<0.5	13
2	0	1	7	1	17
2	0	2	9	2	21
2	0	3	12	3	28
2	1	0	7	1	17
2	1	1	9	2	21
2	1	2	12	3	28
2	2	0	9	2	21
2	2	1	12	3	28
4	5	1	48	16	124
5	0	0	23	7	10
5	0	1	31	11	89
5	0	2	43	15	114
5	0	3	58	19	144
5	0	4	76	24	180
5	1	0	33	11	93
5	1	1	46	16	120
5	1	2	63	21	154
5	1	3	84	26	197

B			MPN 100mℓ	MPN의 신뢰한계		B			MPN 100mℓ	MPN의 신뢰한계	
10mℓ씩 5개	1mℓ씩 5개	0.1mℓ씩 5개		하한	상한	10mℓ씩 5개	1mℓ씩 5개	0.1mℓ씩 5개		하한	상한
3	1	3	20	6	60	5	2	0	49	17	126
3	2	0	14	4	64	5	2	1	70	23	168
3	2	1	17	5	49	5	2	2	94	28	219
3	2	2	20	6	60	5	2	3	120	33	281
3	3	0	17	5	46	5	2	4	148	38	366
3	3	1	21	7	63	5	2	5	177	44	515
3	4	0	21	7	63	5	3	0	79	25	187
3	4	1	14	8	72	5	3	1	109	31	253
3	5	0	25	8	75	5	3	2	141	37	343
4	0	0	13	3	31	5	3	3	175	44	503
4	0	1	17	4	46	5	3	4	212	53	669
4	0	2	21	7	63	5	3	5	253	77	788
4	0	3	25	8	75	5	4	0	190	35	302
4	1	0	17	5	46	5	4	1	172	43	486
4	1	1	21	7	63	5	4	2	221	57	698
4	1	2	26	9	78	5	4	3	278	90	849
4	2	0	22	7	67	5	4	4	345	117	999
4	2	1	26	9	78	5	4	5	426	145	1,161
4	2	2	32	11	91	5	5	0	240	68	754
4	3	0	27	9	80	5	5	1	348	118	1,005
4	3	1	33	11	93	5	5	2	542	180	1,405
4	3	2	39	13	106	5	5	3	920	300	3,200
4	4	0	34	12	96	5	5	4	1,600	640	5,800
4	4	1	40	14	108	5	5	5	22,400	800	
4	5	0	41	14	110						

별표 2. 3단계희석(10, 1, 0.1㎖) 시험관 3개씩 시험하였을 때의 양성에 대한 최확수와 95%의 신뢰한계

양 성 관 수			MPN 100㎖	MPN의 신뢰한계		B			MPN 100㎖	MPN의 신뢰한계	
10㎖씩 3개	1㎖씩 3개	0.1㎖씩 3개		하한	상한	10㎖씩 3개	1㎖씩 3개	0.1㎖씩 3개		하한	상한
0	0	0				2	0	0	9.1	1.0	36
0	0	1	3			2	0	1	14	2.7	37
0	0	2	6			2	0	2	20		
0	0	3	9			2	0	3	26		
0	1	0	3	0.085	13	2	1	0	15	2.8	44
0	1	1	6.1			2	1	1	20		
0	1	2	9.2			2	1	2	27		
0	1	3	12			2	1	3	34		
0	2	0	6.2			2	2	0	21	3.5	47
0	2	1	9.3			2	2	1	28		
0	2	2	12			2	2	2	35		
0	2	3	16			2	2	3	42		
0	3	0	9.4			2	3	0	29		
0	3	1	13			2	3	1	36		
0	3	2	16			2	3	2	44		
0	3	3	19			2	3	3	53		
1	0	0	3.6	0.085	20	3	0	0	23	3.5	120
1	0	1	7.2	0.87	21	3	0	1	39	6.9	130
1	0	2	11			3	0	2	64		
1	0	3	15			3	0	3	95		
1	1	0	7.3	0.88	23	3	1	0	43	7.1	210
1	1	1	11			3	1	1	75	14	230
1	1	2	15			3	1	2	120	30	380
1	1	3	19			3	1	3	160		
1	2	0	11	2.7	36	3	2	0	93	15	380
1	2	1	15			3	2	1	150	30	440
1	2	2	20			3	2	2	210	35	470
1	2	3	24			3	2	3	290		
1	3	0	16			3	3	0	240	36	1,300
1	3	1	20			3	3	1	460	71	2,400
1	3	2	24			3	3	2	1,100	150	4,800
1	3	3	29			3	3	3	22,400	460	

◎ BGLB 배지에서 gas 발생 유무

7. 균체의 관찰

1) 현미경과 그 종류

균체는 크기가 매우 작아서 우리의 눈으로는 직접 볼 수가 없다. 하물며 균체 내부의 각 부분은 더욱 그렇다. 따라서 이런 경우에는 현미경을 이용해서 관찰하게 되는데 더욱 효과적인 관찰을 하기 위해서는 균체를 전처리하기도 한다.

현미경은 광학현미경(light microscope)과 전자현미경(electron microscope)으로 크게 구별하고 다시 관학 현미경은 밝은 시야 현미경(bright field microscope)과 위상차(位相差) 현미경(phase-contrast microscope) 및 형광 현미경(fluorescence microscope)으로 구별하고 전자 현미경은 투과 전자 현미경(transmission electron microscope, TAM)과 주사(走査) 전자 현미경(scanning electron microscope, SEM)으로 구별한다.

위상차 현미경은 구조가 광학 현미경과 비슷하나 집광기 아래에 環狀환상) 조이개(annular stop)이 있고 대물렌즈 바로 위쪽에 상환(相環, phase ring)이라는 작은 부품이 끼워져 있어 염색하지 않고 미생물을 관찰할 수 있는 것이다.

전자 현미경은 광선 대신 전자선을 이용하고 유리 렌즈 대신 전자 렌즈로 되어 있으나 상 형성의 원리는 광학 현미경과 같다.

시료를 통과한 전자선이 전자 렌즈를 통과해서 상이 형성되는 것을 투과 전자 현미경이라 하고 전자선이 시료의 표면을 주사(走査)하여 여기에서 생기는 정보를 브라운관에 영상으로 나타내는 것을 주사형 전자 현미경이라 한다. 즉 이는 입체감이 있는 영상을 볼 수 있는 장점이 있다.

또 투과와 주사의 두 기능을 한꺼번에 갖춘 최신형도 나와 있다.

2) 광학 현미경의 검경법

(1) 검경법

① 자연 광선을 사용할 때는 직사광선을 피한다.

② 접안렌즈와 대물렌즈는 처음에는 저배율의 것으로 맞춘다.

③ 현미경을 들여다보면서 반사경을 돌려 시야의 전면이 균일하게 밝도록 조절한다.

④ 현미경 표본은 재물대 위에 놓고 렌즈 중앙에 피검체가 오도록 한다.

⑤ 옆으로 들여다보면서 대물렌즈가 커버글라스에 닿지 않도록 조심하여 될 수 있는대로 경통을 내려 접근시킨다. 다음 접안렌즈를 들여다보면서 조동나사를 서서히 돌려서 피검체상이 나타날 때까지 경통을 올린다.

⑥ 유침하여 볼 때는 경통을 올린 다음 표본의 커버글라스 위에 데다유(dedar oil)을 한 방울 떨어뜨리고 ⑤의 조작을 한다. 피검체상이 나타나면 미동나사를 돌려서 명확히 상을 맺게 한다.

⑦ 유침렌즈는 사용직후 연한 가제로 닦고 키시롤(xylol, xylene)을 적신 다른 가아제로 닦은 다음 다시 마른 가제로 키시롤을 닦아낸다.

(2) 표본 제작법

① 슬라이드글라스 중앙에 멸균증류수를 한 방울 떨어뜨리고 시료를 백금이에 묻혀서 멸균수에 섞는다.

② 커버글라스의 한쪽 끝을 물방울에 접촉시켜 서서히 눕혀서 기포가 혼입되지 않도록 하여 슬라이드글라스 위에 겹쳐 놓는다.

③ 핀셋 끝으로 커버글라스를 가볍게 눌러서 시료와 밀착되게 한다.

④ 커버글라스와 슬라이드글라스 사이에서 스며 나온 물은 여지로 흡수한다.

3) 염색법

(1) 보통 표본

이것은 미생물을 생체 그대로 보는 방법이다. 슬라이드글라스 위에 균의 현탁액을 백금이로 옮기든지 집락에서 균체를 취하여 도말(塗抹)하고 한 방울의 증류수를 떨어뜨려서 섞고 난 다음 커버글라스를 덮어서 현미경으로 관찰한다. 운동성 관찰에는 증류수 또는 생리적 식염수에 균체를 현탁시킨 액을 커버글라스에 한 방울 떨어뜨려서 흠이 파진 슬라이드글라스(holllow slide glass)의 오목 부위에 덮어서 관찰한다.

◎ 고정 표본 염색

세포 내부를 자세히 관찰하기 위해서 균체를 염색하여 관찰한다. 염색에는 생체 그대로 염색하는 방법과 균체를 슬라이드글라스에 도말하여 불꽃 위에서 고정하여 염색하는 방법이 있으나 가장 일반적으로 이용되는 고정 염색법의 기본적인 조작 순서는 다음과 같다.

도말(amearing) → 건조(drying) → 고정(fixing) → 염색(staining) → 수세(washing) → 건조(drying) → 표본(specimen)

가장 일반적으로 사용되는 염색법은 다음과 같다.

① Methylene blue 염색액
Methylene blue 원액(methylene blue 5.0g을 무수알코올에 녹인 것) 10mℓ
0.01% KOH 100mℓ

② Fuchsin 염색액
Fuchsin 원액(fuchsin 11.0g을 무수알코올 100mℓ에 녹인 것) 10mℓ
5% Phenol 100mℓ

③ Gentian violet 염색액
Gentian violet 원액(gentian violet 70.0g을 무수알코올 100mℓ에 녹인 것) 10mℓ
5% Phenol 100mℓ

(2) 그람 염색(Gram stain)

세균 분류학상 중요한 염색법이며 숙련을 필요로 하는 조작이므로 그람양성균으로서 포도상구균(*Staphylococcus aureus*)을 그람음성균으로서 대장균(*E. coli*)를 사용하여 미리 그 조작과 염색 결과를 확인해 두어야 한다.

도말, 건조, 고정까지는 보통 염색과 같다. gentian violet 염색액으로 1분간 가온 염색한 후 재빠르게 수세하여 여지로 물을 흡수시킨다. 다시 Lugol액에 1분간 담가서 매염한 다음 수세하고 여지로 물을 흡수, 완전 건조한 후에 95% 알코올이나 아세톤으로 탈색 처리를 한다.

그람양성균은 탈색되지 않고 자색으로 염색된 상태로 있으며 음성균은 탈색된다.

기타 포자 염색, 편모 염색, 세포막 염색 및 세포내의 유적(油滴) 염색법 등 특수 염색법 등이 있다.

4) 균체의 크기 측정

미생물 세포의 크기를 측정하는 데는 측미계(micrometer)를 사용한다. 측미계에는 대물 측미계(object micrometer)와 접안 측미계(ocular micrometer)가 있으며 이것들을 이용해서 미생물의 크기를 측정한다. 대물 측미계는 보통 한 눈금이 0.01mm의 것이 사용된다. 접안 측미계는 0.1mm 간격으로 눈금이 새겨진 유리 원판이다.

계측 조작은 먼저 현미경에 보이는 접안 측미계 1구획의 절대치를 대물 측미계의 구획과 맞추어서 결정한다.

8. 균수의 측정법

1) 세균수(일반세균수) : 표준 평판법

표준평판균수는 검체중에 존재하는 세균중 표준한천배지 내에서 발육할 수 있는 중온균의 수를 말한다. 수질검사시에는 이 균수를 일반세균수라고 부른다. 특히 이 방법은 보통 검체와 표준한천배지를 페트리접시 중에서 혼합 응고시켜 배양 후 발생한 세균의 집락수로부터 검체중의 생균수를 산출하는 방법이다.

(1) 시험조작

시험용액 1mℓ와 각 단계 희석액 1mℓ씩을 멸균 페트리접시 2매 이상씩에 무균적으로 취하여 약 43~45℃로 유지한 표준한천배지(배지 1) 약 15mℓ를 무균적으로 분주하고 페트리접시 뚜껑에 부착하지 않도록 주의하면서 조용히 회전하여 좌우로 기울이면서 검체와 배지를 잘 섞고 냉각응고 시킨다. 특히 확산집락의 발생을 억제하기 위하여는 다시 표준한천배지 3~5㎖를 가하여 중첩시킨다. 이 경우 검체를 취하여 배지를 가할 때까지의 시간은 20분 이상 경과하여서는 안된다. 냉각 응고시킨 페트리접시는 거꾸로 하여 35±1℃에서 24~48시간(검체에 따라서는 35℃에서 72±3시간) 배양한다. 이 때 대조시험으로 검액을 가하지 아니한 동일 희석액 1㎖를 배지에 가한 것을 대조로 하여 페트리 접시, 희석용액, 배지 및 조작이 무균적이였는지의 여부를 확인한다. 또한 배지는 배양중에 그 중량이 15%이상 감소되어서는 아니 된다. 시험에 사용하는 페트리접시는 지름 9~10cm, 높이 1.5cm의 것을 사용한다. 배양 후 즉시 집락 계산기를 사용하여 생성된 집락수를 계산한다. 부득이할 경우에는 5°에 보존시켜 24시간 이내에 산성한다. 집락수의 계산은 확산집락이 없고(전면의 1/2이하 일 때에는 지장이 없음) 1평판 당 30~300개의 집락을 생성한 평판을 택하여 집락수를 계산하는 것을 원칙으로 한다. 전 평판에 300개 이상 집락이 발생한 경우 300에 가까운 평판에 대하여 밀집평판 측정법에 따라 안지름 9cm의 페트리접시인 경우에는 $1cm^2$ 내의 평균집락수에 65를 곱하여 그 평판의 집락수로 계산한다. 전 평판에 30개 이하의 집락만을 얻었을 경우에는 가장 희석배수가 얕은 것을 측정한다. 그러나 보고는 반드시 몇 개 이하라고 보고한다.

(2) 세균수의 기재보고

표준평판법에 있어서 검체 1㎖ 중의 세균수를 기재 또는 보고할 경우에 그것이 어떤 제한된 것에서 발육한 집락을 측정한 수치인 것을 명확히 하기 위하여 1평판에 있어서의 집락수는 상당 희석배수로 곱하고 그 수치가 표준평판법에 있어서 1㎖ 중(1g 중)의 세균수 몇개라고 기재보고하며 동시에 배양온도를 기록한다. 이 산출법에 의하지 않을 때에는 '표준'이란 문자를 사용해서는 아니된다. 숫자는 높은 단위로부터 3단계를 4사5입하여 유효숫자를 2단계로 끊어 이하를 0으로 한다.

2) 혈구 계수반(Haematometer) 이용법

균수 측정으로서 평판배양법도 이용되기도 하지만 토마(Thoma)의 혈구계(血球計, haematometer)를 이용하는 것이 편리하다.(그림 6-9) 슬라이드글라스 중앙에 바둑판 모양으로 줄이 그어져 있으며 그 한 칸의 가로 세로는 각각 0.05mm이다. 커버글라스를 이 위에 얹으면 슬라이드글라스와의 사이에 0.1mm의 공간이 생긴다. 따라서 한 칸의 용적은 0.00025mm^{3}이다. 이 한 칸 안에 대략 5개의 균체가 보일 정도가 되도록 희석한 균체현탁액을 넣고 현미경하에서 관찰하여 5칸의 균수를 측정한다. 동일 시료에 대해서 이와 같은 방법으로 4회 측정하여 총평균치와 희석배수로부터 1㎖ 중의 균수를 계산할 수 있다.

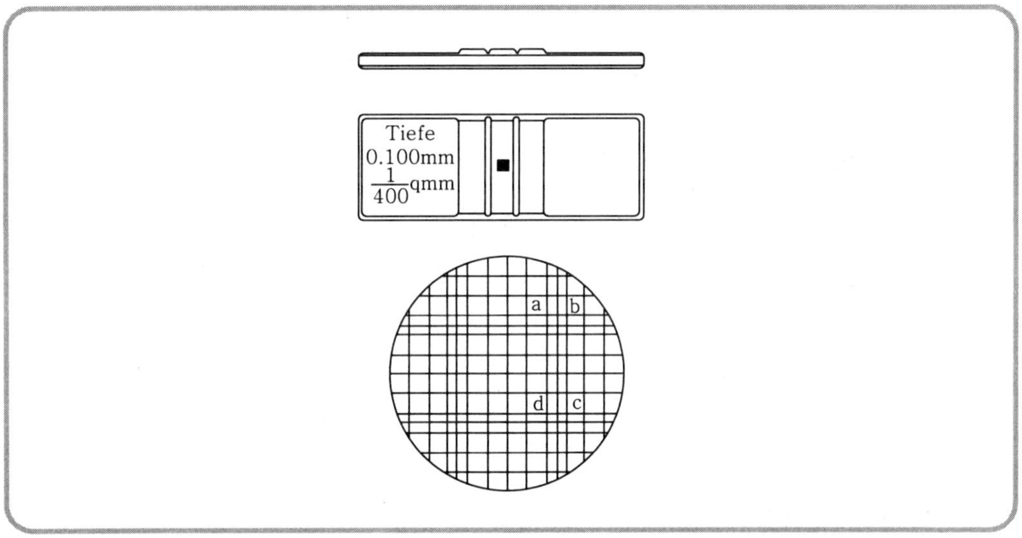

그림 6-9. Heamtometer

9. 균주의 보존

미생물은 부적당한 환경에서 장기간 보존하게 되면 그 형태와 생리적 성질이 변하거나 사멸한다. 이러한 균주는 학술적으로 응용하기에는 가치가 없기 때문에 균주를 보존할 때는 변이가 일어나지 않도록 순수배양의 형태로 장기간 보존하여야 한다.

미생물의 표준 균주(type culture)는 각국의 공적인 미생물보존기관에서 관리 보존한다. 우리나라에서도 1966년 한국종균협회(KFCC)가 창설되어 균주의 보관 및 분양을 행하고 있다.

1) 사면 배양(slant culture)

사면배지에 접종하여 보존한다. 배지로서 곰팡이나 효모는 국즙한천 또는 맥아즙한천 등이 사용되며, 호기성 세균은 육즙한천, 방선균은 아스파라긴 한천 등이 이용된다. 이식기간은 곰팡이 및 세균은 6개월, 효모는 3~6개월이며 보존장소는 직사광선을 피하고 습기가 적은 찬 곳이 좋다.

2) 천자 배양(stab culture)

이것은 젖산균등의 혐기성 세균 보존에 이용되며, 젖산균의 경우는 효모즙배지, 포도당 한천배지 등이 사용되며 2주간마다 이식하여 보존한다.

3) 모래 배양법

아세톤 부탄올균과 같이 건조상태에서도 견디는 세균의 포자나 혹은 곰팡이의 포자 보존에 사용한다. 세척한 모래를 시험관에 2~3cm 넣고 건열멸균한 후, 아세톤-부탄올균을 3~4일간 배양하여 약 1㎖ 첨가하여 혼합시켜 진공중에서 완전히 건조시킨 후에 시험관에 밀봉하여 보존한다. 이 방법으로 수년간 보존한다. 또 곰팡이도 미리 배양한 포자현탁액을 첨가하고 건조시켜 보존하기도 한다.

4) 당액 보존법

효모의 보존에 사용되며 Hansen씨병, 또는 Freudenreich씨병 안에 살균한 10% 설탕액을 넣고 여기에 새로 배양한 소량의 효모를 가하여 냉암소(冷暗所)애 보존한다. 10년 이상도 보존이 가능하다.

5) 토양 보존법

곰팡이, 세균, 효모 등의 장기보존에 적당한 방법이다. 곰팡이의 경우 9년의 보존 후에도 증식이 가능하다고 한다. 또 페니실린 생성균의 경우 이 방법으로 균의 변이 및 생성능이 떨어지지 않고 보존된다.

풍건한 토양에 물을 가하고 수분이 약 25%되게 하여 이것을 시험관에 분주하여 120℃에서 3시간 살균하고 2~3일 후에 다시 한번 같은 방법으로 살균한다. 여기에 포자나 또는 균사현탁액을 가하여 실온에서 보존한다. 필요에 따라서 이 토양을 배지에 가하여 배양하면 새로운 균체를 얻을 수 있다.

6) 유중 보존법

곰팡이의 보존에 사용되며, 고체배지에서 충분히 배양시킨 균체 위에다 살균된 광유(鑛油)를 약 1cm 두께로 덮는다. 이 방법에 의하면 배지의 건조를 막고 3~4년간 보존이 가능하다.

7) 동결 건조법

이 방법도 곰팡이, 효모, 세균의 장기 보존에 사용된다. 수 개년 간 보존한 곰팡이 배양시험에서도 좋은 결과를 얻었으며, 세균의 경우는 10년 후에도 생육이 가능하다고 한다.

보존방법은 먼저 살균한 송아지나 말의 혈청에다 포자 또는 균체를 현탁시키고 이것을 살균한 작은 시험관(ampoule)에 0.05~0.1㎖씩 분주한다. 이것을 진공동결건조하고 최후에는 30~40℃에서 수분을 완전히 건조하고 ampoule을 완전 진공밀봉한다. 이것을 5~7℃에서 보존하면 장기간 보존할 수 있는데, 보통 10년 전후의 보존이 가능하다고 한다. 각 균주의 생육 시험은 6개월마다 한 번씩 실시하여 균의 발육여부를 관찰하여야 한다.

■ 참 고 문 헌

서적 및 논문 ; 구내

김영부, 설사 환자 및 해수에서 분리한 장염비브리오의 병원인자와 유전자 형별, Journal of Bacteriology and Virology(2001)
김경민, 서영훈, 신주옥, 이혜영, 정인실, 조은희, 하영미 역, 미생물학, 라이프사이언스, 5판(2003)
김경민, 서영훈, 신주옥, 이혜영, 정인실, 조은희, 하영미 역, 일반미생물학, 라이프사이언스, 5판(2003)
김병묵, 식품저장학, 진로연구사(2002)
김상순, 이한창, 식품저장학, 수학사(2002)
김상순, 최홍식, 변광의: 식품가공저장학, 수학사(1991)
김성렬, 안용근 역 : 기능성 식품의 경이, 전파과학사(1994)
두산세계대백과 EnCyber(2002)
박무영, 응용 미생물학, (주)민음사(1995).
식품공전, 식품의약청(2003)
안병용, 고하영, 정종갑, 식품위생학, 석학당(2004)
안병용, 김동한, 김인규, 김주영, 최연배, 식품미생물학실험서, 석학당(2002)
안효일, 발효 영양학, 세진사(1984)
오성천, 식품미생물학, 정문각(2002)
이계준, 발효미생물학, 라이프사이언스(2003)
이서래, 한국의 醱酵食品, 이화여자대학교 출판부, P.141~183
이삼빈, 고경희, 양지영, 오성훈, 발효식품학, 효일(2001)
이응호, 식품가공 및 저장, 동명사(1989)
이한창, 발효식품, 신광(2000)
이한창, 임종필, 조좌형, 심중엽, 식품미생물학, 수학사(1998)
이희주, 정경석, 인천 지역 해수 및 해산물에서의 장염비브리오균 분리에 관한 연구, 한국환경위생학회지 (1984)
장동석, 김영만, 측정방법에 따른 장염비브리오균의 검출에 관한 연구, 한국식품과학회, 식품과학,(1978)
장동석, 신동화, 정덕화, 김창민, 이인선, 식품위생학, 정문각(2002)
정흥모, 서인수, 장염비브리오의 역학 및 병원성에 관한 연구 - 마산시 연안에서의 분리상황, 대한미생물학회지(1981)
정동효, 발효와미생물공학, 선진문화사(1994)
주진우, 각종 적혈구에 대한 장염비브리오의 용혈성에 관한 연구, 대한미생물학회지 (1984)
지성규, 기능성 식품, 광일문화사(1992)
차성관, 전통 발효식품의 미생물자원 발굴 및 보존 연구(1997)
최동성, 고하영 편역, 식품기능화학, 지구문화사(1995)
하덕모, 식품미생물학, 신광출판사(1990)
허석민, 김민희 편저, 건강보조식품, 홍익제(1997)
허성호, 젓갈제품의 미생물학적 품질표준화에 관한 고찰(1996)
홍재식, 이갑상, 최동성, 노완섭, 응용미생물학, 학문사(1990)
상업기술정보원 ; 조사연구보고 84호(BW -84) : 기능성 식품의 도입과 개발 동향, 산업정보원(1992)

서적 및 논문 ; 외구

栗田守敏 등 4인, 식품공장의 공중균 대책 실례 자료집, 후지테크노지시스템(1983)
石倉俊治 ; 기능성 식품의 경이, 講談社(1990)
시사통신사 ; 기능성 식품의 全GUIDE, 시사통신사편(1990)
기능성식품 시장 도입 프로그램, 건강산업신문사, 東京(1988)
생체기능조절 천연소재 연구회 : 생체기능조절 천연소재 심포지엄(1994. 11)
A. Lopez, A complete course in canning, The Canning Trade, Maryland(1981)
AIDS, Time, Dec. 1996–Jan. 6, 1997, 20–40pp Man of the year, Life cycle of the AIDS virus and how it might be stopped, The global epidemic
Goldberg, I.(Ed.) : Functional Foods. Chapman & Hall, N.Y., London(1994)
Man of the year, Profile:The Tao of Ho, A team of effort:Turning the tide, The bad news:The global epidermic, Time, 148(27), 20–33, 34–35, 36–37, 38–41,(96)
GEOFFREY COWLEY, 2003-04-10, newsweek 한글판, (Solving the Mystery of SARS) With ANNA KUCHMENT in New York, SARAH SCHAFER in Beijing, ALEXANDRA A. SENO in Hong Kong and BARRY BROWN in Toronto
M.G. Halpern,INDUSTRIAL ENZYMES FROM MICROBIAL SOURCES, Noyes(1981)
Peppler, MICROBIAL TECHNOLOGY, AP(1985)
Y Ikeda, GENETICS OF INDUSTRIAL MICROORGANISMS, CIM(1985)
Benjamin, GENE IV, Wiley(1985)
L.J. Filer,Jr et. al., GLUTAMIC ACID: Advances in Biochemistry and Physiology, Raven Press(1979)

인 터 넷

http://100.naver.com/?frm=nt(백과사전)
http://www.dsmbio.com/disease/disease-5.html
http://kr.encycl.yahoo.com/final.html?id=154222
http://www.vet.kyongbuk.kr/
http://www.dongwha-vet.co.kr/board/upload/bbs1/돼지콜레라.htm
http://www.kfda.go.kr
http://www.fightbac.or.kr
http://www.dis.mohw.go.kr/informationa/general/.asp

찾아 index 보기

▶ ㄱ

가스 치환법 228
가열살균법 219
간염 82
간장 코오지 159
간장국 158
간헐멸균 16
간헐살균법 212
거미줄 곰팡이 속 57
건열멸균법 212
건열살균 209
건조중량 측정법 99
검경법 239
검은곰팡이병 145
격벽 54
고압솥 213
고압증기멸균법 213
고온 미생물 103
고온순간살균법 219
고정 표본 염색 240
고지혈증 198
고체 배지 221
고층 배지 221
공중 낙하균 145
과망간산칼륨 217
과산화수소 217
광대버섯 62
광우병 83
광학현미경 238
구성효소 111
구제역 86
국제식물 명명규약 20
규조토 68
균근 135
균사 53
균사체 53
균체 성분표 166
균체계측법 99
균체내 효소 111
균체외 효소 111
균총 54
그람 염색 240
그람양성세균 23
그람음성세균 23
급성 회백수염 86
기질 농도 124
기질 특이성 109
길항저해 117
끈적버섯 62

▶ ㄴ

내삼투성 108
냉장법 147
누룩 62
누룩곰팡이 속 62
단백질 자원 68
단일균주 156
단일클론항체 186
담자균류 59
담자포자 55
당액 보존법 244

▶ ㄷ

대장균군 229
대장균군 세균 36
데스옥시콜레이트 젖당 한천 배지법 231
도말 240
도말법 14
도포법 147
독립영양균 96
독버섯 62
돌연변이 유발인자 177
동결 건조법 245
돼지콜레라 78

▶ ㄹ

루골액 218

▶ ㅁ

맥주효모 151
면역 기능 199
면전 222
모래 배양법 244
무산소호흡 125
무성포자 55
무포자 효모 49
미량 무기질 99
미생물 정련 143
미생물상 144

▶ ㅂ

바이러스 69

바이오닉스 188
바이오테크놀로지 188
발육소 97
발효유 155
방부제 107
백국균 64
버섯가공 식품 204
베타 크로피오락톤 214
병원성 대장균 39
보결분자족 110
보당 152
보리코오지 161
보통 배지 221
보통 표본 240
보호물질 124
보효소 110
부활제 124
분열법 26
분자적 분류법 25
뷰리(Burri)씨관 226
비길항저해제 117
비리온 84
비탁법 99
빵곰팡이 145
빵효모 137
뿌리혹 135

▸ ㅅ

사면 배양 14, 227, 243
사면 배지 221
산발효 채소 150
산소호흡 125
산화에틸렌 214
산화제 217
상업적 살균 220
생물속생설 11, 13
석탄산 217
석탄산 계수 216
세균수 241
세포 융합 185
세포벽 91
세포질막 91
소독제 107
소적배양법 225
송이버섯 59
수치 분류법 24
숙주 179
순수 분리 223
순수분리 14
스피루리나 202
시트르산회로설 126
식·사료용 미생물 167
식물추출물 발효 식품 203

▸ ㅇ

아르긴산 67
알코올 발효 130, 131
액체 배지 221
야생효모 153
양성비누 218
에루릿히 복수암 세포 201
엠덴-마이어호프(EMP)계 경로 129
여과살균법 209
연부병 145
염색법 240
염소 217
영양소 95
영지버섯 204
옥도정기 218
완전 배지 221
완전시험 230
용설란술 129
원핵세포 18
위균사형 44
위상차 현미경 238
유도효소 111
유산균 28
유산균 식품 203
유전공학 188
유전병 189
유전암호 176
유전자 169
유전적 조환 178
유중 보존법 245
유포자 효모 46
음성비누 218
의용공학 188
이명법 20
이상발효젖산균 29
이중접시법 227
인공 배지 220
일광조사법 211

▸ ㅈ

자비살균법 212
자실체 53
자연발생설 13
자연분류법 24
자외선조사멸균법 214
장내세균 193
재조합 179
재조합 DNA기술 180

재한효소법 180
저온 미생물 103
저온살균 11
저온살균법 212, 219
저해제 116
적응효소 111
전자현미경 238
점질층 94
접합 179
접합포자 55
정미성 nucleotide 162
정상발효젖산균 29
정장작용 67
정치배양 228
젖당 부이온법 229
젖산균 28
젖산균과 건강 192
제국법 158
제한 효소 122, 181
조류 식품 202
조류 67
조상균류 57
종국 158
종속영양균 96
주입평판법 14
주정강화포도주 152
중온 미생물 103
중층법 226
증기살균 209
증식 곡선 101
진공 배양법 228
진탕배양 228
진핵세포 18
질병발생설 15
질소 고정 132
질소 회로 133
질소고정균 143
질소고정균 96
질소원 98
질소의 대사 132
질소의 순환 134
집락 54

▶ ㅊ

차아염소산나트륨 217
천연 배지2 20
천연포도주 152
천자 배양 224, 247
초고온살균법 219
초산균 30
최소 배지 221
최확수법 231
최확수표 235
추정시험 229
측미계 241

▶ ㅋ

카라기난 67
코돈 177
크레졸 217
크렙스회로 126
클로닝 189
클로렐라 202

▶ ㅌ

탄소원 98
털곰팡이 속 57
토양 보존법 244
통기교반배양 228
특수 배지 221
파스퇴르 효과 11
파스퇴르연구소 13

▶ ㅍ

팽창부패균 149
편모 94
평판계측법 99
평판도말법 225
평판배양법 14, 223, 224
폐수치리 143
포마토 187
포자 94
포자형성 27
포자 형성균 31
표고버섯 204
표백분 218
표본 제작법 239
표준 평판법 241
푸른곰팡이병 145
푸른곰팡이 속 65

▶ ㅎ

프리온 84
필수 무기질 98
한천 67
항생물질 농약 143
항종양 활성 199
해당작용 129
핵산조미료 162
핵치환 187
헥소오스 발효 129
현미해부기 226
혈청학적 분류법 26

혐기성균 105
혐기적 발효 45
협막 94
형질도입 179
형질전환 173, 179
호기성균 104
호모폴리머 테일링 183
호압성 108
호염성 108
호흡연쇄 126
혼합스타터 156
화염멸균법 211
화염살균 209
화학약제 107
화학요법제 107
화학적 소독 214
화학조미료 141
확정시험 230
황국균 63
황변미균 65
효모 식품 203
효소 명명법 111
효소 반응 속도 113
효소 분류법 112
효소 작용 온도 123
효소면역기법 192
후발효 154
흑국균 63
희석법 224

◆ A

A형 간염 82
*Actinomyces*속 53
Activor 124
aerobe 104
AIDS 75
Alkyl화제 218
amearing 240
Amylase 118, 139
anaerobe 105
apoenzyme 111
appertized food 220
ascosporogenous yeasts 46
Asp. niger 63
Asp. shirosami 64
aureomycin 142
autoclave 213

◆ B

B. cereus 32
B. natto 31
B. subtilis 31
B형 간염 82
Bacillus 145
BGLB 배지법 230
*Bifidobacterium*속 42
binominal nomenclature 20
black rot 147
Botulinus균 식중독 34

◆ C

Camenber cheese 157
*Candida*속 49
Candida utilis 49
Chlorella 68, 202
Cl. botulinum 34
Cl. perfringens 35
cloning 179
co-enzyme 110
*Corynebacterium*속 41

◆ D

DNA 가닥 175
DNA 조합 180
DNA의 구조 170
D-value 216

◆ E

E. coli O-157:H7 39
ELISA 192
EMP 경로 130
Epidemic hepatitis 82
Escherichia coli 36
Ethylalcohol 216
eucaryotic cell 18
Exacting균 97
extracelluar enzyme 111

◆ F

flat sour 149

◆ G

genetic recombination 178
Glucose oxidase 121
glyoxylate 회로 127

GMO 191
GMP발효 164
goose-neck 플라스크 12
Gram 양성균 91
Gram 염색성 28
Gram 음성균 91
Gram stain 240
green rot 147
growth curve 101

◆ H

hetero lactic acid bacteria 29
holoenzyme 111
homo lactic acid bacteria 29
homopolymer tailing 183

◆ I

Immobilized enzymes 121
IMP발효 163
Inhibitor 116
intercellular enzyme 111
Invertase 119
Isomerase 121

◆ J

J. Lister 16
Jar fermentor 228

◆ L

L. acidophilus 196
L. Pasteur 11
Lactase 119, 140
lactic acid bacteria 28
ligase 179
Lipase 120, 139
Listeria균 43

◆ M

mesophiles 103
Michaelis-Menten의 이론 114
microflora 144
micromanipulator 226
*Monascus*속 58
mutagen 177
mycorrhiza 135

◆ N

Naringinase 140
Natural cheese 157
Neuberg발효 46
*Neurospora*속 58
noble mold 154
*Nocardia*속 53
Non-exacting균 96
Nuclease 120

◆ O

ocular micrometer 99

◆ P

PCR 190
Pectic enzymes 120
Pectinase 140
penicillin 142
Penicillinase 121
phage 69
phenol coefficient 216
plasmid 179
pomato 187
procaryotic cell 18
Processed cheese 157
Protease 139
psychrophiles 103

◆ R

R. Koch 14
*Rhodotorula*속 49

◆ S

Sacch. cerevisiae 47
*Saccharomyces*속 47
*Salmonella*속 37
SARS 74
slant culture 243
Spirulina 202
stage micrometer 99
*Staphylococcus*속 40
*Streptomyces*속 52
streptomycin 142
Sucrase 119

◆ T

TCA 회로 125
thermophiles 103
Tricholoma matsutake 59
tyndalization 16

◆ V

Vibrio 속 38

◆ Z

Zygosaccharomyces 속 48

◆ 1

1유전자 1효소설 172

◆ 3

3단계희석 237

이론 식품미생물학
Theory of Food Microbiology

2012년 2월 28일 1판 4쇄 인쇄
2012년 3월 2일 1판 4쇄 발행

지은이 고 하 영 이 준 우
펴낸인 윤 용 호
펴낸곳 도서출판 **석 학 당**
121-856 서울시 마포구 신수동 448-6
등록 / 2001.10.23 제10-2238호
전화 / 02) 719-6116
팩스 / 02) 719-6120
www.shdbooks.co.kr
E-mail/ shd6116@chol.com

ISBN : 89-89979-44-7 93590

17,000원